民族文字出版专项资金资助项目
新型职业农牧民培育工程教材

牦牛养殖技术

འབྲི་གཡག་གསོ་སྐྱིལ་ལག་རྩལ།

农牧区惠民种植养殖实用技术丛书（汉藏对照）

《牦牛养殖技术》编委会　编

青海人民出版社

图书在版编目（CIP）数据

牦牛养殖技术 ：汉藏对照 /《牦牛养殖技术》编委会编；万玛项千，扎西才让译. -- 西宁 ：青海人民出版社，2016. 12（2020. 10 重印）
（农牧区惠民种植养殖实用技术丛书）
ISBN 978-7-225-05272-4

Ⅰ. ①牦… Ⅱ. ①牦… ②万… ③扎… Ⅲ. ①牦牛—饲养管理—汉、藏 Ⅳ. ①S823. 8

中国版本图书馆 CIP 数据核字（2016）第 322468 号

农牧区惠民种植养殖实用技术丛书

牦牛养殖技术（汉藏对照）

《牦牛养殖技术》编委会　编

万玛项千　扎西才让　译

出 版 人　樊原成

出版发行　青海人民出版社有限责任公司

西宁市五四西路 71 号　邮政编码：810023　电话：（0971）6143426（总编室）

发行热线　（0971）6143516 / 6137730

网　　址　http: // www. qhrmcbs. com

印　　刷　青海新华民族印务有限公司

经　　销　新华书店

开　　本　890mm×1240mm　1/32

印　　张　8.375

字　　数　213 千

版　　次　2016 年 12 月第 1 版　2020 年 10 月第 4 次印刷

书　　号　ISBN 978 - 7 - 225 - 05272 - 4

定　　价　26.00 元

版权所有　侵权必究

《牦牛养殖技术》编委会

主　　任：张黄元

主　　编：焦小鹿

副 主 编：马清德　宁金友

编写人员：王　煜　周佰成　付弘赟　李　浩

陈永伟

审　　稿：杨毅青　邓生栋　马　倩

策　　划：熊进宁　毛建梅

翻　　译：万玛项千　扎西才让

《འབྲི་གཡག་གསོ་སྐྱིལ་ལག་རྩལ》

རྩོམ་སྒྲིག་ཨུ་ཡོན་ལྷན་ཁང་།

ཀྲུའུ་རིན། ཀྲང་རྟོང་ཡོན།

གཙོ་སྒྲིག་པ། ཙའོ་ཞའོ་ལུའུ།

གཙོ་སྒྲིག་པ་གཞོན་པ། མ་ཆེན་ཏིག ཉིན་ཅིན་ཡིའུ།

རྩོམ་འབྲི་མི་སྣ། བང་ཡོས། ཀྲོའུ་པེ་ཁྲིན། རྒྱ་རྟོང་ཡུན།

ལི་ཧྭའོ། ཁྲིན་ཡིང་ཤེ།

མ་ཡིག་ཞུ་དག དབྱང་ཡུས་ཆེན། ཏིན་ཧྲིན་ཧྥུང་། སྣ་ཚན།

རྩིས་འགོད། ཞོན་ཅིན་ཉིང་། མའོ་ཙན་མེ།

ཡིག་སྒྱུར་པ། པད་མ་དབང་ཆེན། བཀྲ་ཤིས་ཚེ་རིང་།

前　言

牦牛是分布于青藏高原及毗邻地区特有的原始畜种，其生活区具有海拔（2 500～5 000 米）高、气温低、昼夜温差大、牧草生长期较短、辐射强、氧分压低等特点。牦牛具有十分顽强的抗逆、抗病能力，耐受性和适应性极好。它是依靠其他家畜难以利用和生存的高寒草甸草场，为人类提供乳、肉等主要食品及皮、毛、骨、角等生活用品和工业原料。青海省牦牛主要分布在玉树、果洛、海南、海北、黄南等藏族自治州以“三江源”为中心辐射的周边草原牧区及半农半牧区。青海省又是全国最大的牦牛种源基地和优质牦牛肉以及优质牦牛绒生产基地，也是我国最大的有机畜牧业生产基地。因此，发展牦牛产业，提高牦牛生产性能，改变牦牛饲养管理落后、商品率低的困境，使之转化为高效生态畜牧业，将对提高藏区牧民的生活水平、促进牦牛系列产品开发具有重要的意义。

本书共分八章 32 节，主要介绍了青海省地方牦牛品种及生态类型、牦牛生理和繁殖、本品种选育、饲养管理、育肥、饲料加工调制、牛场建设、疾病防治等内容。可供基层专业技术人员、牦牛养殖场及专业养殖户学习应用，也可作为畜牧科技培训教材。

由于时间仓促，编写水平有限，书中难免存在不妥和疏漏之处，敬请读者不吝指正。

编　者

2015 年 5 月

སླེང་གཞི།

འབྲི་གཡག་ནི་མདོ་དབུས་མཐོ་སྒང་དང་དེའི་མཐའ་འབྲེལ་ས་ཁུལ་ལ་ཁྱབ་པའི་ཐུན་མོང་མ་ཡིན་པའི་གདོད་མའི་ཕྱུགས་རིགས་ཤིག་ཡིན་ལ། འཚོ་སྡོད་ས་གནས་ལ་ས་བབ་མཐོ་བ་དང(སྨིད 2500 ~5000)གནམ་གཤིས་དྲོད་གྲང་ངས་འཁྱག་པ། ཉིན་མཚན་བར་གྱི་དྲོད་ཚད་ཁྱད་པར་ཆེ་བ། ཕྱུགས་རྩྭ་སྐྱེས་པའི་དུས་ཡུན་ཐུང་བ། ཉི་འོད་འཕྲོ་མཆེད་ཆེ་བ། དབྱང་རླུང་དཀོན་པ་སོགས་ཀྱི་ཁྱད་ཆོས་ལྡན་པ་ཡིན། འབྲི་གཡག་གི་གཉན་འགོག་ནུས་པ་བཟང་ལ་གྲང་ངར་ཐུབ་པར་མ་ཟད་འཕྲོད་ཤུགས་ཀྱང་ཤིན་ཏུ་བཟང་། འབྲི་གཡག་ནི་གཞན་པའི་སྒོ་ཟོག་རྣམས་འཚོ་གནས་བྱེད་དཀའ་བའི་གྲང་ངར་ཆེ་བའི་མཐོ་སྒང་གི་རྩྭ་སར་བརྟེན་ནས། མི་རྣམས་ལ་འོ་མ་དང་ཤ་སོགས་གཙོ་བོ་བྱས་པའི་ཟས་རིགས་དང་། རྩིད་པ་དང་རུས་པ། རྭ་ཅོ་སོགས་འཚོ་བའི་མཁོ་ཆས་དང་བཟོ་ལས་རྒྱུ་ཆ་འདོན་སྤྲོད་བྱེད་བཞིན་ཡོད། མཚོ་སྔོན་ཞིང་ཆེན་གྱི་འབྲི་གཡག་ནི་གཙོ་བོ་ཡུལ་ཤུལ་དང་མགོ་ལོག མཚོ་ལྷོ། མཚོ་བྱང་། རྨ་ལྷོ་སོགས་བོད་རིགས་རང་སྐྱོང་ཁུལ་ཏེ་གཙང་གསུམ་འབྱུང་ཁུངས་དཀྱིལ་སྙིང་ཡིན་པའི་མཐའ་སྐོར་གྱི་རྩྭ་ཐང་དང་ཞིང་ཕྱུགས་གཉིས་འཛོམས་ཀྱི་བོད་རིགས་ས་ཁུལ་དུ་ཁྱབ་ཡོད། མཚོ་སྔོན་ཞིང་ཆེན་ནི་ད་དུང་རྒྱལ་ཡོངས་ཀྱི་ཆེས་ཆེ་བའི་འབྲི་གཡག་ཕྱུགས་རྒྱུད་སྤེལ་སའི་ལྟེ་གནས་དང་སྤུས་ལེགས་ནོར་ཤ སྤུས་ལེགས་ཁུ་ལུ་ཐོན་སྐྱེད་ལྟེ་གནས་ཡིན་ལ། རང་རྒྱལ་གྱི་ཆེས་ཆེ་བའི་སྐྱེ་ལྡན་ཕྱུགས་ལས་ཐོན་སྐྱེད་ལྟེ་གནས་ཀྱང་ཡིན། དེ་བས། འབྲི་གཡག་ཐོན་ལས་འཕེལ་རྒྱས་སུ་བཏང་ནས། འབྲི་གཡག་

གི་ཐོན་སྐྱེད་ནུས་པ་ཇེ་མཐོ་དང་འབྲི་གཡག་གསོ་ཚོགས་ཀྱི་རྗེས་ལུས་རྣམ་པ་ལེགས་བསྒྱུར། ཚོང་རྫས་བྱེད་ནུས་དམན་པའི་དཀའ་གནད་ཇེ་ལེགས་སུ་བཏང་སྟེ་ཕན་ནུས་མཐོ་བའི་སྐྱེ་ཁམས་ཕྱུགས་ལས་ཀྱི་ལས་ལ་བརྩོན་པ་བྱས་ན། བོད་ཁུལ་གྱི་འབྲོག་པ་མང་ཚོགས་ཀྱི་འཚོ་བའི་ཆུ་ཚད་མཐོར་འདེགས་དང་། འབྲི་གཡག་གི་རིམ་བསྟར་ཐོན་རྫས་གསར་སྤེལ་བྱ་བར་དོན་སྙིང་ཆེན་པོ་ལྡན།

དེབ་འདི་ལེའུ་བརྒྱད་དང་ས་བཅད་32ཀྱིས་གྲུབ་ཡོད་དེ། གཙོ་བོར་མཚོ་སྔོན་ཞིང་ཆེན་རང་ས་གནས་ཀྱི་འབྲི་གཡག་གི་རིགས་རྒྱུད་དང་སྐྱེ་ཁམས་ཀྱི་རྣམ་པ། འབྲི་གཡག་གི་ལུས་ཁམས་དང་སྐྱེ་འཕེལ། རིགས་རྒྱུད་འདེམས་སྐྱོང་། གསོ་ཚགས་དོ་དམ། ཆོན་པོར་གསོ་བ། གཟན་ཆག་ལས་སྣོན་དང་སྤེལ་སྦྱོར། ཟོག་རའི་འཛུགས་སྐྲུན། ནད་རིམས་སྔོན་འགོག་སོགས་ཀྱི་ནང་དོན་འདུས་ཡོད་པས། གཞི་རིམ་གྱི་ཆེད་ལས་ལག་རྩལ་མི་སྣ་དང་འབྲི་གཡག་གསོ་སྐྱེལ་ར་བ། ཆེད་ལས་གསོ་སྐྱེལ་ཁྱིམ་ཚང་བཅས་ཀྱིས་སློབ་སྦྱོང་བྱེད་པར་འདོན་སྤྱོད་བྱས་པ་ཡིན་ལ། ཕྱུགས་ལས་ཚན་རྩལ་གསོ་སྦྱོང་བསླབ་དེབ་བྱས་ཀྱང་ཆོག

ཡིན་ནའང་རྩོམ་སྒྲིག་གི་ཉམས་མྱོང་མེད་པ་དང་རྩོམ་སྒྲིག་དུས་ཡུན་ཐུང་བ། ངེད་རྩོམ་སྒྲིག་མི་སྣའི་ཤེས་བྱའི་ཡོན་ཚད་ཞན་པ་བཅས་ཀྱི་དབང་གིས། བསླབ་དེབ་འདི་ལས་སྐྱོན་ཆ་གང་མང་ཞིག་ཡོད་སྲིད་པས། རྒྱ་ཆེའི་ཀློག་པ་པོ་རྣམས་ཀྱིས་དག་བཅོས་དང་མཛུབ་སྟོན་གནང་བར་ཞུ།

རྩོམ་སྒྲིག་པས།

2015ལོའི་ཟླ 5པར།

目　录

དཀར་ཆག

第一章　青海牦牛品种及生态类型

牦牛是青藏高原最原始的牛种之一，主要分布于我国青海、西藏、四川、甘肃、云南等省区。地方品种（类型）较多，主要有青海高原牦牛、九龙牦牛、麦洼牦牛、木里牦牛、中甸牦牛、娘亚牦牛、帕里牦牛、斯布牦牛、西藏高山牦牛、甘南牦牛、天祝白牦牛等；培育品种有大通牦牛、巴州牦牛等。

第一节　地方品种与生态类型

一、地方品种（青海高原牦牛）

高原牦牛主要分布在玉树州6县，果洛州6县，海南州兴海县西部3乡，黄南州泽库、河南2县，海西州格尔木唐古山乡等地区。体格高大，头大角粗；鬐甲高而较长宽，前肢短而端正，后肢呈刀状；体侧下部密生粗

高原牦牛（公）

毛或裙毛密长，尾短，尾毛长而蓬松。公牦牛头粗重，呈长方型，颈短厚且深，睾丸较小，接近腹部，不下垂；母牦牛头长，眼大而圆，额宽，多有角，颈长而薄，乳房小，呈碗状，乳头短小，乳静脉不明显。

体高：成年公牛平均 127.81 厘米，成年母牛平均 110.52 厘米。

体重：成年公牛平均 334.94 千克，成年母牛平均 196.84 千克。屠宰率 53.95%。

二、地方生态类型

（一）环湖牦牛

环湖牦牛主要分布于环青海湖周边农牧区，海北州的海晏、刚察，海南州的贵德、共和、同德和兴海东部四乡，东部农业区湟源、湟中、大通、互助、化隆、循化等地。

头似楔型，鼻狭长，鼻中部多凹陷。多无角，有角者角细长，弧度较小；鬐甲较低，胸深长、尻斜，体侧下部裙毛粗长；肢较细短，蹄小而坚实。公牦牛头粗重，颈短厚且深，垂皮不明显。睾丸较小，接近腹部。母牦牛头长额宽，眼大而圆，颈长而薄，乳房小呈浅碗状，乳头短小，乳静脉不明显。

环湖牦牛（公）

体高：成年公牛平均119.2厘米，成年母牛平均 110.3 厘米。体重：成年公牛平均 273.13 千克，成年母牛平均 194.21 千克。屠宰率52.71%。

（二）白牦牛

中心产区在青海省互助的北山，门源的仙米、珠固乡。主要分布于门源县的仙米乡、珠固乡和互助县松多乡、巴扎乡、加定乡境内。省内其他地区牦牛群中也有极少数白牦牛。

白牦牛的体型与环湖型牦牛基本相同。其外貌特征为体躯低矮深长并稍显前高后低，全身被毛白色，皮肤粉红色，眼珠玉白色，眼圈常潮红，羞明流泪，裸露面多有大小不等的色素斑和被毛中有隐斑。头呈楔型，大部分有角，有角者一般头清秀。角多为玉白色。鼻梁略凹；眼睛大稍突而有神，眼圈为红色或黑色。颈细薄（公牛深厚）。背腰略凹，前胸多向前突，尻斜窄。四肢短细，蹄壳呈灰白色和黑色，玉白色少；蹄质坚韧，蹄尖狭窄锐利。

白牦牛（公）

体高：成年公牛平均 116.25 厘米，成年母牛平均 107.5 厘米。体重：成年公牛平均 223.6 千克，成年母牛平均 160.38 千克。屠宰率 50.48%。

（三）长毛牦牛

长毛牦牛藏语称“保热”或“波里”，遍布全省，环湖牧区较多，一般牛群中占 5% ~10%，高的占 30% ~40%，随着生产的发展，长毛牦牛数量逐步减少。

长毛牦牛额宽、体长、胸围、尻高等指数极近似肉用牛指数，尻宽、管围接近兼用牛指数，结合外貌，呈现以肉为主兼用牛体态。全身毛密长。头顶部长毛将面部盖住；颈下、上缘特别密厚而长，四肢部长毛着生至蹄踵部或悬蹄下部。头部着生长毛，可避免眼睛被紫外线照射和雪光反射引起眼病。多无角，颅顶多不突。

长毛牦牛（公）

体高：成年公牛平均117.7厘米，成年母牛平均100.6厘米。体重：成年公牛平均342.1千克，成年母牛平均227.5千克。屠宰率52.97%。

（四）天峻牦牛

天峻牦牛的中心产区是天峻县龙门乡、苏里乡、舟群乡、木里镇、阳康乡等5个乡镇。

体格高大，头大角粗；鬐甲高而较长宽，前肢短而端正，后肢呈刀状；除背部和嘴唇周围毛色沙白外，全身毛色为黑色，体侧下部密生粗毛或裙毛密长，尾短，尾毛长而蓬松。公牦牛头粗重，呈长方型，颈短厚且深，睾丸较小，接近腹

天峻牦牛（公）

部，不下垂；母牦牛头长，眼大而圆，额宽，多有角，颈长而薄，乳房小，呈碗状，乳头短小，乳静脉不明显。

体高：成年公牛平均129.3厘米，成年母牛平均110.2厘米。体重：成年公牛平均405.52千克，成年母牛平均261.24千克。屠宰率53.95%。

（五）祁连牦牛

祁连牦牛的中心产区是祁连县野牛沟乡和央隆乡。主要分布于祁连县峨堡、默勒、阿柔、野牛沟、央隆等6个牧业乡镇。

祁连牦牛（公）

体质坚实，结构紧密而匀称，侧视体躯低深而长。前躯发育较好，中躯次之，后躯欠佳。头粗而长（公牛粗短），额短宽呈楔形；眼大外突有神；多有角，角细而短，两角向外、向前、向上、向后形成不同程度的环形；耳小，耳壳内密生绒毛和两型毛。鬐甲高而较长宽，前肢短而端正，后肢呈刀状；除部分牛嘴唇周围毛色沙白外，全身毛色黑而亮，体侧下部密生粗毛或裙毛密长，尾短、尾毛长而蓬松，群毛界线明显。公牦牛睾丸较小，接近腹部，不下垂；母牦牛乳房小，呈碗状，乳头短小，乳静脉不明显。

体高：成年公牛平均134厘米，成年母牛平均124.6厘米。体重：成年公牛平均317.43千克，成年母牛平均180.63千克。屠宰率43.18%~45.07%。

（六）雪多牦牛

雪多牦牛的中心产区为河南县赛尔龙乡兰龙村。

雪多牦牛（公）

体质坚实，结构紧密而匀称，侧视体躯低深而长。前躯发育较好，中躯次之，后躯欠佳。头粗而长（公牛粗短），额短宽呈楔形；眼大外突有神；多有角，两角向外、向上、向后形成不同程度的环形；耳小，耳壳内密生绒毛和两型毛。鬐甲高而较长宽，前肢短而端正，后肢呈刀状；除部分牛嘴唇周围毛色沙白外，全身毛色黑而亮，体侧下部密生粗毛或裙毛密长，尾短、尾毛长而蓬松，群毛界线明显。公牦牛睾丸较小，接近腹部，不下垂；母牦牛乳房小，呈碗状，乳头短小，乳静脉不明显。

体高：成年公牛平均 149.7 厘米，成年母牛平均为 113.6 厘米。体重：成年公牛平均 212.8 千克，成年母牛平均 190.28 千克。屠宰率43.79%～45.99%。

（七）久治牦牛

久治牦牛主要分布于久治县五乡一镇。

体格高大，头大角粗；鬐甲高而较长宽，前肢短而端正，后肢呈刀状；除背部和嘴唇周围毛色沙白外，全身毛色为黑色，体侧下部密生粗毛或裙毛密长，尾短，尾毛长而蓬松。公牦牛头粗重，呈长方型，颈短厚且深，睾丸较小，接近腹部，不下垂；母牦牛头长，眼大而圆，额宽，多有角，颈长而薄，乳房小，呈碗状，乳头短小，乳静脉不明显。

体高：成年公牛平均 126.95 厘米，成年母牛平均 112 厘米。体重：成年公牛平均 309.8 千克，成年母牛平均 195.2 千克。屠宰率为 49.5%～53.5%。经产牛平均日产奶量为 1.5 千克，年平均产奶 150～230 千克。

久治牦牛（公）

（八）岗龙牦牛

岗龙牦牛主要分布于果洛州甘德县岗龙地区。

岗龙牦牛（公）

体格高大，头大角粗；鬐甲高而较长宽，前肢短而端正，后肢呈刀状；除背部和嘴唇周围毛色沙白外，全身毛色为黑色，体侧下部密生粗毛或裙毛密长，尾短、尾毛长而蓬松。公牦牛头粗重，呈长方型，颈短厚且深，睾丸较小，接近腹部，不下垂；母牦牛头长，眼大而圆，额宽，多有角，颈长而薄，乳房小，呈碗状，乳头短小，乳静脉不明显。

体高：成年公牛平均 124 厘米，成年母牛平均 109 厘米，体重：成年公牛平均 373.6 千克，成年母牛平均 183.56 千克。屠宰率 53%。

第二节　培育品种（大通牦牛）

大通牦牛是利用野牦牛，通过人工培育而成的品种。育成父本是野牦牛，母本是大通种牛场当地牦牛。

主产区为青海省大通种牛场，主要分布在海北州、海西州、海东市、西宁市等大通牦牛推广区。

大通牦牛（公）

野牦牛特征明显，面部清秀不生长毛，眼大明亮，嘴端灰白，角基粗，角面宽，鬐甲似有肩峰，从顶脊有不完全棕色或灰色背绒，体质结实，发育良好。毛色为全黑夹有棕色纤维，悍威强，绒毛厚。背腰平直，前胸开阔，胸宽而深，肋骨弓圆，腹大而不下垂，尻平宽发育良好，尾粗短，紧密或帚状，外生殖器及睾丸发育良好。肢高而结实，肢势端正，蹄质结实，蹄型圆而大，蹄叉闭合良好。

体高：成年公牛平均 121 厘米，成年母牛平均 106 厘米。体重：成年公牛平均 381 千克，成年母牛平均 230 千克。2.5 岁大通牦公牛宰前活重为328. 33 千克,胴体重为 159. 67 千克，屠宰率为48. 63% 。

大通母牦牛性成熟较晚，一般 3 岁才性成熟。母牦牛发情周期平均为 21. 3 天，发情持续期小群母牦牛平均 41. 6 小时，妊娠期母牦牛一般为两年一胎或三年一胎，利用年限 14 岁。

在青海、甘肃、四川、西藏、新疆等省区进行推广。2006 年开始在青海省开展活体良种补贴，并向全省划定的区域内推广。

第二章　牦牛生理与繁殖

第一节　牦牛生理特点

一、牦牛骨骼解剖特点

牦牛的椎骨数量、肋骨数量、胸骨、肢骨、骨盆腔与其他牛不相同。

（一）椎骨

牦牛椎骨有47～48个，在数量上牦牛的椎骨下限数量比普通牛少1个。

胸椎：牦牛14～15个，普通牛则13个，牦牛比普通牛多1～2个，由此形成牦牛长的胸廓。牦牛胸椎棘突高耸，其中尤以2～4个胸椎最为高耸，形成高而长的肩峰，公牛最为明显。

腰椎：牦牛5个，普通牛6个。

荐椎：牦牛6个，普通牛5个。牦牛的荐椎体短窄。

尾椎：牦牛15个，普通牛17个。牦牛尾的摆动与直立比普通牛自如。

（二）肋骨

牦牛的肋骨有14～15对，比普通牛多1～2对，与胸椎配合则形成深而长的胸廓。但肋骨的宽度不如普通牛，成年牦牛肋骨中部一般为 2 ~4 厘米。

（三）胸骨

牦牛的胸骨与普通牛、水牛一样是一联体，但结构特殊，其组织比较疏松，且相对长而平。

（四）肢骨

牦牛四肢骨骼较普通，水牛短小而细。

（五）骨盆腔

牦牛骨盆比普通牛、水牛窄短，且腔体小。

二、口腔

口腔为消化的起始部分，前壁为唇，经口裂与外界相通，后与咽相连，其两侧壁为颊，背侧壁为硬腭，腹侧壁为下颌及舌。

牦牛的唇比普通牛的薄而灵活，口裂亦较小。上唇中部和两鼻孔之间及鼻孔内上缘处赤裸无毛的体表部位，称为鼻唇镜（或称鼻镜）。上唇中部宽约 1 厘米，两鼻孔间宽约 4 厘米，一般为黑色。在鼻唇镜上唇部的中线上有一纵的浅沟。口轮匝肌在上唇较厚，下唇较薄。

三、胃

（一）牦牛瘤胃组成

牦牛的胃由 4 个胃室组成，即瘤胃、网胃、瓣胃（三者全称前胃）和皱胃（真胃）。

（二）牦牛瘤胃的消化功能

牦牛的胃和普通牛一样，几乎占据腹腔的 2/3，牦牛的瘤胃占据左腹的大部分，形状近似圆形。牦牛的瘤胃发育比普通牛好，采食量大，耐粗饲。

牦牛的网胃、瓣胃的发育不如普通牛。

在牦牛饲养中，饲草料或日粮要多样化，多搭配容积大、粗纤维丰富的青粗饲料。变换饲料时要有 1 ~2 周的适应期，使瘤胃对新饲料逐渐适应。

四、牦牛的反刍

反刍又叫“倒磨”“倒草”“回嚼”。牦牛采食时先粗略咀嚼就吞咽，饲料在瘤胃中浸泡和软化，在卧息或停止采食后 0.5 ~1 小时进行反刍，由瘤胃内逆呕或倒入口腔，反复仔细咀嚼并混合唾液，然后吞咽到瘤胃的过程称为反刍。若犊牛出现反刍的时间早则有利于生长发育，因此可对犊牛进行早期补饲。

第二节　牦牛繁殖特点

一、性成熟和体成熟

幼年牦牛发育到一定时期，开始表现性行为，生殖器官发育成熟，公牦牛产生成熟精子，母牦牛出现正常发情排卵并能正常繁殖，称为性成熟。

公母牦牛骨骼、肌肉和内脏器官已基本发育完成，而且具备了成年时固有形态和结构，称为体成熟。此时，公母牦牛性成熟并不意味着配种适龄。

二、公牛繁殖特点

（一）初配年龄

公牦牛在 2 岁时具有配种能力，初配年龄在 3.5 ~4 岁为宜。一般为自然交配，公牦牛配种年龄为 4 ~8 岁，配种年限为 4 ~5 年，8 岁以后应及时淘汰。

（二）公牛配种比例

在自然交配的情况下，平均 1 头公牦牛配种负担量，即公、母比例为 1∶25～30 头。

三、母牛繁殖特点

（一）初情期及初配年龄

母牦牛的初情期一般在 1.5～2.5 岁。以 3 岁发情配种，4 岁产第一胎的母牛为最多。母牦牛初配的年龄为 3～4 岁为宜。

（二）发情

发情是指母牦牛发育到一定年龄时，由卵巢上的卵泡迅速发育，它所产生的雌激素作用于生殖道使之产生一系列变化。发情分为发情初期、中期、末期。

母牦牛的发情季节多在 7～11 月份，以 7～9 月份为发情旺季。在海拔 1 400 米处母牛发情时间在 5 月，随着海拔的升高母牛发情季节相对推迟。

发情周期又叫性期，指达到性成熟而未怀孕的母牛每隔一定期间就会出现一次发情，直到衰老为止。发情周期是一种有规律的周期。母牦牛发情周期平均为 21 天，一般 14～28 天占多数，为 56.2%。

发情持续期是指母牛在每个发情期内，从发情开始到发情停止所持续的时间。发情持续时间 1～2 天。母牦牛发情持续期为 16～56 小时，平均 32.2 小时。幼龄母牦牛发情持续期偏短，平均 23 小时，成年母牦牛平均为 36 小时。青年牦牛较正常，一般平均 28 小时，经产牦牛不正常，为 12～118 小时。

母牦牛排卵时间，大约在发情终止后 12 小时，范围 5～36 小时。

母牦牛产后第一次发情的间隔时间多为 100 天。

母牦牛在整个发情季节，多数只发情 1 次。发情 1 次者占 73%，发情 2 次者占 21%，发情 3 次以上的只占 6%。

（三）牦牛发情鉴定

母牦牛的发情鉴定方法有外部观察法、试情法、阴道检查法等方法。

（四）繁殖季节

牦牛的繁殖有明显的季节性，发情配种集中在7～9月三个月。6月以前和10月以后发情的牛很少。产犊则集中于4～6月三个月。

（五）妊娠与分娩

1. 母牦牛的妊娠期：平均为256.8天（250～260天），怀公胎儿为260天，母胎儿为250天。若怀孕杂种牛犊（犏牛犊）妊娠期延长，一般为270～280天。

2. 妊娠：是指受精卵着床开始到成熟胎儿出生为止的时期。妊娠诊断有直肠检查法、激素诊断法、阴道检查法，超声诊断法等。

3. 分娩：母牦牛以自然分娩为主，需要助产时应严格按产科要求进行。对产后母牦牛要加强饲养管理，促进其生殖机能恢复。

犊牛出生后，母牦牛舔净犊牛体表的黏液，经过10～15分钟犊牛就会站立，并寻找哺乳。

第三节　牦牛繁殖技术

牦牛的繁殖技术包括冷冻精液、同期发情、超数排卵、胚胎移植、体外受精。

一、冷冻精液

冷冻精液是一种能将公牦牛精液长期保存的方法，即在超低温环境下将精液冷冻为固态，使精子长期保持受精能力，从而与室温及低温状态下保存的液态精液相区别。

青海省部分有条件的地区进行牦牛冷冻精液人工授精工作。

二、同期发情

同期发情就是采用激素或类激素的药物处理母牦牛，使其在特定时间内集中统一发情，并排出正常的卵母细胞，以便达到共同配种和共同受胎的目的。

三、超数排卵

应用外源性促性腺激素诱发母牦牛卵巢的多个卵泡同时发育，并排出具有受精能力的卵子的方法称为超数排卵，简称“超排”。

四、胚胎移植

胚胎移植是指从一头良种母牦牛的输卵管或子宫角内取出早期胚胎，移植到另一头生理状况相同的母牦牛的输卵管或子宫角，从而产生后代，所以也称作借腹怀胎。提供胚胎的个体为供体，接受胚胎的个体为受体。

五、体外受精

体外受精是牦牛的精子和卵子在体外人工控制的环境中完成受精过程的技术。体外受精的基本操作程序包括卵母细胞的采集、卵母细胞的体外成熟培养、精子的获能处理、卵母细胞的体外受精、早期胚胎培养、胚胎移植等。

第四节　提高牦牛繁殖力的措施

繁殖率是反映牦牛生产水平最重要的指标，不断提高繁殖率，是发展牦牛生产的关键措施。

一、繁殖力的概念

繁殖力是指母牛维持正常生殖机能、繁衍后代的能力，是评定种用母牛生产力的主要指标。母牛繁殖力的高低受多种因素的影响。公畜繁殖力反映性成熟早晚、性欲强弱、交配能力、精液质量和数量等；母畜繁殖力体现在性成熟的迟早、发情表现的强弱和次数、排卵的多少、配种受胎、胚胎发育、泌乳和哺乳等生殖活动的机能。

二、影响提高繁殖力的因素

影响牦牛繁殖力的因素较多，牦牛所处的生态环境和饲养管理条件、过度挤奶和犊牛长时间哺乳是影响牦牛繁殖的主要因素。此外还有光照、配种、营养等因素也会影响牦牛的繁殖力。

（一）环境

环境条件可以改变牦牛繁殖过程，影响牦牛繁殖力的环境因素包括光照、群体、气温、海拔等。

1. 大群放牧：在牛群中，优势公牦牛抑制青年公牦牛的性活动，使幼龄和体弱公牦牛没有机会参加配种。公牦牛的存在也可影响母牦牛的发情行为，使其正常发情，并可缩短母牦牛在哺乳期出现发情的时间。

2. 温度：6 月份后，气温高，开始发情，母牦牛 7 ~ 8 月份为发情旺季，10 月份以后气温逐渐下降，发情也逐渐减少。

3. 光照：牦牛随日照长度的季节性变化而出现季节性发情，一般6~11月份为发情季节，其中7~9月份为发情旺季。

4. 海拔高度：海拔2 400~2 500米的地区，牦牛配种多在6月底至7月底；海拔3 000~4 000米的地区，牦牛配种多在7月底至9月初。

（二）营养

每年配种季节到来时，有些母牦牛的膘情、体况较差，营养水平跟不上，致使母牛不发情或发情时间短，从而影响了母牦牛的受配率。

（三）配种

配种季节到来时，有些仍在用年迈或质量较差的公牦牛进行配种，导致多次配不上种或受配率低下，从而影响受胎率及后代的质量，因此在配种时应严格把好配种关。

（四）管理

母牦牛妊娠期间由于饲养员在管理期间责任心不强，在放牧期间驱赶母牦牛时吼叫、鞭打母牦牛，导致母牦牛惊吓而慌忙跑窜，容易发生滑倒、拥挤等现象而使母牦牛流产。

（五）挤奶

由于长时间过度挤奶影响了犊牛的生长发育，延长了育成牛的饲养年限，不能发情配种或出栏，进而延缓了牛群周转。

传统的断奶方法，既影响繁殖母牛抓膘复壮和发情配种，又影响母牦牛的胚胎发育和犊牛的初生体重，延长了母牦牛产犊的间隔时间。

（六）健康

牦牛群的健康对繁殖也有一定的影响，如内外寄生虫病、生殖器官疾病、布鲁氏菌病，以及其他疫病等也会不同程度地影响牦牛的繁殖。

种公牛的数量、质量和配种能力，也会使牦牛的繁殖受到影响。

三、提高繁殖率的有效措施

（一）种公牛的选育

种公牛的质量是影响牦牛本品种选育的重要因素，因此种公牛的选育尤为重要。

牦牛种公牛的选择原则：一看血统，二看本身。其选择方法：一周岁时初选，二周岁时再选，三（或四）周岁时定选。定选后的种公牛，放入母牦牛牛群中进行试配，不合格者再淘汰。

（二）放牧管理

狠抓一个“管”字，落实一个“膘”字。建立岗位责任制，做到人不离群，牛不脱群，坚持早放晚收，慢赶稳走。合理安排和利用草场，在冬春季节坚持每天饮水 1 次，饮用的水一定要干净清洁。

加强妊娠母牛的管理，注意防止进出圈门时拥挤、踩踏、滑倒，严禁乱打驱赶。

（三）配种

首先抓好产犊母牛的复壮，促使早发情。按繁殖母牛自身营养情况分成两群，营养情况较好的编入“挤奶群”；营养情况较差的编入散牛群，对散牛群要不拴系、不挤奶，使其尽早抓膘复壮提早发情。

每群母牛都配备 3 ~ 7 岁的壮龄公牛，每年补充年轻公牛，淘汰年老公牛，公母比例为 1∶25 ~ 30。

（四）助产和新生犊牛的护理

在产犊期间，发现难产时，及时进行助产。产犊后采取母子同号制度进行编号，对过于病弱产后无奶的母牛和不认犊的母牛要按时给犊牛哺乳。放牧时一定要提高警觉性，防止犊牛丢失及兽害的发生。

（五）整群

坚持每年进行整群，将发育不良、母性不强、牦牛品质差、产犊晚和连续发生流产以及老龄母牛予以淘汰。对新投产初配牛群，体格较小，发育不良及体型差的个体亦予以淘汰。只要坚持整群，选优去劣，牛群的整体质量就会得到提高。

总之，在提高牦牛繁殖力的措施当中，环境、营养、管理、配种等因素对牦牛的发情效果及受胎率都会产生重要影响。因此，要提高牦牛繁殖力应综合多方面的因素考虑，从牦牛生长的外界环境、营养需求、科学合理的管理及选优选配等方面着手，采取系统、全面、合理的综合措施，牦牛的繁殖力肯定会大幅提高。

第三章　牦牛本品种选育

第一节　本品种选育技术

一、选育方式

牦牛本品种选育采取半闭锁选育方式进行。核心群组成后，基本保持稳定，群内应用育种手段，开展选育提高，群外个体一般不进入选育核心群。由于牦牛分布面广，核心群外存在一些生产性能高的牦牛个体，在核心群开展选育的同时，核心群外表现极其优秀、且生产方向相同的牦牛个体，经鉴定符合选育需要的，也可补充进选育核心群。

二、组群技术

选育核心群必须做到公、母牛分开饲养管理，公牛单独组群。考虑牧户实际情况，母牛可采取按级组群或混级组群相结合的方法。鉴定等级为一级以上的公牛和二级以上的母牛方可组入选育核心群。

选育核心群数量应根据选育方案、选择强度和实施条件来确定，每群能繁母牛数一般不少于100头。定期更新种公牛，每3~5年更新一次种公牛，更新的种公牛必须是鉴定为特、一级的种公牛。

核心群必须建立种牛档案（系谱），包括种公牛的来源、评定等级和后代等级等，种母牛的评定等级、繁殖、生产性能等，以及牦犊牛的初生登记、生长发育等记载。选育群可建立牛群档案或参配种公牦牛及二级以上母牦牛的卡片。

对核心群和选育群以及群内的牛只必须进行编号和标记，便于选育工作的开展。牛只出售、淘汰或死亡，不要将其编号替补给其他牛只，购入的种牦牛用原号。编号后用耳标进行标记。

核心群组建完成后，在核心区、推广提高区中选择与核心群生产方向一致的优秀公牦牛个体和生产母牦牛集中到核心群，用于开展牦牛本品种选育工作。同时对核心群现有种公牛个体进行鉴定，淘汰质量较差的个体，并对母牦牛群进行鉴定组群，淘汰生产性能差的母牦牛个体。

三、选种技术

选种就是选择基因优秀的个体进行繁殖，以增加后代群体中高产基因的组合频率。牦牛群生产潜力的高低，取决于群内优秀公、母牦牛或高产基因型个体的存在比例。

牦牛的选种要根据各牦牛品种或类群相关标准和组建的选育核心群的牦牛平均生产性能，制定适合本地区的牦牛选种标准，然后根据标准进行选种。

（一）种公牦牛的选育

1. 系谱选择：根据备选种公牛的亲代及祖代生长发育、生产性能、体型外貌、繁殖性能及遗传缺陷来确定备选种公牛的遗传可靠性，要求备选种公牛亲代及祖代的系谱清楚、遗传稳定、生产性能突出。

2. 个体鉴定选择：经系谱选择后可留做种用的公牦牛进行个体鉴定选择。经初生鉴定、断奶鉴定和周岁鉴定后均达到选育标准的牛只进入后备牛群，按照后备牛群选育方法进行选育。

备选公牛 2 岁时进行鉴定。要求备选公牛品种特征明显，体质结实，肢势端正，背腰平直，生殖器官发育正常，无外伤，体重达到185 千克以上。合格备选公牛即可按照选配计划参加配种。

3. 后裔测定：在备选公牦牛参加配种并产生后代时进行。根据参加配种后后代的生长发育、生产性能、体型外貌、繁殖性能及遗传缺陷来确定备选种公牛的遗传可靠性。若后代出现生产性能差、严重遗传缺陷等情况，则将此种公牛进行淘汰。

（二）种母牦牛的选育

对进入核心群的母牦牛，必须严格选择，选育步骤基本同种公牦牛的选育。

对一般的选育群，主要采取群选的办法：一是拟定选育指标，突出重点性状，不断选优去劣，使群体在外貌、生产性能上具有良好的一致性；二是每年入冬前对牛群进行一次评定，大胆淘汰不良的个体；三是建立牛群档案，选拔具有该牛群共同特点的种公牦牛进行配种，加速群选工作的进展。

四、选配技术

各地根据核心群母牛的组群方法不同，分别选择个体选配和等级选配（或称群体选配）方法进行。

（一）个体选配

应用于按级组群的选育核心群配种。就是根据每头公牦牛的品质，为它指定授配的母牦牛，或根据每头母牦牛的品质，为它指定授配的公牦牛。为此，要在配种前作好选配计划，配种期按照选配计划实施。

（二）等级选配

应用于按混级组群的选育核心群配种。就是根据每个等级群内母牦牛品质共同的优缺点，给它们选择合适的公牦牛配种。进行等级选配时一般要遵守下列原则：一是公牦牛的等级要高于母牦牛；二是优良的公、母牦牛除了有目的的杂交外，都应进行同质选配；三是有相同缺点的公、母牦牛不应交配。

（三）配种方式

根据牦牛饲养特点，一般采取小群控制本交方式进行配种。一般配种时，每 25～30 头母牛组成一个配种群，投放 1 头种公牛，进行相对封闭式配种。

第二节　本品种选育的主要措施

一、建立选育组织

建立各级选育组织（或选育委员会、协会、领导小组等），专门负责牦牛的选育或育种工作中的种牦牛的评定、生产性能测定、种公牦牛后裔测定、良种登记、制定或修改选育计划及指导选育等工作，确保选育工作有组织、有计划、有效的开展。

二、划定选育核心区和推广区

核心选育区应具备的基本条件为：①地方政府部门重视，每年能拿出一定数量的资金用于核心群建设和牦牛本品种选育工作；②业务部门工作目标明确，畜牧技术队伍稳定，专业技术人员相关知识丰富，能承担并有效开展牦牛本品种选育工作；③该地区牦牛生产性能与省内或州内其他地区相比，具有较大优势，为全省或全州最好或较好的；④牧民积极性和组织化程度较高，能规范地、主动地与业务部门进行配合；⑤棚圈和其他牧业设施条件较好，草畜相对平衡或草畜矛盾较小。

其他牦牛主产区可划定为推广提高区。

三、选育程序

（一）制定选育方案的依据

青海省牦牛产区辽阔，自然生态环境、经济条件和牦牛类群各不相同，各牦牛类群产地应根据牦牛群的具体情况，一切从实际出发，以提高当地牦牛现有的优良特性为前提，制定出选育方案。在牦牛类群、生态环境及经济条件等基本相似的地区，应采取横向联合和大协作的办法进行共同选育，打破牦牛选育的封闭状态。

（二）确定选育方向

本品种选育是提高牦牛生产性能的长期工作，因此，必须有一个正确的选育方向，以便持久地进行选育。确定选育方向的原则是要适应国民经济发展的需要，要适应当地的生态环境，要保持牦牛类群原有的优良性状或特殊性状。

从目前国内外发展来看，牦牛选育的方向应以产肉为主或肉乳兼用，并依此拟出相应的选育指标。但仍要保持牦牛毛、绒等特有品质以及牦牛对高寒牧区良好的适应性等特性。

（三）选育方案制定

牦牛的本品种选育方案，是保证实现选育工作的行动计划，应该成为远景规划和逐年实施计划相结合的选育工作指导文件。要求有明确的选育方向、繁育计划和选育措施，体现出科学的选育和管理技术等。因此，在制定时要由主管部门的负责人、畜牧科技人员、生产人员集体讨论，并请有关专家指导论证。选育方案的主要内容包括选育地区的生态、经济及畜牧业等基本情况，选育方向和指标以及相应的选育措施等。

四、组建选育核心群或良种场

凡进行牦牛本品种选育的核心区内，必须组建选育核心群或场，在核心群（场）内开展选育工作。核心群（场）的数量和规模，要根据各地具体情况和选育工作需要合理确定。

核心群（场）组建采取集中连片的方式，在核心区内选择牛群整体生产性能好、相互连接的若干牧户，共同组建选育核心群，形成群体规模，并利于开展选育工作。选育核心群应具有明显的品种特征、特性及达到选育目标的遗传基础，有完整的各项生产记录和牛群档案。

五、健全性能测定制度和严格选种选配

育种群的种畜都应按照品种标准和有关技术规定，及时、准确地做好性能测定工作，建立健全种牛档案。选种时应突出重点，集中几个主要形状进行选择，加大选择强度；选配方面，应根据本品种选育的不同要求，采取不同方式，在育种核心群内，为了建立品系或纯化，可以采取不同程度的近交。在良种产区或一般繁殖群内，则应避免近交。

六、开展技术培训

技术培训包括专业技术人员培训和牧民群众培训两方面。专业技术人员每年应分期分批进行技术培训，培训内容以牦牛选育技术、牦牛人工控制本交技术、牦牛饲养管理技术、牦牛繁育技术、犊牛培育技术、牦牛育肥技术等为主，不断充实并提高基层专业技术人员的素质。牧民的技术培训每年进行 1 ~ 2 次，以饲养管理、协同配合、疫病防治等知识为主。

七、定期举办牦牛评比会

牦牛评比会是向广大牧民进行宣传、检查选育成果、普及畜牧科学技术知识、推动选育工作的措施之一。主要内容应包括：评比选育优秀的种公、母牦牛，交流和推广培育牦牛的先进经验，表彰和奖励先进集体和个人，以有利于进一步推动选育工作。

由于牦牛的本品种选育工作年限长、牵扯面广、工作艰苦、见效慢，加之牦牛培育程度低、管理粗放、受自然环境条件等因素影响，牦牛选育工作难以开展或难度大。因此，牦牛选育应组织畜牧科技工作者与各族牧民群众广泛参与，克服困难，坚持进行长期的选育工作。

第四章　牦牛的饲养管理

第一节　牦牛的饲养设施

放牧牦牛的草场上，除一些简易草场围栏和少数预防接种用的注射栏设施外，一般很少有牧地设施。棚圈只建于冬春草场，只供牛群夜间使用。

一、泥圈

泥圈是一永久性的牧地设施，多见于定居点或离定居点不远的冬春草场上。主要供母牦牛群用，也供犊牛群用，一户一圈或一户多圈。

泥圈可分有棚、无棚两种，或圈的一边有棚。棚用简易的材料修建，上压黏土，棚背风向阳，不用门。泥圈有单独一圈或两三个、四五个相连，圈与圈之间用土墙或用栏相隔，有栏门相通，或每个圈各开一个门。若多个圈相连，其中顶端的一个建有木栏巷道专供预防接种、灌药、检查等用。

二、粪圈

粪圈是一种利用牛粪堆砌而成的临时性设施。一般在牦牛群进入冷季草场后，在营地的四周开始堆砌。方法是：每天用新鲜牛粪堆积15～20厘米高的一层，过一夜牛粪冻结坚固后，第二天又再往上堆一层，连续数天即成圈。

粪圈有两种：一种是无顶的，像四堵围墙那样，关成年牦牛用，面积较大，可防风雪；另一种是专用于围栏牦犊牛的，其形状像倒扣的瓦缸，基础如马蹄，直径约1米，层层上堆逐渐缩小，直至结顶，高约1米，正好容纳一头犊牛。圈的开口处与主风向相反，外钉一木桩，牦犊牛拴系在桩上，可自由出入圈门。圈内垫有干草保暖。粪圈只用一个冷季，春后气候转暖，牛粪解冻，即自行坍塌，待冷季再重新修建。

三、暖棚

暖棚多建在避风向阳、地面平坦、气候干燥、交通方便、便于操作的山凹地带，朝向应坐北朝南，南偏西走向5°～10°为宜。要充分考虑上午、下午太阳的入射角均在45°左右，使大部分太阳紫外线光穿过保温板进入暖棚内，起到升温作用。暖棚的大小根据牦牛的多少而定。一般按照每头成年牦牛占1.6～2.0平方米的标准建设。暖棚最大不超过200平方米，最大饲养量以80头左右为宜。

高寒草场牧区暖棚多以单坡面、坡式为主，使用双层中空塑料保暖板，墙体基础牢固，有条件的可以适当加水泥填基础，以防地面水进入暖棚内。墙体可用砖墙、片石墙，最好打墙，但必须内外粉刷光滑，不漏气透风。利用暖棚养牦牛，增重率和产仔成活率都有明显提高，经济效益显著。但随着暖棚的推广，牦牛棚内疫病也会随之发生，因而在使用过程中必须做好常见病的预防工作，保持棚内的清洁干燥，做到随时清理粪便的杂物、通风。暖棚过于干燥，会造成尘土飞杨，细菌便随牦牛的走动而满棚飞，可以人为增加湿度。具体建造方法可参考暖棚的建设规范。

四、卧圈

采用2～2.5米高砖墙，松土地面或粒砂地面，钢架金属砖混墙体大门。平均每头牛面积为2～3平方米。

五、草棚

草棚的建筑面积根据牧草的产量而定，从发展的角度看可以建得大一些，砖混结构平房。毛石砼基础，地面下60厘米；混泥土地面，砖混墙体，墙高3.3～3.8米；人字架屋顶。

六、围栏

（一）网围栏

网围栏的钢丝丝径和网眼孔径直接影响钢丝网围栏的质量。一般钢丝丝径越大，网眼孔径越小，钢丝网围栏的质量越好，投资亦越大，牧户可根据投资能力进行选择。钢丝网围栏的立柱及角柱可用角钢，也可自制水泥柱。角钢便于使用，但成本高于自制水泥柱1倍以上。钢丝网围栏的门多为钢结构，可订购，也可根据需要定做。另外，钢丝网围栏的安装还需要斜铁、斜撑、拉线、标件等配套材料。

（二）电围栏

电围栏是各种围栏中最好的一种。若电围栏与灌溉、饮水等配套建设，不仅能有力地推动生态畜牧业发展，而且还能维护草地的生态环境。由于电围栏的造价很低，对畜牧业的可持续发展、治理草地退化、沙化和碱化等方面，有着事半功倍的作用。

电围栏的作用是使牦牛产生一种心理上的屏障，因此电围栏不需要建造的十分坚固，只要在设计和建造围栏时，可以吸收和缓解来自其他动物、大雪以及大风的压力即可。电脉冲器的功率就提供给围栏长度的能量应该足够大才能起到控制动物的作用。

七、相关设施

牦牛饲养管理上的基础设施建设还应包括料槽、水槽、拴系柱、排水沟、粪池等相关配套设施，以及保定架、巷道圈、药浴池等畜种改良及疫病防治设施，贮草棚、牧草加工设施等。

八、相关设备

发展牦牛业特别是规模养殖，必须配备必要的医用器械和常用药品，挤奶桶、贮奶罐、奶油分离器等贮奶及奶加工器具和割草机、拖拉机等牧草生产、运输、加工机具等。

第二节　分群饲养管理

一、牛群结构

合理的牛群结构，应当是保证牛群正常周转并取得最好的经济效益。生产母牛是牛群中最主要的生产者，承担着生育犊牛和生产牛奶，创造的最高产值的责任。因此，应尽可能地扩大繁殖母牛在牛群中的比例，使牛群结构趋向合理。过去，青海省牛群结构中，生产母牛仅占30% ~40%，而非生产牛则占比例较大，这一现状严重阻碍了出栏率、商品率的提高。随着现代畜牧业生产水平的提高，牦牛群中生产母牛比例有所提高，达到了50% ~55%。为更好地提高牦牛繁殖力，应将现有的牦牛牛群结构进行调整，生产母牛应占到60% ~70%。公、母牦牛每年更新率应保持在15% ~20%为宜。

二、分群

为了放牧管理和合理利用草场，提高牦牛生产性能，应根据牦牛性别、年龄、生理状况进行分群；避免混群放牧，使牛群相对安静，采食及营养状况相对均匀，减少放牧的困难。

根据《青海高原牦牛》（DB63/277—2005）品种标准对入社牦牛进行鉴定，经鉴定后依据性别、年龄、等级进行合理分群。公牦牛单独组群，远离母牛群，在配种期将公牦牛放入母牦牛群进行配种，配种结束后隔离公牦牛；成年特、一级母牦牛组成若干个群，每群100～150头，2～3岁母牛组成若干个群，每群150～200头，幼年母牛单独组群，每群50头。

牦牛群的组织和划分，以及群体的大小并不是绝对的，各地区应根据地形、草场面积、管理水平、牦牛数量的多少，因地制宜地合理组群和放牧，才能提高牦牛生产的经济效益。

三、配种

配种是牦牛繁殖技术的一个重要环节，它不仅直接影响牦牛的增值、牦牛群的管理和产品的生产，而且与牦牛的选种选配、后代的品质等关系密切。抓好牦牛配种工作，就能提高母牦牛的受胎率，对促进牦牛产业发展具有重要意义。

（一）配种季节

牦牛配种季节一般在6～10月份，少数可延长到11月份。在配种季节，公牦牛容易乱跑，整日寻找和跟随发情母牛，消耗体力大，采食时间减少，因而无法获取足够的营养物质来补充消耗的能量，容易形成弱的体质，尤以幼龄公牛更为严重。因此，有条件的地方应在配种季节对公牦牛进行补饲1日或数日1次。

（二）公牦牛的选择

配种时，充分利用公牦牛的行为特点，发挥处于优势地位公牛的竞配能力。注意及时淘汰虽居优胜地位而性欲减退的公牦牛。配种公牦牛的选择应根据每年的鉴定记录进行选择，同时与相应的等级母牦牛群进行选配。

（三）加强公牦牛的管理

在配种季节要加强对公牦牛的管理工作，有计划地进行配种，实行人为控制配种。在非配种季节应与母牦牛隔离单独组群放牧，且远离母牦牛群。

（四）配种方法

1. 自然交配：牦牛的配种一般采用自然交配的方法。在配种季节将公牦牛放入待配母牛群中进行混群饲养，种公牛任意和发情母牛交配。公、母牛比例控制在 1∶20～25。

2. 人工辅助配种：有条件的地区采用人工辅助配种，即发现发情母牦牛后，将其系留营地，用牛绳子捆绑其两前肢，套于颈上，由两人左右牵拉保定（不用配种架），然后驱赶3 头以上公牦牛来竞配。当母牦牛准确地受配 2 次后（可能是同一头公牦牛连续爬跨配种 2 次，也可能是两头公牦牛各配 1 次，即双重配种），将公牦牛驱散，并将新鲜牛粪涂在受配母牦牛臀部、背部，后松开绳索。涂抹新鲜牛粪的目的，是防止公牦牛再次爬跨配种。

3. 牦牛人工授精技术：宜在有条件的地区应用。首先组织参配母牦牛群，参配母牦牛应选择体格大、健康结实的经产牛，最好是当年未产犊的干乳牛。参配的母牦牛数量应根据配种计划确定，一定要考虑到人工授精点的人力、物力条件。在配种季节配 1 头母牦牛，平均需要冷冻精液 2～3 支，且配种时间不宜过长，一般 70 天左右完成。

（五）配种时的注意事项

1. 根据公牦牛的性行为特点，充分利用处于优胜地位公牦牛的竞配能力而达到选配的目的。

2. 注意及时淘汰虽居优胜地位而配种能力减退的公牦牛。公牦牛配种年龄为 4～8 岁，其中以 4.5～6.5 岁的配种能力最强，8岁以后则很少能在大群中交配。

3. 母牦牛的初配年龄为3岁左右。

第三节　公牦牛的饲养管理

一、配种期饲养管理

公牦牛的饲养管理关键在配种季节，配种公牦牛日夜追随发情母牦牛，体力消耗大而持续时间长，至配种结束往往体弱膘差。另外公牦牛在放牧过程中，采食卧息时间比母牦牛少，游走及站立时间长。公牦牛的这些特性，在放牧过程中应予以重视。在配种季节，对性欲旺盛、交配力强的优良种公牦牛，应设法隔日或每天给予补饲，饲喂一些含蛋白质丰富的精料和青干草或青草，对于缺少精料的公牦牛要饲喂奶渣（干酪）、脱脂乳或乳清。

二、非配种期饲养管理

（一）种公牦牛的饲养管理

为使种公牦牛具有良好的繁殖力，配种旺季过后，因牛群中还有未配完的母牦牛，应将多余的公牦牛隔出，以免过度交配影响体质；对母牦牛也可免于过度受配影响采食和体质以及导致繁殖疾病。隔出后，与阉牦牛、育肥牛组群，赶到远离生产母牛群的边远草场上放牧。有条件的仍应给少量补饲，以利于体质尽快恢复。

公牦牛在配种季节投放到母牛群，冬春季节远离母牛群自由行动，年龄过大的公牦牛在配种季节往往霸而不配，影响母牦牛的受胎率，因此应及时淘汰老弱和体质差的公牦牛，加强选种选配和后裔测定，充分利用青壮年公牦牛。

（二）育成牛的饲养管理

对公牦牛犊要进行初选、再选，凡未入选留作种用的公牦牛犊都要进行淘汰。在育成牦牛中选出后备公牦牛，其他的作为育肥牛。

后备公牦牛与配种公牦牛应组成放牧群进行放牧，远离母牛群，草场要安排在较远的地方。有条件的地区应给予适当的补饲，以保证后备公牦牛的发育，增强体质，准备下年度配种。

第四节　母牦牛的饲养管理

一、妊娠母牛的饲养管理

（一）妊娠母牛饲养管理的基本要求

妊娠母牛体重增加，代谢增强，胚胎发育正常，犊牛初生体重增加，生后生活力强。母牦牛妊娠后，不仅本身生长发育需要大量营养，而且还要满足胎儿生长发育的营养需要和为产后泌乳进行营养蓄积。因此，母牦牛怀孕前 4 个月，由于胎儿生长发育较慢，其营养需求较少，可以和空怀母牦牛一样对待，视具体情况来定。

（二）妊娠前期

母牦牛的饲养管理关键是妊娠期的管护。母牦牛以放牧自由采食为主，妊娠初期，由于胎儿发育的营养需求较小，此时又恰逢牧草旺季，一般不需要额外补充营养。有条件的可以每日补饲少量精料，精料补饲的多少还要根据当地草场情况而定。

（三）妊娠后期

母牦牛妊娠后期应加强营养，尤其是妊娠最后2～3个月是高原牧区牧草极度匮乏时期，这时胎儿日趋成熟，营养需求量大，应保证饲草料的供给和质量，否则将会影响胎儿正常发育，进而影响牦犊牛日后的生长发育。如果营养过度缺乏还会影响到母牦牛的繁殖性能。

（四）妊娠母牦牛的饲养管理注意事项

1. 防止追打、挤撞、猛跑，适当延长放牧时间，寒冷冰季禁止饮冷水。

2. 注意保胎和防止难产，以便母牦牛顺利生产出健康的胎儿。

3. 注意防止妊娠母牦牛过肥，尤其是头胎青年母牦牛，以免发生难产。

二、哺乳母牛的饲养管理

哺乳母牦牛，牧民称牦乳牛，承担生产牛奶、哺育牦犊牛和繁殖后代的任务，对其放牧饲养的好坏，不仅影响产奶性能和牦犊牛生长发育，而且还影响当年发情受配和来年产犊。因此，在放牧上不能沿袭几千年来的粗放经营管理模式，应科学地进行饲养管理，区别对待，安排优良草场。

（一）对哺乳母牛的饲养管理要求

哺乳母牦牛要挤奶及带犊，必须要有足够的泌乳量，以满足犊牛生长发育的需要。因此，应将哺乳母牦牛分配在距圈地较近的优良草场，最好跟群放牧。产犊季节要注意观察妊娠母牦牛，并随时准备接产和护理母牦牛及犊牛。

（二）哺乳母牛的饲养

哺乳母牦牛前期为牧草旺盛期（暖季），后期为牧草枯黄季节（冷季），因此对哺乳母牦牛的饲养各季节要分别对待。

1. 暖季放牧饲养的好坏，不仅影响到哺乳母牦牛的产奶质量和牦犊牛的生长发育，而且影响其当年的发情配种。放牧饲养要细致，应分配到离圈窝较近的优良草场进行放牧。暖季母牦牛挤奶和哺育牦犊牛占用时间多，以及部分母牦牛发情配种的干扰大，采食相对减少。因而要尽量缩短挤奶时间早出牧，或在天亮前出牧，日出后收牧挤奶；或天亮前挤完奶，天亮时出牧。要注意观察母牦牛采食及产奶量的变化，适当控制挤奶量，及时更换草场或改进放牧方式，让母牦牛多食多饮，尽早发情配种。

2. 哺乳母牦牛进入冷季前，要对妊娠母牦牛进行干奶，即停止挤奶并将牦犊牛隔离断奶。有条件的地区适当进行补饲，以加快恢复母牦牛体质。

（三）哺乳母牦牛管理

对哺乳母牦牛要实行跟群放牧，在放牧中尽量使哺乳母牦牛达到“三好”，即采食好、饮水好、休息好，以提高产奶量。为此，应控制好牛群，避免奔跑、惊群和过多的游走或驱赶而影响采食和大量消耗体力，尤其在冬春冷季草场放牧时应特别注意。

哺乳母牦牛在一般放牧条件下，9 月份以后才能恢复体况而开始发情，甚至绝大部分当年不发情。这并非牦牛的遗传规律，主要是目前饲养管理水平低、牦牛所处的生态环境因素所致。因此，应当通过加强放牧管理、控制挤奶次数与挤奶量、提前断奶等措施来使哺乳母牦牛提早发情或多发情，来年早产犊以提高繁殖力。

第五节　牦犊牛的饲养管理

一、犊牛的全哺乳

全哺乳是指整个哺乳期间，哺乳母牛不用挤奶而将其全部乳汁用来供应犊牛吮食。对犊牛实行全哺乳不但可以提高犊牛的体重，而且还可以防止牦牛品种退化，降低犊牛的发病率和死亡率，提高经济效益。

犊牛出生后至断奶前，采取犊牛自由吃奶和随母牛一同放牧的方式饲养。此期间不能挤奶，犊牛出生后 3 周诱导采食。随着犊牛月龄增长和母牦牛哺乳量的减少，应及时补喂代乳品以满足犊牛的营养需要，保证犊牛生长发育良好、体质健康。

采取早期断奶的犊牛，一般 6 ~ 8 月龄时实行断奶，与母牛隔离开，单独组群放牧，这样既可以保证犊牛正常发育，又可以促使母牛体质恢复，早发情受配，提高受胎率。

二、犊牛的半哺乳

半哺乳是指犊牛自出生后吃母乳，随母牦牛放牧的方式饲养，但母牛在哺乳期仍需每天挤奶 1 次。犊牛出生后至断奶前，采取上午吃母乳，下午随母牦牛放牧。因为是半哺乳的饲养方式，犊牛吃母乳不足，体质较全哺乳的犊牛差，发病率较高，死亡率也相对较高。因此，对犊牛出生后 3 周应开始诱导采食，加强补饲，以增强犊牛体质，提高繁殖成活率。

在母牛哺乳期，应加强饲养管理，延长放牧时间，改善母牛的营养状况，提高产奶量，保证犊牛有足够的奶吃，使犊牛正常生长发育。3 ~ 4 月份产犊的母牛，待吃饱青草时再挤奶；

母牛产犊较晚的，到秋季时牧草枯黄，这时母牦牛则不宜挤奶，让犊牛吮乳随母牦牛越过冬春季节。

三、犊牛的补饲

犊牛出生后 2 周左右开始补饲诱其采食，此时犊牛的消化系统发育尚未完全，提早诱其采食有利于消化系统的发育及完善。刚开始补饲时，可以饲喂少量的精料，待犊牛慢慢开始采食后才循序渐进地逐渐加量，通过补饲来满足犊牛生长发育对营养的需要。

犊牛实行半哺乳时，同样需要采取早期断奶，以保证母牦牛尽快恢复体质，发情配种，怀孕后促进胎儿发育。

四、断奶

牦犊牛的断奶时间一般在 12 月龄左右。随着现代牦牛产业的发展，牦犊牛早期断奶技术的应用，牦犊牛哺乳时间缩短到 6 月龄时开始断奶。断奶的方法主要采取母仔隔离，分群放牧。对少数难以隔离的牦犊牛，用两端削尖的 20 厘米左右的细木棒穿透牦犊牛鼻中隔，固定在两鼻孔内，使它不能吃奶，还有的用三根小木棍扎成三角形套在牦犊牛的嘴上，使其吃不上奶。

五、犊牛饲养管理要点

依据犊牛的习性要保证充足的卧息时间，不要驱赶或游走过多而影响生长发育，切记不要让犊牛卧息于潮湿、寒冷的地方，也不宜远牧。天气寒冷、遇暴风雨及下雪时应及时收牧，并给牦犊牛提供干燥的棚圈供卧息。

犊牛哺乳至断奶后，应与母牦牛分群饲养。如果一直随母牦牛哺乳，幼牦牛恋乳，母牦牛带犊，均无法很好采食。在这种情况下，母牦牛除冷季乏弱自然干奶外，就无法获得干奶期的可能，这不仅影响了母、幼牛的健康，而且还使妊娠母牛胎儿的生长发育也受到影响，如此恶性循环，就很难提高牦牛的生产性能。

第六节　牦牛高效养殖技术

一、选点要求

所选牦牛高效养殖技术推广点，必须是生态畜牧业专业合作社，具备放牧草场（冬春和夏季）、水源、保温棚圈、补饲料槽、水槽等条件。

二、母牦牛繁育饲养管理关键技术

（一）母牛群组建

所选母牦牛为适龄能繁母牛，符合牦牛品种要求，牛群规模在 100 头以上。公母畜单独组群、分群饲养。对选入的母牛进行登记、打耳号、建立档案。

（二）配种前补饲

第一次采用高效养殖技术的母牛，配种前 1 个月开始补饲，共补饲 2 个月。在下午归牧后补饲精料补充料 0.75 千克/头，每天放牧 6 个小时，饮水 2 次。整个配种前每头母牦牛补饲精料 45 千克。

（三）母牛的配种

1. 配种时间：根据各地牧草生长和母牦牛膘情酌定配种时间，配种所选种公牦牛必须经过技术单位鉴定，来源为国家良种补贴种公牛，等级达到一级以上。

2. 配种方法：采取集中配种方法。断奶当天按公母比1∶20～25 的比例将种公牦牛投放到母牦牛群中，约 42 天后撤走大部分种公牦牛，保留 20% 种公牦牛进行补配。

（四）母牦牛的饲养

1. 妊娠期

（1）妊娠前期：为7个月，放牧饲养，母牦牛保持中等膘情。

（2）妊娠后期：为2个月，放牧结合补饲饲养，补饲料为母牦牛精料补充料；在每天下午归牧后补饲精料补充料0.75千克/头，每天放牧6个小时，饮水2次。整个妊娠期每只母牦牛补饲精料补充料45千克，对部分体质较差的母牦牛应早补饲。

2. 泌乳期：泌乳期补饲4个月，采用放牧结合补饲的饲养方式，分别在早晨出牧前和下午归牧后补饲精料补充料0.75千克/头，每天放牧6个小时，饮水2次。整个泌乳期每只母牦牛补饲精料约180千克。

三、犊牛生产技术

（一）犊牛早期断奶

1. 断奶要求：牦犊牛断奶时间为3月龄以上，断奶体重须达到40千克以上。

2. 断奶方法：将适合断奶年龄和体重要求的犊牛进行分批断奶，单独组群饲养。

（二）犊牛的饲养

1. 犊牛哺乳期为3个月。自出生15日龄后开始引导补饲，共补饲75天，日补饲犊牛精料补充料0.5千克/头，总计补饲精料补充料37.5千克。

2. 犊牛育肥期为9个月。断奶后采取全舍饲或放牧加补饲的饲养方式，其中，断奶后第1个月日均饲喂精料补充料1千克，共补饲精料补充料30千克；第2~6个月放牧饲养；第7~9个月舍饲或半舍饲养，日均补饲3千克/头，共补饲精料补充料300千克。

犊牛育肥期间，日喂精料补充料2～3次，自由饮水，保证水源清洁、卫生。犊牛精料补充料饲喂量要循序渐进，放牧加补饲宜适时调整喂量。

犊牛饲养日程见表4－1。

表4－1　犊牛饲养日程

指标	全舍饲	放牧加补饲		
		断奶后1个月	牧草旺盛期	后3个月
精料补充料	8:30、12:00、16:00	8:30、16:00		8:00、16:00
青干草	10:00、14:00	17:30		17:30
饮水	自由	2～3次		2～3次
放牧		11:00～16:00	08:00～18:00	10:30～16:00

四、牦牛免疫程序

牦牛免疫程序见表4－2。具体免疫程序可根据当地实际情况进行调整。

表4－2　牦牛免疫程序

免疫时间	疫苗名称	接种方法	免疫期及备注
春防	牛口蹄疫双价苗	肌注	6个月，可能有反应
	牛出血性败血症疫苗	皮下或肌注	12个月
	牛副伤寒苗	皮下或肌注	12个月
	肉毒梭菌灭活苗	皮下或肌注	12个月
秋防	牛口蹄疫双价苗	肌注	6个月，可能有反应
	无毒炭疽苗	皮下或肌注	12个月

第七节　日常管理

一、放牧

（一）冷季放牧

冷季放牧的任务是减少牛只活重的下降速度（保膘），防止牦牛乏弱，做好妊娠母牦牛的保胎或安全分娩，提高牦犊牛的成活率，使牦牛安全越冬。冷季要晚出牧、早归牧，充分利用中午气温较高的时机放牧。采用“放牧＋暖棚＋补饲”的饲养方式。修建保暖性能好、通风透气、温度适宜、条件优越、投资少、成本低的暖棚，以便牦牛保暖越冬，同时补充营养价值高、维生素全面、微量元素丰富的草料，每天收牧后做好科学配方进行补饲，防止牦牛严重掉膘，使其在青草期尽快恢复体况，提高繁殖力。因地制宜地安排补饲草料生产地，或从农业区收购补饲草料，在贮备的补饲草料较丰富的情况下，补饲越早，牛只减重越迟。

（二）暖季放牧

暖季要做到早出牧、晚归牧，延长放牧时间，让牦牛多采食。出牧后，由山脚逐渐向凉爽的高山放牧，由牧草质量差的牧场逐渐向牧草质量良好的牧场放牧。可在前一天放牧过的牧场上让牛只再采食一遍，以增加牧草的利用率。并根据牧草生长状况及牦牛群的大小，每 20～40 天进行一次转场。搬迁的方向和路线应基本固定。在向暖季牧场转移时，牛群日行程以 10～15 千米为限，边放牧边向目的地行进。

总之，出牧稍快，收牧要慢；秋放高处冬放窝，冬季冰雪放平地，驱赶牛群要慢行，暴风大雪牛群要快回，高山下雪就搬迁，跟着季节走；夏饮二，冬饮一，冬放河谷夏放巅，春秋季放半山坡。

二、剪毛及抓绒

（一）剪毛

牦牛一般在6月左右剪毛，因自然环境、牛只膘情、劳动力等因素的影响可稍提前或者推迟。牦牛群剪毛的顺序是先剪阉牛、公牛和育成牛，后剪干乳母牛、产奶母牛、犊幼牛；患皮肤病的牦牛如疥癣牛留在最后剪，以防传染其他牛只；临产母牦牛在产后1~2周后或恢复了健康后再剪毛。

尾毛两年剪1次或2~3年剪完，这样以便甩打蚊蝇和保护母牦牛生殖道。母牦牛乳房周围的毛留茬要高或留少量不剪，以防乳房受风寒龟裂和蚊蝇叮咬。对一些体质虚弱的牦牛可保留体躯上部、腹部的毛，以防天冷冻死。

（二）抓绒

抓绒季节在6月中旬左右开展，要适时抓绒，防止自然脱落。一般采取先抓绒后剪毛的方法，这样早抓绒可刺激被毛中绒毛、两型毛早长出，再剪毛，就可以预防气候突变遭遇寒冷的侵袭；同时剪毛迟一些，也不会发生感冒、冻死等状况，这对犊幼牛、乏弱牛最适宜。

三、去势

牦牛成熟晚，去势年龄比普通牛要迟一些，一般在2~3岁，不宜过早，否则影响生长发育。

牦牛的去势在6月份左右进行，这时气候温暖，有利于伤口的愈合，并为暖季放牧育肥打好基础。去势手术要迅速，牛只放倒保定时间不宜过长。手术后要缓慢出牧，1周左右就近放牧，不宜让牛剧烈运动，切勿驱赶、鞭打，每天检查伤口，发现出血、感染化脓时要及时处理。

近年来，有些地区采用非手术的提睾去势法。该方法是将公牦牛保定后，用手将睾丸尽力挤向阴囊上端，使其紧贴腹壁，然后用弹性好的橡皮圈套紧睾丸下端阴囊，使睾丸不再下降。由于睾丸紧贴腹壁后温度升高，致使精子不能成活，从生理上达到去势的目的。因雄性激素仍继续产生，公牦牛的生长速度比手术摘除睾丸的公牦牛要快，产肉量高，提睾去势的公牦牛仍有性欲，可作试情公牛。单独组群放牧时，应加强管理，避免相互爬跨、离群等而造成损失。

四、防止兽害

牦牛每年的死亡、致残中很大一部分来自于兽害，这其中以狼害最为严重。放牧员要掌握当地的狼害规律，加强牦牛的放牧管理，使狼无可乘之机。在秋雾、阴雨天气和夜牧时，要控制好牛群，注意从高处观察牛群动静，归牧后要仔细清点，发现有牛只丢失要及时寻找。冷季狼的食物减少后，就会到牛圈（棚）周围徘徊伺机残害牦牛，因此要加强看护和管理，特别是夜间要加强值班。

五、妊娠检查

母牦牛发情配种后，一般都能受孕，且较少发生流产等中止怀孕，加之牦牛孕后发情的病例不多，对牦牛可以不作妊娠检查。牧民判断母牦牛是否受孕的标准是观察下一个情期是否再发情。若要进行妊娠检查，目前仍以直肠检查最为简单易行，准确可靠。

六、合理增加出栏头数

暖季末或进入冷季初，是牦牛活重达到全年的高峰时期，除迅速处理作为肉用的牦牛外，应对牦牛群进行细致的检查。在确保基本繁殖母牛及种公牛存栏头数的前提下，根据年景及饲草料的生产贮备情况，对老、弱、病、残及失去繁殖生产能力的牦牛，进行及时淘汰（出售或屠宰）。在冷季草场质量差，难以安排全部牦牛越冬过春等情况下，要增加出栏头数，缓解草畜矛盾。

第五章　牦牛育肥技术

第一节　育肥方式的选择

牦牛肥育方式一般可分为放牧育肥、放牧加补饲育肥、舍饲育肥和半舍饲育肥等四种方式。

一、放牧育肥方式

放牧育肥是指从犊牛到出栏牛，完全采用草地放牧而不补充任何饲料的育肥方式，也称草地畜牧业。此种育肥方式适于人口较少、土地充足、草地广阔、降水量充沛、牧草丰盛的牧区和部分半农半牧区。例如，新西兰肉牛育肥基本上以这种方式为主，自出生到饲养至18月龄，体重达400千克便可出栏。

如果有较大面积的草山草坡可以种植牧草，在夏天青草期除供放牧外，还可保留一部分草地，收割调制青干草或青贮料，作为越冬饲用。这种方式也可称为放牧育肥，且最为经济，但饲养周期长。

二、放牧加补饲育肥方式

放牧加补饲是指以传统放牧养殖为主，在放牧前和归牧后对育肥牦牛进行适当补饲的育肥方式。为缩短牦牛的饲养期和提高产肉量，饲料条件好的地区可采取放牧加补饲的育肥方式。例如，新疆维吾尔自治区褐牛在饲养管理和育肥上多采用此种养殖方式，夏秋季节以放牧为主，补饲为辅，冬春季节适当减少放牧时间，加大补饲力度。补饲粗饲料主要包括青干草、农作物秸秆及青贮饲料等，精饲料主要有玉米、麸皮、食品工业副产品（酒糟、淀粉渣等）和全价混合饲料。一般夏秋季节每头每日补饲粗饲料 2～3 千克，精饲料 1.0～1.5 千克，冬春季节每头每日补饲粗饲料 3～5 千克，精饲料 1.5～2 千克。

三、舍饲育肥方式

牦牛从育肥开始到屠宰全部实行圈养的育肥方式，称为舍饲育肥。舍饲育肥的突出优点是使用土地少、饲养周期短、牛肉质量好、经济效益高；缺点是投资多、需较多的精料。此方式适用于人口多、土地少、经济较发达的地区。

舍饲育肥方式又可分为拴饲和群饲。

（一）拴饲

舍饲育肥的牦牛较多时，每头牦牛应分别拴系给料，称为拴饲。其优点是便于管理、能保证同期增重、饲料报酬高。缺点是运动少、影响生理发育、不利于育肥前期增重。一般情况下，给料量一定时，拴饲效果较好。

（二）群饲

群饲是由牛群数量多少、牛床大小、给料方式及给料量而定；一般6 头为一群，每头所占面积4 平方米。为避免牛群斗架，育肥初期可多些，然后逐渐减少头数；或者在给料时，用链或连动式颈枷保定。如在采食时不保定，可设简易牛栏像小室那样，将牦牛分开自由采食，以防止抢食而造成增重不均。如果发现有被挤出采食行列而怯食的牦牛，应另设饲槽单独喂养。

群饲的优点是节省劳动力，牦牛不受约束，利于生理发育。

缺点是一旦抢食，体重会参差不齐；在限量饲喂时，应将用于增重的饲料反转到运动上，以降低饲料报酬。当饲料充足，牦牛自由采食时，群饲效果较好。

四、半舍饲育肥方式

夏季青草期牦牛群采取放牧育肥，寒冷干旱的枯草期则把牛群集中在舍内圈养，或是在冷季采取牦牛全天一半时间舍饲一半时间放牧，这种半集约式育肥方式称为半舍饲育肥。

半舍饲育肥通常适用于半农半牧地区或牧区，因为当地夏季牧草丰盛，可以满足牦牛生长发育的需要，而冬季气候寒冷，牧草枯竭，营养差，则不能满足牦牛生长发育需要。

对于牦犊牛育肥，应采用这种半舍饲育肥方式。母牦牛应控制在夏季牧草期到来之前开始分娩，犊牛出生后随母牦牛放牧自然哺乳，因夏季有优良青嫩牧草可供采食，泌乳量充足，能哺育出健康犊牛。当犊牛生长至6月龄时，断奶重达100～150千克，随后采用舍饲，待达到出栏标准即可出栏。

第二节　影响牦牛育肥的因素

一、育肥牦牛的环境

草原地区或农区育肥牦牛的有利因素：一是牦牛能利用大量的天然牧草和农村的自产饲料（如农作物秸秆），提高粗饲料的利用率。特别是农村育肥牧区牦牛，可将秸秆和谷物生产总量的至少15%麸皮、糠、渣等充分利用起来，转化成畜产品，从而增加农业生产的稳定性；二是牧区利用暖季丰富的牧草，再加补饲来育肥牦牛，所需的劳力少，饲养成本低廉；三是育肥牦牛所用的建筑和设备投资少；四是牦牛发病少，死亡风险小。

在一定的条件下育肥牦牛也有一些不利因素：一是牦犊牛生长期长，饲料报酬率低；二是对技术、市场价格和成本变化的反应慢，资金周转慢；三是受一些传染病，特别是外来传染病的威胁大；四是运输和购销牛只时减重多等。

二、育肥牦牛的年龄

（一）幼牦牛

一般牦牛在 1 周岁内生长快，随着年龄增长而增重逐渐减慢。幼年牛对饲料的采食量较成年牦牛少，放牧育肥时增重速度较成年牦牛低，即采食的牧草量不能满足其最大增重的需要。因此，幼年牛在生长期采取放牧或饲喂生长需要的日粮，以后进行短期舍饲育肥最为有利。也可采用放牧兼补饲，或生长与育肥同时进行。1 周岁牦牛收购时投资少，经过冷季“拉架子”，喂给较多的粗饲料和供给保暖的牛舍，到第二年暖季育肥出售，便可提高经济效益。

（二）成年牦牛

包括淘汰的老牛、不能作种用的公牛等。牦牛年龄越大，每 1 千克增重所消耗的饲料就越多，成本亦越高。成年牦牛育肥后，脂肪主要贮存于皮下结蹄组织、腹腔及肾、生殖腺周围和肌肉组织。胴体中脂肪含量高，内脏脂肪多，瘦肉或优质肉切块比例减少。如成年阉割牛经 3 个月的育肥，活重由 450 千克增值 540 千克时，增重部分主要是脂肪，或其增重主要以增加脂肪为主。在有丰富碳水化合物饲料的条件下，短期进行育肥并及时出售，经济效益较高。因成年牦牛采食量大，耐粗饲，对饲料的要求不如幼年牦牛，比幼年牦牛容易上膘。

三、育肥牦牛的性别

同龄的公、母牦牛比较，母牦牛比公牦牛增重稍低，成本较高，母牦牛较适于短期育肥，特别是淘汰母牦牛经 2 ~ 3 个月育肥，达到一定膘情后及时出售比较有利。这种差别情况在育肥初期明显，达到一定育肥度后就不再凸现了。

过去一直认为公牦牛去势后易育肥，产肉量高。但据近年的研究来看，育成公牦牛比同年的阉割牦牛生长速度快，每 1 千克增重的饲料消耗量比阉割牦牛少 12%，而且屠宰率高，胴体有更多的瘦肉。目前国内外均有增加公牦牛肉的趋势。

四、育肥牦牛的饲养水平

饲养是提高育肥效果的主要因素。饲养水平高，可缩短育肥期，牛只用于维持的饲料少，单位增重的成本低。

幼年牦牛在育肥过程中，长肌肉、骨骼的同时，也蓄积一定的脂肪。因此，在育肥幼年牦牛时，除供给丰富的碳水化合物饲料外，还要喂给比成年牦牛高的蛋白质饲料，如果日粮中能量较高而蛋白质不足，就难以充分发挥幼年牦牛肌肉生长迅速的特性，即不能获得最高的日增重。

成年牦牛在育肥过程中，以增加脂肪为主，蛋白质增加较少。日粮中应有丰富的碳水化合物以合成脂肪。

此外，收购架子牛的质量以及气候等条件对育肥效果也有较大影响。

第三节　育肥前建设准备

一、育肥场（育肥舍）建设

（一）育肥场（育肥舍）建设

1. 育肥场建设，应符合国家草原及环境保护等法规，在法律、法规明确规定的禁养区以外，符合当地土地利用发展规划，与农牧业发展规划、农田基本建设规划等相结合。地势高燥、背风向阳、地下水位较低、排水良好、空气流畅，具有一定缓坡而总体平坦。

2. 水源充足、卫生，取用方便，能够保证生产生活用水。交通便利，易于组织防疫又能满足场内产品运输和饲料运输。建筑紧凑，在节约土地和草场的前提下，满足当前生产需要的同时，并综合考虑扩建和改建的可能性。

3. 育肥舍以坐北朝南方向为好。冷季减少西北风，如受地形限制，可考虑面朝东南。构造要简单费用低。育肥牛在50头以下时可采用单列式，牛舍宽4.0～4.5米，牛床宽1.0～1.1米，牛床长1.3～1.5米，槽宽0.4～0.5米，槽前有1.5米的通道，槽后有横柱栏。若为简易育肥舍，牛舍朝阳面敞开，冷季时搭塑料膜保温，其余三面可封严，不留窗户；若为标准育肥舍，则牛舍朝阳面搭建采光板，其余三面留4～6个窗户，满足舍内通风。育肥牛在50头以上时可采用双列式，牛舍宽8～9米，两侧面设通道门，中间设走道和饲槽，走道宽1.5米，牛舍朝阳面搭建采光板，前后面留8～10个窗户，满足舍内通风。

4. 牛舍墙体坚固结实、抗震、防水、防火，具备良好的保温性能，多采用砖墙并用石灰粉刷。为了保暖，门窗要较小。地面要有足够强度和稳定性，坚固，不打滑，有弹性，便于清洗消毒。具备良好的清粪排污系统，防止舍内潮湿或空气污浊，影响牛只健康。同时要修建与育肥规模相适应的饲草料库，防止饲草料受雨雪、鼠害等造成损失。

（二）育肥场（育肥舍）准备

舍饲育肥时，在购牛前1周应将牛舍粪便清除，用水清洗后用2%火碱溶液对牛舍地面、墙壁进行喷洒消毒，用0.1%高锰酸钾溶液对器具进行消毒，最后再用清水清洗1次。如果是敞圈牛舍，冬季应扣塑膜暖棚，夏季应搭棚遮阴，通风良好，使其温度不低于5℃。

二、饲草料贮备

饲草料应尽量就地取材，以降低育肥成本。育肥前要根据育肥牛只数量、育肥计划等拟定出饲草料需要量计划，结合当地或周边地区的饲草料资源、市场价格、饲草料适口性等，尽早准备饲草料。从草料的品种上要考虑多样性或养分齐全。架子牛要求饲料的质量要高，要多准备品质好的干草和含蛋白质丰富的精料。成年牛应准备较多的秸秆、糟粕以及碳水化合物含量丰富的饲料。

饲料的成分或营养价值相近，但市场价格差异较大时，可选购廉价的、在日粮中可以相互替代的饲料，以配合最低成本的平衡日粮，降低饲养成本。

采用放牧育肥时，对草原轮牧顺序要尽早做出安排，有计划地轮换放牧，不能在一块地上放牧或践踏过久，使植被遭到破坏而难以恢复。同时对饮水设施、围栏、牧道、补饲槽等进行修复。

三、育肥牦牛的选择及准备

（一）育肥牦牛的选择

育肥牛或架子牛在收购过程中，选择失误可造成育肥场（户）较大的经济损失。因此，从市场购入牛源时，要通过观察、触摸、询问、称重等方法严格选择。

1. 健康无病：选择与年龄相称，生长发育良好的牦牛。健壮的牛只健康活泼、反应灵敏、食欲好、被毛光亮、鼻镜湿润有水珠、粪便正常，腹部不膨胀，眼有神，无眼病。

2. 体型好：身体各部位匀称，形态清晰且不丰满，体型大，体躯宽深，腹大而不下垂，背腰宽平，四肢端正，皮肤薄、柔软有弹性。

3. 市场价格适宜：购牛人员除具有专业知识和丰富的购牛经验外，对市场应有一定的判断力。如避开市场牛价高的阶段，在育肥牛只增重价值低于成本或饲草料价格时购入，避免可能发生的亏损。

（二）牦牛育肥前准备

经驱赶或运输进场的育肥牛，先饮水（冷季饮温水），供给良好的粗饲料自由采食，精料先少喂，然后逐渐增加饲喂量。当现有饲料与原饲养地饲料差别较大时，要准备一些原地饲料，防止饲料转换过急产生应激反应。

1. 正式育肥前，一般应有 10 ~ 15 天的预饲期，在此期间主要观察牛只有无疾病、恶癖等。若发现病牛要及时隔离治疗，并开展驱虫健胃、免疫注射、建立档案等工作。

2. 根据牛只年龄、体重大小、强弱进行分群（围栏散养）或固定槽位拴系。对群中角长而喜角斗的牦牛应设法去角或拴系管理。

3. 育肥牦牛进入育肥舍后应立即进行驱虫。常用的广谱驱虫药物有丙硫苯咪唑、左旋咪唑等。应在空腹时给药，以利于药物吸收。驱虫后，应隔离饲养2周，其粪便经消毒后进行无害化处理。

4. 为增加食欲，改善消化机能，驱虫3日后应进行一次健胃。常用的健胃的药物是人工盐，口服剂量为每次60～100克/头。

随着过渡饲养期的结束，牦牛逐渐适应所处环境及饲草料，饲喂的日粮也接近育肥期的饲喂量。此时应对牛只进行称重登记，分群后进入正式育肥期。

第四节　放牧育肥技术

放牧育肥是牧区的传统育肥方式，可分为全放牧育肥和放牧加补饲育肥两种模式。这两种育肥模式中主要是放牧育肥，牦牛啃食优质牧草，营养水平高，产生的粪尿直接排放到草场作为有机肥，可促进牧草生长，有利于环境保护。

一、全放牧育肥

全放牧育肥模式育肥期长、增重低，但能充分利用草场资源，节省牧草收割、运输及加工等环节的劳动力，同时不用饲喂精料，育肥成本较低。

（一）放牧方式

放牧方式可采用自由放牧和划区轮牧的放牧方式。基础设施条件较好的地区可实行划区轮牧，合理使用草地资源。

（二）放牧育肥时间

利用暖季牧草生长旺盛，饲草料丰富，营养价值高的特点，放牧育肥150～180天（5月至10月）。每天早上7点左右出牧，中午在牧地休息，晚上 7 点左右归牧，要求每天放牧时间达到 12 小时以上。

（三）放牧草场选择

放牧育肥时选择牧草质量好，水、草相连的放牧场，让牛只尽量多食多饮，以获得快的增重。

（四）放牧牛群管理

放牧中应控制牛群，尽量减少游走时间，采用赶远吃近的办法，放牧距离不超过 5 千米。同时注意补充微量元素，在牛圈内设置舔砖等。

二、放牧加补饲育肥

放牧加补饲育肥模式较全放牧育肥模式育肥期短、增重快。通过在放牧育肥过程中适当补饲可缩短放牧时间，达到合理利用草场资源，减少草原载畜量和促进草场植被恢复，育肥所用圈舍简单、成本低廉。放牧兼合理补饲，对饲料消化率和育肥期增重都有明显的影响。

（一）放牧方式

同全放牧育肥模式，可采用自由放牧和划区轮牧的放牧方式。

（二）补饲时间

对冷季已进行补饲而膘情较好的牛只，为保持其继续增重，可在暖季继续补饲；冷季过后膘情较差的牛只，可在暖季中后期（牧草质量高峰过后）补饲，补饲直至达到出栏标准为止。

暖季牧草丰富，可根据牧草生长情况增加放牧采食时间，以节省补饲草料，每日补饲可分为 2 次（早、晚各 1 次）或 1 次（归牧后补饲），放牧时间不少于 8 小时（早上 9 点至下午 5 点）。冷季牧草质量差、天气恶劣，可适当缩短放牧时间，增加补饲量，放牧时间在 5 ~ 6 小时以内（早上 10 点至下午 4 点），其余时间则在育肥舍内饲喂。

（三）补饲饲料及补饲量

早期生长的牧草含蛋白质多，应补饲一些含碳水化合物丰富的饲料；牧草生长结束或进入枯草期后，蛋白质含量下降，应补饲含蛋白质丰富的饲料。放牧兼补饲模式可使牦牛提早出栏，其胴体及其肉品质要比未补饲的牦牛高，但成本也相应增加。因此，补饲量及育肥程度除考虑天然牧草的质量外，应以肉价、上市屠宰季节和牛只的个体状况等情况来确定。

一般补饲标准为：暖季当年牦犊牛每天补饲量为青干草1.0~1.5千克/头，配合饲料0.5~0.8千克/头；成年牛补饲量为青干草2~3千克/头，配合饲料1.0~1.5千克/头。冷季当年牦犊牛每天补饲量为青干草1.5~2.0千克/头，配合饲料1.0~1.5千克/头；成年牛补饲量为青干草3~5千克/头，配合饲料2.0~3.0千克/头。

（四）放牧牛群管理

放牧牛群管理同全放牧育肥模式，但要保证补饲牦牛群饮水次数，尽量多设置饮水点并对饮水进行加温，减少体能消耗；同时注意补盐，保证矿物质和食盐的摄入量。

第五节　舍饲育肥技术

一、全舍饲育肥

（一）架子牛舍饲育肥

架子牛育肥多采用2岁以内生长发育好的牦牛。犊牛经过了一年的生长发育，已断奶并且能够自由采食，各类器官发育到一定程度，能够适应集中舍饲的饲养环境。架子牛育肥时间一般为

8～10 个月（240～300 天），架子牛年龄在 13～18 个月龄之间为最好。整个育肥期日增重达到 0.8～1.0 千克。

1. 育肥期饲养

（1）育肥前期：为 2～3 个月。在育肥前期要多喂粗饲料，适当增加精料喂量或蛋白质较丰富的精料。精料中蛋白质含量不低于 12%，使肌肉、脂肪均匀增长，避免腹腔、内脏脂肪过度沉积，并为后期育肥和提高牛肉等级打好基础。当架子牛转入育肥栏后，要诱导牛采食育肥期的日粮，逐渐增加采食量。日粮中精饲料饲喂量应占体重的 0.6%，自由采食优质粗饲料（青饲料或青贮饲料、糟渣类等），以青饲料为主。日粮中蛋白质水平应控制在 13%～14%，钙含量 0.5%，磷含量 0.25%。

（2）育肥中期：为 4～5 个月。随着育肥期的不断推进，精饲料的饲喂量逐渐加大，此时精饲料饲喂量应占到体重的 0.8%～1.0%，自由采食优质粗饲料（切短的青饲料或青贮饲料、糟渣类等）。日粮中能量水平逐渐提高，蛋白质含量应控制在11%～12%，钙含量 0.4%，磷含量 0.25%。

（3）育肥后期（催肥期）：为 1～2 个月。主要是减少牛只的运动，降低热能消耗，促进牛只长膘，沉积脂肪，提高肉品质。日粮中精饲料采食量逐渐增加，由占体重的 1.0% 增加至 1.5% 以上，粗饲料逐渐减少，当日粮中精料增加至体重的 1.2%～1.3% 时，粗饲料约减少 2/3。此期日粮中能量浓度应进一步提高，蛋白质含量则进一步下降到 9%～10%，钙含量 0.3%，磷含量 0.27%。

2. 日常管理

（1）饲喂：饲料种类应尽量多样化，粗饲料要求切碎，不喂腐败、霉变、冰冻或带砂土的饲料。每日饲喂 2～3 次，要求先粗后精，少喂勤添，饲料更换要采取逐渐过渡的饲喂方式。供应充足的饮水。

（2）限制运动：尽量使牦牛育肥环境保持安静，拴系舍饲育肥方式可定时牵到运动场适当运动或卧息。运动时间夏季在早晚，冬季在中午。

（3）刷拭牛体：有条件的育肥场应每日刷拭牛体，可促进血液循环，提高代谢水平，有助于牛增重。一般每天用棕毛刷或钢丝刷刷拭1～2次,刷拭顺序应由前向后，由上向下。

（4）定期称重，并根据增重情况合理调整日粮配方。饲养人员要注意观察牛的精神状况、食欲、粪便等情况，发现异常应及时报告和处理。应建立严格的生产管理制度和生产记录。

（5）出栏：架子牛一般经过6～8个月的育肥，食欲下降、采食量骤减、喜卧不愿走动时就要及时出栏。

3. 日粮配方

青海省牦牛架子牛育肥的日粮以青粗饲料或酒糟、甜菜渣等加工副产物为主，适当补饲精料。精粗饲料比例按干物质计算为1∶1.2～1.5，日干物质采食量为体重的2.5%～3.0%。

（二）成年牛舍饲育肥

成年牛育肥选择有育肥价值的淘汰牦牛，要求其采食消化良好、且无寄生虫病及消化道疾病。这类牦牛由于长期粗放饲养，造成营养不良、体质瘦弱，但具有体型大、出肉量多，且屠宰率低、肉质较差等不足。因此，对还有潜力的淘汰牛在屠宰前进行短期育肥（约3个月），以提高产肉效率，获取更大的经济效益。成年牛舍饲育肥多采用拴系饲养，严格控制活动量，用廉价的糟渣类饲料替代部分混合精料，以降低育肥成本。

1. 酒糟育肥法：育肥期为80～90天。育肥初期主要喂干草等粗饲料，以训练采食能力；经过10～15天的适应期后逐渐增加酒糟喂量，减少干草的喂量。

成年牛鲜酒糟日喂量可达 30 ~ 40 千克，并合理配合少量精料和适口性好的青粗饲料，特别是饲喂青干草，以促进育肥牛只有较好的食欲。基本日粮组成为：酒糟 30 ~ 40 千克，干草 5 ~8 千克，混合精料 1.0 ~ 1.5 千克。干草等粗饲料要铡短，将酒糟拌入干草内让牛只采食，采食到七八成饱时，再拌入酒糟，促使牛尽量多采食。每天饲喂 2 次，饮水 3 次。育肥牛拴系管理，在育肥的中后期要缩短拴系绳，以限制牛的活动，避免互相干扰。

用酒糟育肥时应注意：开始牦牛不习惯采食酒糟时，必须进行训练，可在酒糟中拌一些食盐，涂抹牛的口腔；酒糟要新鲜，发霉变质的不能饲喂；如发现牛只出现湿疹、膝关节红肿或腹胀时，暂时停喂酒糟，适当调剂饲料，增加干草喂量，以调节消化机能；应保持正常的牛舍温度，及时清除粪便，保持牛舍干燥和通风良好，预防发病；喂饱后牵牛慢走或适当运动，防治转小弯或牛跑、跳而致牛腹胀或减重。

2. 青贮料育肥法：用大量的青贮饲料加少量的精料育肥牦牛，可减少精料消耗和降低成本。育肥期青贮饲料的饲喂原则基本同酒糟育肥。育肥初期育肥牦牛不习惯采食青贮饲料时，应逐渐增加喂量使其适应。

成年牦牛青贮饲料日喂量为 25 ~ 30 千克，并搭配少量秸秆或干草，补饲一定量的精料和食盐。如青贮料品质好，可减少精料喂量，在育肥后期要逐渐增加精料喂量和减少青贮料喂量，促进牦牛快速增重。基本日粮组成为：青贮饲料 25 ~ 30 千克，干草 3 ~5 千克，混合精料1.5 ~2.0 千克，食盐 50 克。每天饲喂 2 次，饮水 3 次。

二、半舍饲育肥

半舍饲育肥是利用暖季最廉价的草地放牧，冷季进入育肥舍育肥和短时间放牧，达到饲料消耗少、育肥效果好、胴体肉质优良的目的。通过一部分牦牛舍饲育肥能够减少草场载畜量，可为生产牛群放牧提供优质充足草场。

（一）放牧育肥及管理

半舍饲育肥暖季放牧期为6个月（5月至10月），放牧方式同全放牧育肥模式，采用自由放牧和划区轮牧的放牧方式。每天放牧时间10小时以上。选择牧草质量好及水、草相连的放牧场，放牧中控制牛群，尽量减少游走时间，同时注意补充微量元素，在牛圈内设置舔砖等。

（二）舍饲育肥及管理

冷季舍饲期为6个月（11月至翌年4月），可采用全舍饲或舍饲加放牧的方式。对于草场较近的育肥场，放牧距离在3千米以内可采取舍饲加放牧的育肥方式；若离草场较远或饲草料条件充足的育肥场则采取全舍饲育肥方式。由于冷季牧草质量差、天气恶劣，要尽量缩短放牧时间，放牧时间在3~5小时以内（早上11点至下午3点），其余时间则在育肥舍内饲喂。同时减少运动，增加休息，以利于营养物质在体内沉积。

第六章　饲料加工调制技术

第一节　精粗饲料搭配

一、粗饲料

粗饲料是指饲料干物质中粗纤维含量在18%以上的饲料。青海地区草食家畜饲料中应用的粗饲料主要有农牧交错区的农作物秸秆（小麦秸秆、豌豆秸秆、蚕豆秸秆、油菜秸秆及马铃薯秸秆)、优质补饲饲草（青贮玉米秸、苜蓿青干草、燕麦青干草）和天然草地型（线叶嵩草、高山柳、黑褐苔草、金露梅、珠芽蓼及藏嵩草）冷季牧草等多种。粗饲料主要包括干草和农副产品类(包括收获后的农作物秸秆、荚、壳、藤、蔓、秧)、干老树叶类。粗饲料的特点是体积大、质地较粗硬、难消化、可利用的养分较少等，但粗饲料的来源广、种类多。

二、精饲料

精饲料又称精料，是指单位体积或单位重量内含营养成分丰富、粗纤维含量低、消化率高的一类饲料。

三、精粗饲料搭配

牦牛是反刍动物，能大量消化粗纤维，饲喂日粮可以以粗饲料为主，但是粗饲料比例过高，营养贫乏，适口性差，极易导致牦牛营养不全面，掉膘等。因此，在饲喂过程中除保持充足的粗饲料外，还要适量添加矿物质和微量元素的精饲料等，丰富营养，平衡营养需求，使得牦牛保持较好的体况。在牦牛日粮中，应以优质粗饲料为主，在充分供给的优质粗饲料中不足的能量、蛋白质和矿物质等养分仍由精料供给。饲喂方式应先粗后精或粗精混合，精料尽量做到少量多次饲喂，避免一次摄入过量精料，在条件允许的情况下，适当添加品种多样、营养全面的精料。在生产实践中，要按照不同的生产阶段和生产目的来调整牦牛日粮中精粗饲料的比例。如牦牛育肥时，为了获得较高的日增重，在利用粗饲料的同时要给予高能的谷物和蛋白质饲料，以满足能量和蛋白质的需求。前期饲料中的蛋白质要相对高，中后期要增加能量饲料，精料也要逐渐增加。前期可控制采食量应为体重的0.6%，中期为0.8%，后期为1.2%~1.3%。

第二节　精料种类与利用

一、精料的种类

精料主要包括能量饲料和蛋白饲料，如谷类、豆类、工业副产品和商品饲料。

（一）能量饲料

谷物籽实（大部分是禾本科植物成熟后的种子）及其加工副产品（如麸皮等）属于能量饲料。能量饲料干物质中粗纤维含量在18%以下，粗蛋白含量在15%以下，而无氮浸出物（主要是淀粉）占67%~80%。这类饲料体积小、营养成分高、消化率高，如玉米中的无氮浸出物，牛的消化率为90%，牛食后可大量沉积体脂肪。这类饲料的不足之处是粗蛋白含量低，含钙量少（一般低于0.1%）而含磷多（0.31%~0.45%）。

（二）蛋白质饲料

豆类作物籽实、油料作物籽实及油渣（也称油饼）等含粗蛋白在20%以上，粗纤维在18%以下（含18%）属于蛋白质饲料。这类饲料粗蛋白质含量高，消化率也高，能补充其他饲料（如谷类）中蛋白质的质和量的不足，以使牦牛达到营养平衡。

（三）配合饲料

配合饲料是指在家畜营养原理的指导下，根据家畜的生理状态和一定的生产性能，确定其对各种营养物质的需要，再用多种饲料混合配制加工而成的混合饲料。由饲料加工企业专门生产。

1. 添加剂预混料：由营养物质添加剂（微量元素、氨基酸、维生素等）、非营养物质添加剂（中草药驱虫剂、抗氧化剂等）加谷粉，按一定比例或规定量混匀而成，可供生产平衡混合饲料用。

2. 平衡用混合料：由蛋白质饲料、矿物质饲料和添加剂预混料按家畜营养科学要求或配合加工而成，可供生产精料混合料等用。

3. 精料混合料：由平衡用混合料和精料加工而成，多为牦牛的加工精料。应用时，按照说明书上所标注的精料混合量的喂量，以及相应喂给多少粗饲料等来饲喂。

（四）常用精料原料

1. 玉米：净能值较高，易于消化，无氮浸出物的消化率达90%以上，含蛋白质7%~9%。玉米的蛋白质中缺少赖氨酸、蛋氨酸和色氨酸，是一种养分不全面的高能饲料。使用时，最好搭配适量的蛋白质饲料，并补充一些无机盐和维生素。

2. 青稞：蛋白质含量较高，最高可达14.81%，且富含高赖氨酸，饲用价值高。青稞籽粒是良好的精饲料，其秸杆是良好的饲草，含蛋白质4%，质地柔软、富含营养、适口性好，是高原地区牲畜冬季的主要饲草。

3. 油菜饼（麻渣）：含35%～36%蛋白质，其中可消化蛋白质达27.79%；菜籽蛋白质中还含有大量必需氨基酸和含硫氨基酸，且氨基酸的配比比较合理，与大豆蛋白品质不相上下。此外，油菜饼（麻渣）中还含有较丰富的钙、磷、镁、硒等元素和多种维生素，是优质饲料来源。油菜饼（麻渣）中含有的硫苷（150～180微摩尔/升），在有水情况下经芥子酶分解出异硫氰酸酯、恶唑烷硫酮和腈等有毒物质，所以在用作饲料前必须进行脱毒处理。

4. 麦麸（麸皮）：是面粉加工的副产品，其营养价值因面粉加工精粗不同而异。精粉的麸皮营养价值较高，粗粉的麸皮营养价值较低。麸皮含有丰富的B族维生素，蛋白质含量12%～17%，适口性好，具有轻泻作用和调养性，钙少，磷多。

二、精料的利用

各地用于牦牛及其杂种牛的精料主要有青稞、大麦、油菜饼（麻渣）、麸皮、尿素等。精料在牧区主要是在寒冷季节牧草缺乏的情况下以及育肥时应用得较多，以保证冷季牦牛对能量、蛋白质和矿物质等养分的需求或提高育肥效果。冷季补饲精料的需求量按照草场情况而定，并且优先考虑饲喂的精料要能够补充牦牛在冷季对能量的需求。放牧加补饲育肥时，在草场资源好的条件下精料的补充量可以控制在牦牛体重的1%。舍饲育肥时精料的补充量可逐渐增加，前、中、后期精料分别占日粮总量的40%、60%和65%。以下为牦牛育肥精料配方二则：

1. 配方一

前、中期（%）：青稞70，饼粕类24，酵母3，食盐1，磷酸氢钙2；后期（%）：青稞90，饼粕类6，酵母2，食盐1，磷酸氢钙1。

2. 配方二

前、中期（%）：玉米50，大豆20，麸皮10，面粉19，食盐1；后期（%）：玉米60，大豆15，麸皮10，面粉14，食盐1。

第三节　青干草种类及利用

一、青干草的种类

天然草地青草或栽培牧草，收割后经天然或人工干燥制成。优质干草呈青绿色，叶片多且柔软，有芳香味。青干草干物质中粗蛋白质含量较高，约8.3%，粗纤维含量约33.7%，还含有较多的维生素和矿物质，适口性好，是草食家畜越冬的良好饲料。关于干草的种类，目前还没有统一的分类方法。一般根据不同的分类方法，干草可形成许多种类。

（一）按照饲草品种的植物学分类

常见的是将干草分为禾本科、豆科、菊科、莎草科、十字花科等，在每个科里面，可根据饲草种的名称命名干草名，如苜蓿干草为豆科干草，黑麦草干草为禾本科干草等。

1. 豆科干草包括苜蓿干草、三叶草、草木樨、大豆干草等。这类干草富含蛋白质、钙和胡萝卜素等，营养价值较高，饲喂草食家畜可以补充饲料中的蛋白质。

2. 禾本科干草包括羊草、冰草、黑麦草、无芒雀麦、鸡脚草及苏丹草等。这类干草来源广、数量大、适口性好。天然草地绝大多数是禾本科牧草，是牧区、半农半牧区的主要饲草。

3. 谷类干草为栽培的饲用谷物如青玉米秸、青大麦秸、燕麦秸、谷子秸等。在抽穗—乳熟或蜡熟期刈割调制而成。这一类干草含粗纤维较多，是农区草食家畜的主要饲草。

4. 其他青干草以根茎瓜类的茎叶、蔬菜及野草、野菜等调制的青干草。

（二）按照栽培方式分类

根据调制干草所用的鲜草栽培方式和来源，可将干草分为单一品种干草、混播草地干草和野生干草，如苜蓿干草为单一品种干草，白三叶＋黑麦草干草为混播草地干草，而草原上刈割的野青草晒制的干草为野生干草。

（三）按照干燥方法分类

根据调制干草时的干燥方法，可将干草分为晒制干草和烘干干草两类，这种分类方法可提示消费者所购干草的质量。一般而言，烘干干草质量优于晒制干草，是进一步加工草粉、草颗粒和草块的原料。

二、青干草的调制和利用

青干草的调制方法主要有自然干燥法和人工干燥法。

（一）自然干燥法

自然干燥法不需要特殊的设备，在很大程度上受天气条件的限制，为目前国内常用的干燥方法。自然干燥法可分为地面干燥法和草架干燥法。

1. 地面干燥法：牧草刈割后在地面干燥 6～7 小时，当含水量降至 40%～50% 时，用搂草机搂成草条继续干燥 4～5 小时，并根据气候条件和牧草的含水量进行翻晒，使牧草水分降到 35%～40%，此时牧草的叶片尚未脱落，再用集草器集成 0.5～1 米高的草堆，经 1.5～2 天就可调制成含水分 15%～18% 的干草。牧草全株的总含水量在 35%～40% 以下时，牧草叶片开始脱落，为保存营养价值较高的叶片，搂草和集草作业应在牧草水分不低于35%～40%时进行。在干旱地区调制干草时，由于气温较高、空气干燥，牧草的干燥速度较快，刈割与搂草作业可同时进行。

2. 草架干燥法：在牧草收割时，由于多雨或潮湿天气，地面晾晒调制干草不易成功时，需采用专门制造的干草架来晾晒。干草架主要有独木架、三角架、铁丝长架等。方法是将刈割后的牧草在地面干燥0.5～1天后再移至草架上，若遇到降雨时也可直接在草架上干燥。具体操作是将牧草自上而下置于草架上，草架需有一定倾斜度以利采光和排水，最下一层牧草应高出地面，以利通风。草架干燥虽花费一定物力，但制成的干草品质较好，养分损失比地面干燥减少5%～10%。

（二）人工干燥法

人工干燥法的特点是可减少牧草自然干燥过程中营养物质的损失，使牧草保持较高的营养价值。人工干燥主要有常温鼓风干燥法和高温快速干燥法。

1. 鼓风干燥法：常温鼓风干燥法可提高牧草的干燥速度。在堆贮场和干草棚中安装常温鼓风机，通过鼓风机强制吹入空气，达到干燥的目的。

2. 高温快速干燥法：是将牧草切碎置于烘干机中，通过高温空气使牧草迅速干燥的方法。干燥时间的长短，由烘干机的型号及牧草的含水量而定。有的烘干机入口温度为75～260℃，出口温度为60～260℃。虽然烘干机中温度很高，但牧草在烘干机中的温度很少超过30～35℃。这种干燥方法养分损失很小，如早期刈割的紫花苜蓿制成的干草粉含粗蛋白20%，含胡萝卜素200～400毫克/千克，含纤维素24%以下。

（三）干草捆的制作

牧草干燥到一定程度后可用打捆机进行打捆，以减少牧草所占的体积和运输过程中的损失，便于运输和贮存，并能保持干草的芳香气味和色泽。根据打捆机的种类不同可分为方形捆和圆形捆。方形草捆有长方形小捆和大捆，小捆易于搬运，重量为14～68千克；长方形大捆重量为0.82～0.91吨，需要重型装卸机或铲车进行装卸。柱形草捆由大圆柱形打捆机打成600～800千克重的大圆柱形草捆，草捆长1.0～1.7米，直径1.0～1.8米，可堆放在田间存放较长时间，也可在排水良好的地方成行排列，使空气易于流通，但不宜堆放过高，一般不超过3个草捆高度。圆柱形草捆可在田间饲喂，也可运往圈舍饲喂。

为保证干草的质量，在打捆时必须掌握收草的适宜含水量，为防止贮藏时发霉变质，一般打捆时牧草的含水量应为15%～20%；在喷入防腐剂丙酸时，打捆牧草的含水量可高达30%，可有效地防止叶片和花序等柔嫩部分折断而造成机械损失。

（四）干草的贮藏

干草的贮藏必须采取正确而可靠的方法进行，才能减少营养物质的损失和浪费。如果贮存不当会造成干草的发霉变质，降低饲用价值，失去干草调制的目的。同时，若贮藏不当还易引起火灾。

1. 散干草的堆藏：当调制的干草水分含量达15%～18%时即可贮藏。干草体积大，多采用露天堆垛的贮藏方法，堆成圆形或长方形草垛，草垛的大小视干草的数量而定。堆垛时应选择地势高而干燥的地方，草垛下层用树干、秸秆等作底，厚度不少于25厘米，应避免干草与地面接触，并在草垛周围挖排水沟。堆草时要一层一层地进行压紧，特别是草垛的中部和顶部更需压紧、压实。

散干草的堆藏虽然经济，但易遭日晒、雨淋、风吹等不良条件的影响，不仅损失营养成分，还可能使干草霉烂变质。干草在露天堆放，营养物质损失高达23%～30%，胡萝卜素损失可达30%以上。干草垛贮藏一年后，草垛侧面变质的厚度达10厘米，垛顶变质厚度达25厘米，基部变质厚度达50厘米。因此，适当增加草垛高度可减少干草堆藏中的损失。

2. 干草捆的贮藏：干草捆的体积小、重量大，便于运输，也便于贮藏。草垛的大小依干草量的大小而定。调制的干草，除在露天堆垛贮存外，还可贮藏在专用的仓库或干草棚内。简单的干草棚只设支柱和顶棚，四周无墙，成本低，干草在草棚中贮存损失小，营养物质损失1%～2%，胡萝卜素损失18%～19%。干草应贮存在牛舍附近，以方便取运饲喂。

（五）干草的饲喂

青干草是冬、春季草食家畜的主要饲料。良好的干草所含营养物质能满足牦牛维持营养需要并略有增重，但在生产中极少以干草作为单一饲料，一般用部分秸秆或青贮料代替青干草，再补充部分精饲料，以降低饲料成本。为避免粪便污染和浪费，干草通常放在草架上让牲畜自由采食。目前，常用的方法是把干草切短至3厘米左右或粉碎成草粉进行饲喂，以提高干草的利用率和采食量。用草粉饲喂牦牛，不要粉碎得太细，并需在饲喂时添加一定量的长草，以便使牦牛进行正常反刍。

第四节　营养舔砖的应用

一、营养舔砖的功能

营养舔砖是指将牛羊所需的营养物质经科学配方加工成块状，供牛羊舔食的一种饲料。它是根据反刍动物喜爱舔食的习性而设计生产的，并在其中添加了反刍动物日常所需的矿物质元素、维生素等微量元素，也称块状复合添加剂，通常简称“舔块”或“舔砖”。其形状不一，有的呈圆柱体，有的呈长方体、正方体不等。一般根据所含成分占其比例的多少来命名，舔砖以矿物质元素为主的叫复合矿物舔砖；以尿素为主的叫尿素营养舔砖；以糖蜜为主的叫糖蜜营养舔砖；以糖蜜和尿素为主的叫糖蜜尿素营养舔砖；以尿素和糖蜜为主的叫尿素糖蜜营养舔砖等。

营养舔砖能维持牦牛机体的电解质平衡，防治其矿物质营养缺乏症，以补充、平衡、调控矿物质营养为主，防治牦牛因矿物质营养缺乏及平衡失调而引发的异嗜癖、腐蹄病、白肌病、幼畜佝偻病、营养性贫血等，同时还可调节生理代谢，具有营养保健功能。在放牧和舍饲过程中，特别是在冬季和早春气候寒冷，牧草枯黄，秸秆老化的季节里，营养舔砖对牦牛能补充矿物质元素、非蛋白氮、可溶性糖蜜等营养物质，可以提高采食量和饲料利用率，促进生长，提高生产性能。

近年来，随着“白色污染”对环境危害的日趋加剧，牦牛因无机盐及微量元素的缺乏等因素致使消化功能紊乱而发生异食癖，常将塑料、尼龙类制品误食胃内，引起消化器官疾病，甚至导致淘汰、死亡，给牦牛业的发展造成严重的经济损失。因此，通过添食营养舔砖，牦牛从中获得必需的营养成分，可有效地防止牦牛异食。

二、营养舔砖的应用及注意事项

舔砖可以充分利用工农业副产品（如麦麸、饼粕等）以及作物的残留物，既提高了工农业副产品的利用率，又是解决冷季饲料不足的一条有效途径。

营养舔砖饲用安全可靠，不会因食入过量而出现中毒现象，其质地坚硬，不易潮解，便于贮存与运输，同时使用方便，省时省工。牦牛进行驱虫后，一般可将舔砖悬挂在牛舍食槽上方或在棚圈周围牛只经常活动的地方，供自由舔食即可。常用的营养舔砖主要有盐砖、矿物质舔砖、预混料牛羊舔砖。

1. 舔砖的硬度必须适中，以便使牦牛的舔食量始终控制在安全有效的范围之内。若牦牛的舔食量过大，就需增大黏合剂的添加比例；若牦牛的舔食量过小，就需增加填充物并减少黏合剂的用量。

2. 牦牛每日舔食量的标准因舔砖原料及其配比的不同略有差异，主要以牦牛实际食入的尿素量为标准来加以换算。一般成年牛、青年牛每日进食的尿素量分别为 80 ~ 110 克和 70 ~ 90 克。

3. 选用舔砖的初期最好能在上面撒少量的食盐、玉米面或糠麸，以诱导牦牛舔食，一般经过 5 天左右的训练即可达到目的。

4. 舔砖要清洁，避免被粪便污染。同时防止舔砖破碎成小块，使牦牛一次食入量过多，引起中毒。

第七章　牦牛场建设

第一节　牦牛种牛场建设

一、建设要求

（一）基础条件

1. 场址的地势、交通、通讯、能源和防疫隔离条件良好；生产区、生活区和办公区隔离分开；水源充足，洁净无污染。

2. 生产区清洁道和污染道分设；有粪污排放处理设施和场所，符合环保要求。

3. 种畜场布局合理，根据当地主风向，按照管理区→生产区→废弃物及无害化处理区的顺序将场内功能区排列（管理区处于上风向），管理区和生产区之间要有 50～100 米的间隔，用围墙和绿化带隔开。

4. 有足够的放牧场或饲料地。

5. 具有育种室、饲草料库、资料档案室、疫病诊断室等基础设施，供水、供电、供暖等附属设施齐全，生产工艺及设备配套齐全。配备保定、卫生保健、饲料生产与饲养器具、消毒设备、兽药卫生检验设备、粪污清除设备和病死牛无害化处理设备以及鉴定工具等必要的仪器设备。

（二）技术力量配备

1. 场长必须具有中专以上学历或中级以上技术职称。

2. 从事种牛育种繁殖、疫病防治、饲养管理、生产经营管理的技术人员应具备中专以上相关专业学历。

3. 直接从事种牛生产的工人应经过专业技术培训，熟练掌握种牛生产全过程的基本知识和技能，并取得相应技术岗位证书。

4. 制定员工培训计划，对场内生产经营人员进行不定期的培训。

（三）群体规模

种牛场必须组建起育种核心群，核心群一级基础母牛达到500头以上。

（四）种牛生产

1. 必须制定种牛选育计划，包括选育方法、配种制度及性能测定方案等。

2. 根据育种要求建立核心群。

3. 种公牛不得少于6个血统，且系谱清楚。

4. 保持合理的种群更新率（15%以上的年更新率）。

5. 种牛质量必须符合该品种地方标准。

6. 要有科学、健全的管理制度，采用先进的饲养工艺，按照营养标准配制日粮，满足牦牛不同生理阶段的营养需要。

（五）档案资料

1. 种牛场要有母牛配种、产犊、犊牛培育、母牛泌乳、体重体尺、外貌鉴定、兽医防疫、种牛卡片等记录与分析资料。

2. 种牛要进行良种登记，系谱资料齐全。

3. 各项资料按年度装订成册并存档（如采用无纸记录系统，各项资料应存入计算机）。

（六）种牛保健

1. 有免疫程序、场内防疫和监测制度。

2. 无一、二类烈性传染病和国家规定的其他疫病。

3. 场内设有病牛隔离舍、死畜处理设施。

（七）经营管理

1. 建立健全生产经营管理制度和岗位责任制（包括场长职责、技术人员职责、生产工人职责；饲养管理制度、免疫程序、防疫及重点病监控制度、售后服务制度（回访记录）等。

2. 种牛场必须具备畜牧兽医主管部门发放的动物检疫合格证，出场种牛有清楚的系谱证、种牛合格证和动物检疫合格证。

二、建设参数

（一）牛舍建筑

1. 牛舍布局：牛舍坐北朝南，分为生产母牛舍、后备母牛舍、犊牛舍、种公牛舍及后备公牛舍。各牛舍间保持适当距离，布局整齐，以便防疫和防火。牛舍采用双坡双列对头式牛舍。牛舍高 5 米，跨度 18 米，长 50 ~ 100 米。可根据场区布局做适当的调整，保证每头牛占 4 ~ 5 平方米。

2. 地面：有足够强度和稳定性，坚固、不打滑、有弹性，便于清粪消毒。多采用砖地面。

3. 墙壁：高 3.5 米，要求坚固结实、抗震、防水、防火，具备良好的保温性能，多采用砖混结构。

4. 屋顶：能够防雨雪、风沙侵入，要求质轻、坚实耐用、保温、能够抵抗雨雪、强风等外力因素的影响。装有采光材料作为天窗，要有足够的光线照入牛舍。采光面积不得小于屋顶面积的 1/3。

5. 门：牛舍门不低于 2 米，宽不小于 2.2 米，东西门正对饲料通道，出入运动场的门一边不少于 2 个。

6. 窗：每栋牛舍窗户一边不少于4个，在保温的同时要满足舍内通风。

7. 卧床：为单排卧床，较牛舍地面高10厘米，宽3米。

8. 饲料通道：较牛舍地面高30厘米，宽度4米。

9. 饲槽：为地面饲槽，槽面为水泥磨光面或贴磁砖，宽为50厘米。

10. 隔栏：隔栏材料可选用钢管等较坚实又不易伤害牛体的材料，间宽40厘米。

11. 运动场：在运动场留有牦牛出入口，便于在天气状况良好的时段实行按时间阶梯性放牧。运动场面积应为牛舍面积的2~2.5倍。

12. 饮水槽：采用保温、加热型水槽。按每头牛30厘米计算水槽长度，槽深60厘米，水深不超过40厘米，保持供水充足、饮水新鲜清洁。

13. 地面：平坦，中央高向四周呈一定的缓坡状。

14. 围栏：高1.2米，栏柱间距1.5米。栏柱可用钢管或水泥柱建造，要求结实耐用。

（二）配套设施

1. 电力：牛场电力负荷2级，并配备发电机。

2. 道路：通畅，污道和净道分开。与场外运输连接的主干道宽6米，通往畜舍、干草库（棚）、饲料库等运输支干道宽3米。

3. 排水：场内雨水采用明沟排放，污水采用暗沟排放。

4. 草料库：根据饲草料的供应条件，饲草存储量至少应满足3个月生产需要的用量，饲料存储量至少满足1个月生产需要的用量。

5. 饲料加工间：结合生产实际需求，配备铡草机、揉搓机、饲料搅拌机等加工设备。

6. 消毒设施：应具备常用的消毒设备，如喷雾器、高压清洗机、高压灭菌器、煮沸消毒器、火焰消毒器等。

7. 消防设施：采用经济合理、安全可靠的消防设施。消防通道可利用场内道路，确保场内道路与场外公路通畅。

8. 粪污处理：粪便堆放和处理要有专门场地，必要时用硬化地面。与各功能地表水体距离不得少于400米。固体粪污以高温堆肥处理，应配置粪污清除设备和处理设备，设置贮粪池等。粪尿污水处理、病畜隔离区应有单独通道，便于病牛隔离、消毒和污物处理。

第二节　牧区规模养殖场建设

牦牛规模养殖场的建设要符合相关规定的基本要求，有条件的地区，建设时可参照牦牛种牛场的建设要求和参数，同时可参考《无公害牦牛生产基地建设规范》（DB63/T1244）进行。

一、规模

牦牛规模养殖场一般应具有一定的生产饲养规模，以100～300头为适度规模，100头为小规模，300头以上为较大规模。

二、选址、布局

符合本地区畜牧业发展与用地规划要求。选址与设计应当满足《动物防疫法》及农业部《动物防疫条件审核管理办法》规定条件。

养殖场总体布局上应做到生活区与生产区分离，位于禁养区以外，选择高燥、开阔、背风向阳地势，通风良好，与主要交通干线、居民区以及其他畜禽养殖区的距离符合动物防疫要求。

三、设施建设

养殖场有满足生产需要的牛棚舍。牛舍建筑设计符合本地区气候环境条件，达到防寒要求，室内空气流通良好，具有牦牛生产、防疫隔离、消毒、粪污处理、饲料加工、病死牛无害化处理及饮水、通风、采暖等配套设施。同时给排水相对方便，污水、粪便集中处理，并达到 GB18596 的规定要求。

四、办理相关证件

养殖场应取得《动物防疫条件合格证》。

五、建立健全制度

养殖场饲养管理操作规程科学合理，生产管理制度健全。有免疫、防疫、消毒、用药、检疫申报、疫情报告、无害化处理等制度；有完善的财务管理制度，会计资料完整、准确，财务核算规范、健全。

六、档案建立、保管

养殖场严格按照相关法律法规规定，建立规范的养殖管理档案，生产经营记录详实。养殖档案内容包括品种及品种的来源、数量、繁殖、生产情况，饲料来源及使用情况，牦牛发病、诊治、防疫情况，粪污无害化处理情况和牦牛销售情况等。养殖档案应当保存 2 年以上。

第三节　生态牧场建设

一、生态牧场的概念

生态牧场是指以青海省牧区生态畜牧业专业合作社和养殖大户为基础，实行规模养殖、标准化生产、集约化经营，以舍饲与放牧相结合实现草地畜牧业生产和草原生态建设“双赢”为目标的草地畜牧业生产基本单位。

二、组织类型

1. 草地生态畜牧业新型牧场是通过加入生态畜牧业合作社，通过自愿入股等形式组成的由两个或多个养殖户形成的联户牧场或生态畜牧业专业合作社，也可以是独立的家庭规模养殖户。

2. 生态畜牧业合作型由多个牧户按照自愿、平等、互惠互利的原则，通过控股、参股等方式，组建成立的生态畜牧业合作经济组织，内部实行按股利益分配制度的经营模式。

3. 联户型是由两个或两个以上的牧户在家庭经营的基础上，通过租赁、流转草场等形式组建的联户牧场经营的模式。

4. 规模养殖户型是由养殖大户靠自身能力投资建设的家庭型牧场模式。

三、养殖规模

饲养的基础母牛 200 头以上，并有相应规模的放牧草场。

四、选址、布局

生态牧场建设选址应符合当地畜牧业发展规划布局要求，相对集中连片，利于形成规模化生产格局。选择在生态环境良好、无或不直接受工业“三废”及生活、医疗废弃物污染的区域进行建设。有适宜饲养牦牛的天然草场和饲草饲料基地，水源充足、水质好、洁净。管理区位于交通便利区域，管理区和饲养区相对集中建设，各功能区相对分开。母牛饲养区以户为单位分散建设。

五、设施建设

具备符合牲畜饲养量需求的暖棚，保暖防寒。越冬牲畜暖棚面积每头牛不少于 5 平方米，配备单独产房、运动场等。拥有与饲养规模相匹配的储草棚、饲料库以及补饲槽。具有牦牛生产、防疫隔离、消毒、粪污处理、饲料加工、病死牛无害化处理及饮水、通风、采暖等配套设施。给排水相对方便，污水、粪便集中处理，并达到 GB18596 的规定要求。

六、人员配备

新型生态牧场应至少配备 1 名具有相关专业的管理人员，配备具有与生产规模相适应、具备畜牧兽医中专以上学历或获得畜牧兽医中级以上技术职称的专业技术人员 2～3 名，以及具有长期从事生产实践经验的饲养人员若干名。

七、制度、档案建立

参照种牛场和规模养殖场制度、档案，根据自身生产实际和需求制定和建立场内生产经营管理制度和档案资料，种畜必须建立系谱档案。

第四节　经营管理措施

一、建立完善的生产经营管理制度

不论是种牛场和规模养殖场要规范运营，提高生产效率和经济效益，都必须建立完善的生产经营管理制度。主要包括人员岗位职责（场长职责、畜牧、兽医等技术人员职责、生产工人职责、财务、销售等人员职责）、饲养管理制度、消毒防疫制度、销售回访制度、人员考核制度、财务管理制度等。所制定的制度都应该符合场内生产实际。

二、提高人员素质和技术水平

场内要有合理的人员、岗位的分配，并且要加强对场内技术人员和生产工人的专业培训，提高技术水平。场长最好是懂技术、会经营的人员担任。

三、合理计划、及时总结、分析

必须根据不同的年度、生产阶段和生产类别进行计划，如要有年度生产计划，重点生产阶段和周期还要有分段的生产计划，如种牛场内要有年度育种计划及远景育种规划，配种前应根据生产实际和需要制定配种计划等。规模养殖场内也同样需要制定年度生产计划，饲料、兽药等购入计划。

除了年度计划外还应该对场内生产情况进行总结分析，每年度或者一个生产阶段完成后要及时总结，对相关数据进行分析，发现生产或经营管理中存在的问题，以便调整相应的生产计划、技术方案为下一阶段的生产提供依据，从而提高生产效率，避免由此可能造成的失误或损失。

四、引进先进的技术和管理模式

销售是规模养殖场生存的关键，要更新观念，学习、引进先进的技术和管理模式，因地制宜地形成适合自己场内适用的技术和管理模式。如根据场内的条件，实行牦牛半舍饲、冷季补饲、半哺乳技术，应用营养舔砖、混合精饲料等投入品。参照省内、省外其他牦牛养殖场、种畜场先进的管理模式，提高管理水平和场子的市场竞争力。

新型规模养殖场应成立专业合作组织，建立健全各项管理制度，进行统一的生产和管理。在生态畜牧业专业合作社的统一组织下，通过划区轮牧，母畜分户饲养，种公畜集中管理，集中育肥，产品统一加工、销售，与龙头企业建立产销合作关系，订单出栏，实行产业化、标准化生产经营。生态畜牧业专业合作社以其成员为服务对象，提供畜牧业生产资料的购买，畜产品的销售、加工、运输、贮藏以及与畜牧业生产经营有关的技术、信息等服务。

五、及时了解政策和收集市场信息

要想提高场子的生产经济收益，不能一味地只抓生产，日常生产期间要通过向业务部门、行政主管部门、网络信息平台等渠道和手段，收集并知晓国家相关政策和市场信息，掌握市场动态和需求、避免风险，以提高经济效益。

第八章　牦牛疾病防治

第一节　防治原则及措施

一、防治原则

在高原牦牛患病主要是由于机体功能损害或因与外界环境失衡而引起的。其结果导致牦牛生长受阻生产性能低下或丧失严重的导致死亡。实际生产中，牦牛养殖户必须坚持“防重于治，防治结合”的原则，减少发病，而一旦发病要及时进行诊治，将患病造成的损失与危害降到最低限度。

二、防治措施

（一）合理选址与布局

牦牛场选址和布局要科学合理，场内各功能区的分区和排序等要符合防疫的要求。

（二）做好日常饲养管理，保证饲料质量

1. 实行分群、分阶段饲养：按性别、年龄分群饲养，根据不同群体、不同阶段确定饲养标准，避免随意更改，防止营养缺乏症和胃肠病发生。

2. 日常管理：做好日常保健，保证牛只适当运动。日常饮水应清洁卫生充足。饲草、饲料应干净、切碎、无残留农药及杂质，禁止饲喂有毒、霉变的草料。

3. 保证饲料质量：做好精料仓库的防潮、防虫、防鼠工作，避免干草受潮变质，更要注意防火。

（三）定期消毒

定期消毒棚圈、设备及用具等，特别是棚圈空出后的消毒，杀灭散布在棚圈内的微生物（或称病原体），切断传染途径，使环境保持清洁，预防疾病的发生，以保证牛群的安全。

（四）科学免疫

有计划地给健康牛群接种疫苗，可以有效地抵抗相应的传染病侵害。免疫接种疫苗要掌握传染病的种类、发生季节、流行规律，根据牛群的生产、饲养、管理和流动等情况，制定相应的防疫制度。规模养殖场和养殖小区要根据规模养殖的特点及各种疫苗的免疫特性，结合本场实际，制定预防接种次数、间隔时间、接种剂量；选择正规厂家生产的疫苗，不能购买和使用无资质厂家生产或销售的疫苗，在运输保存过程中严格按要求操作，在使用过程中必须规范使用。

（五）定期驱虫

寄生虫病也是危害牦牛生产的主要疾病，它不但会影响牛群的正常生长发育，还会通过皮肤及排泄物在牛场中传播、蔓延和流行。如果不及时进行防治和彻底消毒，会使寄生虫病在牛场长期存在。为预防寄生虫病，每年春秋两季都要对牛群进行整体驱虫。

（六）调运、防疫监督

按照《动物防疫法》的有关规定，在从外引进牦牛时，一定要取得引进地动物卫生监督机构出具的检疫证明和布鲁氏菌、结核病实验室检验阴性结果证明。在起运前检疫、运输时检疫和到达目的地后检疫，并且到达目的地后要进行隔离观察，确定为健康后方可混养。在调运过程中，不能疏忽任何一个检疫环节。同时，应加强动物防疫监督，对违反动物防疫法的单位和个人要从重处理，防止调进患病或染疫的牲畜及其产品，造成疫病的扩散流行。

（七）疫情监测

建立牛群的检疫制度，搞好疫情监测。根据饲养地的疫情或者业务部门的检疫计划，每年要对牛群进行有计划的检疫，及时检查出病牛，进行隔离治疗或按业务部门的意见处理。一旦发生重大动物疫情疑似病例，要立即上报动物防疫监督机构，并配合采取相应的处理措施。

（八）废弃物处理

加强对粪便及其他污物的有序管理，及时除去牛舍内及运动场内污物和粪便，建设牛粪尿和污物等处理设施，废弃物要遵循减量化、无害化和资源化原则处理。同时还要严格执行防疫、检疫及其他兽医卫生制度。

第二节　传染病防治

牦牛传染病的流行由传染源、传染途径和易感牛三个要素互相关联而形成的传染病流行。因此，只有采取适当的综合性卫生防疫措施，消除或切断上述三者中的任何一个环节才能控制传染病的发生和流行。

一、常见传染病

牦牛常见的传染性疾病有布鲁氏菌病、结核病、口蹄疫、炭疽、巴氏杆菌病（牛出败）、传染性胸膜肺炎、沙门氏菌病（副伤寒）、大肠杆菌病、嗜皮菌病、黏膜病以及传染性角膜结膜炎等。目前，大部分传染性疾病已得到有效的控制或消灭。

二、防治要点

（一）加强饲养管理，搞好清洁卫生

必须贯彻“预防为主”的方针，加强饲养管理，搞好圈舍清洁卫生，增强牦牛的抗病能力，减少疫病的发生。生产牛舍、隔离牛舍和病牛舍要根据具体情况进行必要的消毒。如发现牦牛可能患有传染性疫病时，病牛应隔离饲养。死亡牦牛应送到指定地点妥善处理，养过病牛的场地应立即进行清理和消毒。污染的饲养用具也要严格消毒，垫草料要烧毁，发生呼吸道传染病的牛舍内还应进行喷雾消毒，在疫病流行期间应加强消毒的频率。

引进新牦牛时，必须先进行必要的传染病检疫，呈阴性反应的牦牛还应按规定隔离饲养一段时间，确认无传染病后才能并入原有牛群饲养。当暴发烈性传染病时，除严格隔离病牛外，应立即向上级主管部门报告，还应划区域封锁，在封锁区边缘要设置明显标志。减少人员往来，必要的交通路口要设立检疫消毒站，执行消毒制度。在封锁区内更应严格消毒，严格执行兽医主管部门对病死牛的处理规定，妥善做好消毒工作，在最后一头牛痊愈或处理后，经过一定的封锁期及全面彻底消毒后才能解除封锁。

（二）建立定期检疫制度

牛结核病和布鲁氏菌病都是人畜共患病，这两种传染病在牧区都比较流行，若在早期查出患病牛时应及早采取果断措施，以确保牛群的健康和产品安全。按现今的规定，牛结核病可用牛结核病提纯结核菌素变态反应法检疫，牛布鲁氏菌病可用布鲁氏菌试管凝集反应法检疫，其他传染病可根据具体疫病采用不同方法检疫。

（三）定期执行预防接种

定期接种疫苗，增强对传染病的特殊抵抗力，如抗炭疽病的炭疽芽孢苗等。

三、主要传染病的防治

（一）炭疽

炭疽是由炭疽杆菌引起的急性人畜共患病。本病呈散发性或地方性流行，一年四季都有发生，但夏秋温暖多雨季节和地势低洼易于积水的沼泽地带发病多。多年来，牦牛产区经有计划、有目的地预防注射炭疽芽胞苗，已取得了良好的效果。由过去的地方性流行转为局部地区零星散发。发生疫情时，要严格封锁、控制隔离病牛、派专人管理、严格搞好排泄物的处理及消毒工作；病牛可用抗炭疽血清或青霉素、四环素等药物治疗。

（二）口蹄疫

口蹄疫是由口蹄疫病毒引起的急性传染病。主要侵害偶蹄兽，具有高度的接触传染性。牦牛极易感染口蹄疫，人也可感染发病。临床上以口腔黏膜、蹄部和乳房皮肤发生水泡和溃疡为主要特征。

口蹄疫病毒对外界环境抵抗力很强，尤其能耐低温，在夏季草场上只能存活 7 天，而冬季草场上可存活 195 天。一旦发病，除对疫区进行封锁外，必须对污染物进行焚烧或深埋处理。

春、秋两季应在当地兽医技术部门的指导下，对当地所有易感牛进行一次集中免疫，每月定期补免。有条件的地方可参照规模养殖场免疫程序进行免疫。

（三）布鲁氏菌病

布鲁氏菌病简称布病，是由布鲁氏菌引起的一种慢性人畜共患病。牦牛、绵羊、犬、马鹿、旱獭及灰尾兔等均可感染，能引起生殖器官、胎膜及多种组织发炎、坏死。以流产、不育、睾丸炎为主要特征。母牦牛感染布病后除流产外，一般没有全身性的特异症状，流产多发生在妊娠5～7个月时；公牦牛患布病后出现睾丸炎或附睾炎；犊牛感染后一般无症状表现。

在布病流行区，每年应进行布病检疫，将检出的阳性牛只进行隔离饲养，饲养价值不大的牛只全部淘汰，生产性能较好的牛只进行相应的治疗，痊愈后与健康牛只混群放牧。平时做好春秋两季防疫，主要用布鲁氏菌19号菌苗对牛群进行气雾或饮水免疫；并加强环境、工具的消毒和进出入牛场的消毒池等设施的管理，切断外源传染途径。

（四）结核病

结核病是由结核杆菌引起的人和畜禽共患的一种慢性传染病。其病原为牛型结核菌。对牛群应加强定期检疫，对检出的病牛要严格隔离或淘汰。若发现为开放性结核病牛时，应立即扑杀。除检疫外，为防止疫病传染，要做好消毒工作。有病的母牛生产的犊牛出生后要进行体表消毒，并与病牛隔离喂养或人工饲喂健康母牦牛的乳汁，断奶后经3～6个月检疫呈阴性者，并入健康牛群。对受威胁的犊牛可进行卡介苗接种，1月龄时胸部皮下注射50～100毫升，免疫期为1～1.5年。

（五）牦牛巴氏杆菌病

巴氏杆菌病又称出血性败血症，是由多杀性巴氏杆菌引起的多种动物共患的一种急性、热性、败血性传染病。以高温、肺炎、急性胃肠炎及内脏器官广泛出血为特征，故又称牦牛出血性败血症，简称“牛出败”。1岁以上牦牛发病率较高，可分为急性败血型、水肿型和肺炎型，其中以水肿型为最多。病牛往往因窒息、虚脱而死亡。病程12～36小时。早期发现该病除隔离、消毒和尸体深埋处理外，可用抗巴氏杆菌病血清或选用抗生素及磺胺类药物治疗。预防注射用牛出血性败血症疫苗，肌肉注射4～6

毫升，免疫期为9个月。

(六) 牦牛传染性胸膜肺炎

牦牛传染性胸膜肺炎是由丝状支原体引起的一种接触性传染病，其主要特征是呈现纤维素性肺炎和胸膜肺炎症状。病初只表现干咳、流脓性鼻液，采食及反刍减少，以后随病程发展，病牛日见消瘦，呼吸困难，颈、胸、腹下发生水肿，约1周后死亡。治疗无特效药物，发病早期用四环素和链霉素有一定的疗效。用牛肺疫兔化绵羊化弱毒冻干菌免疫注射，2岁以下牛注射1毫升，成年牛注射2毫升，肌肉注射，免疫期为1年。

第三节　寄生虫病防治

牦牛寄生虫是由多种寄生虫寄生于牦牛体内和体表而引起的各种疾病的统称。包括牦牛消化道线虫病、牦牛肺线虫病、牦牛吸虫病、牦牛绦虫病、牦牛绦虫蚴病、牦牛节肢动物寄生虫病(包括牛螨病、牛皮蝇蛆病和蜱、虱、蝇、蚤等蜘蛛昆虫病)等寄生虫病。

一、防治原则

要以寄生虫病的流行规律为依据，进行药物防治和综合防治。选择高效、广谱、安全、短残留、低污染、经济的防治药物，采取定期、高密度、大面积、切断寄生虫病传播环节的各项措施，实行全群防治，重点防治幼年牦牛、母牦牛和老弱牦牛。

二、防治措施

(一) 药物防治

药物防治的次数一般实行全年两次驱虫，一次药淋和一次牛皮蝇蛆病专项防治。防治的时间是春季1～2月和秋季8～10月驱虫，也可视省内各地情况，适当调整防治时间，两次防治均应在成虫期前进行。每年夏季或秋季还应进行一次药物喷淋，或适时喷淋杀虫。牦牛寄生虫病的防治应实行整群驱虫、药浴或药淋，并且不得遗漏对分散牦牛的防治。

（二）综合防治

牦牛寄生虫病的综合防治包括外界环境除虫、预防家畜感染、提高机体抵抗力等措施，其中对绦虫蚴病应常年采取综合防治的措施。综合防治主要包括对牦牛粪便的处理、对圈舍的灭虫处理、对犬绦虫病的防治、对犬的管理、牧地净化、放牧管理、对寄生虫污染物的处理以及对新引进的牦牛的检疫等多个方面。

综合防治的要点：驱虫牦牛应集中管理，圈舍的粪便定期清除，驱虫后粪便进行无害化处理；圈舍墙壁、地面、围栏、用具、饲喂工具等应用兽用杀虫药喷洒，定期喷洒灭螨，其中用具、饲喂工具喷洒后应清洗干净、晒干；限制养犬数量，建立犬的登记制度，发放执照，禁止犬接近屠宰场，控制犬与家畜接触；全面规划牧场，有计划地实行划区轮牧制度，减少寄生虫对草场的污染和牦牛的重复感染。对污染草场，特别是湿地和森林牧地应禁牧或休牧，以利净化；在放牧管理方面，尽量避开在低湿的地点放牧，避免清晨、傍晚、雨天放牧；禁止饮用低洼地区的积水或死水，建立清洁的饮水地点；幼年牦牛与成年牦牛应分开放牧，以减少感染机会，扩大和利用人工草场，采用放牧和补饲相结合的饲养方式，合理补充饲料和必要的添加剂，提高牦牛体质和抵抗力。

（三）监测

按照地方畜牧兽医防疫部门规定的要求进行监测，以评估防治效果和掌握防治后寄生虫病的发生和流行动态。

（四）记录

做好防治记录，内容包括防治数量、用药品种、使用剂量、环境与粪便的无害化处理、放牧管理措施、补饲、发病率、病死率及死亡原因、诊治情况等，建立发病及防治档案，为牦牛寄生虫病的防治提供依据。

第四节 普通病防治

一、防治要点

牦牛普通疾病主要有犊牛胎粪滞留、犊牛脐炎、犊牛肺炎、瘤胃积食、有毒牧草中毒、胎衣不下、创伤等。普通疾病的防治在于加强日常饲养管理、做好日常保健等，一旦发生疾病要及时处理，并做好对病牛的护理。

（一）日常饲养管理

1. 按照年龄和生产阶段，合理分群，划定草场。

2. 饲料、饮水水源清洁、安全，不饲喂霉变的饲料、不饮被污染的水，放牧时远离有毒牧草的草场。

3. 牛舍和饲养环境干净、安全，粪污和生活垃圾如塑料、衣物碎片等要及时清理，以免牛只误食引起肠胃疾病。

4. 加强日常保健，增强抵抗力。

5. 优化饲养环境，减少因环境因素引起的应激。

6. 根据不同季节，做好放牧管理，冬春季节晚出牧、早归牧，夏秋季节早出牧、晚归牧。

（二）患病牛及时医治、做好病牛护理

一旦发现有患病的牛只，要及时进行处理，并且对病牛进行精心护理，使其尽快恢复。

二、几种常见普通病的治疗

（一）犊牛胎粪滞留

牦牛犊出生后，吃足初乳一般在24小时内排出胎粪，如48小时内未排出，则为胎粪滞留。犊牛表现不安，拱背努责，回头望腹，舌干口燥，结膜多呈黄色。在直肠内可掏出黑色浓稠或干结的粪便。可用温肥皂水灌肠、口服食用油或液体石蜡50～100毫克。

（二）犊牛脐炎

脐炎是犊牛出生后，脐带断端感染细菌而发炎。多为卧息时脐带被粪尿、污水浸渍而感染。脐带肿胀甚至流脓，严重时脐带坏死，体温升高。

治疗时将脐带周围剪毛和消毒，涂5%碘酒与松馏油合剂。有脓肿或坏死时，清除坏死组织，用消毒液、双氧水消毒杀菌后撒上抗菌消炎粉，再用绷带包扎。

（三）犊牛消化不良（腹泻）

又称犊牛胃肠卡他，多发生在出生后12～15日龄牛犊。主要是由母牛挤奶过多，牛犊吃初乳不足，饥饱不匀，天气变化，卧息过久及受凉等引起。病犊以腹泻为主要特征，粪便呈粥状或水样，暗黄色，后期排出乳白色或灰白色的稀便、恶臭；病犊很快消瘦，严重者脱水。治疗用呋喃类和磺胺类药物，如脱水可静脉注射适量5%葡萄糖盐水。

（四）犊牛肺炎

由天气骤变、寒冷、潮湿，哺乳不足，犊牛体弱等引起。多发生于2月龄以上犊牛。主要表现为咳嗽，体温升高（40～41.5℃），喘气甚至呼吸困难，最后心力衰竭而死亡。治疗用青霉素或磺胺二甲基嘧啶。

（五）瘤胃积食

瘤胃积食是由于牦牛采食大量青草或块根类饲料，吃干草后饮水不足，误食碎布、塑料或其他异物等造成幽门堵塞或瘤胃内积食过量、扩张，故又称急性瘤胃扩张。病牛采食及反刍逐渐减少或停止，粪便减少似驼粪，腹围增大，左腋窝平坦或凸起，触摸瘤胃有充实坚硬感。

平时应将生活垃圾收集集中处理，特别是塑料袋、鞋、衣服不要乱扔，集中进行深埋或焚烧处理，减少牛只因缺乏微量元素，误食引起瘤胃疾病，造成经济损失。

为排除瘤胃内容物，可用熟菜籽油（凉）0.5～1.0千克，一次灌服，可连用两天。为提高瘤胃的兴奋性，可用烧酒100～200克加水0.5升或酒石酸锑钾5～10克溶于大量水中灌服；如伴有膨气而呼吸困难时，灌服0.5～1.0千克食醋或白酒250～300克加水0.5升，以制酵排气；也可用套管针穿刺瘤胃放气。

（六）有毒牧草中毒症

在青草萌发或缺草时，牦牛误食有毒牧草（毒芹、飞燕草、棘豆草等）而中毒，特别是幼龄牦牛中毒较多。一般在采食毒草约1小时后出现中毒症状，轻者口吐白沫，食欲减退；重者行走摇摆，呼吸加快，起卧不安。

在放牧过程中远离有毒草的草场，避免牛只误吃毒草发生中毒。每年对有毒草的草场进行毒草铲除，净化草场。

治疗可用酸奶0.5千克或脱脂乳1千克，食醋0.25～0.5千克灌服。

（七）牦牛胎衣不下

母牛正常分娩时，产出胎儿12小时后仍未排出胎衣者称为胎衣不下。此病例较少，分全胎衣不下和部分胎衣不下。胎衣在子宫腔内经2～3天就会腐败，从阴门排出红褐色恶臭黏液，引起自身中毒，体温升高，采食停止。常见于初产母牛及10岁以上老龄母牛。

病初可在子宫内灌注抗菌素，防止胎衣腐败，待胎衣自行排出。也可注射缩宫素排出胎衣。

（八）牦牛创伤

牦牛角细长而尖锐，角斗致伤时有发生，也有异物刺伤皮肤、蹄部，摔伤也时有发生。有未感染的新创伤，也有因牦牛体表覆盖长毛未及时发现而感染的创伤，甚至出现化脓溃烂等。

平时做好日常管理，避免牛只之间互相角斗、摔伤等不必要的伤害。新创伤应先剪去其周围的被毛，用0.1%高锰酸钾液清洗创面，消毒后撒上消炎粉或青霉素粉，然后用消毒纱布或药棉盖住伤口。有出血的，撒上外用止血粉；裂口大者，消毒后应先缝合再包扎伤口。流血严重时可肌注止血敏10～20毫升或维生素$K_3$10～30毫升。已感染的创伤，先用消毒纱布将伤口覆盖，剪去周围被毛，用温肥皂水或来苏儿溶液洗净创围，再用75%酒精或5%碘酒进行消毒。化脓创伤，应先排出脓汁，刮去坏死组织，用0.1%高锰酸钾液或3%双氧水将创腔冲洗净，再用生理盐水冲洗，用绵球擦干，撒上消炎粉或去腐生肌散、抗生素药粉，每日1～2次。

参考文献

[1] 张容昶，胡江．牦牛生产技术［M］．北京：金盾出版社，2002.

[2] 中国牦牛学［M］．成都：四川科学技术出版社，1989.

[3] 青海省畜禽遗传志［M］．西宁：青海人民出版社，2013.

[4] 罗光荣，杨平贵．生态牦牛养殖实用技术［M］．成都：四川出版集团·天地出版社，2008.

[5] 彭巍．牦牛繁殖调控技术研究进展［J］．青海畜牧兽医杂志．2013.

ལེའུ་དང་པོ། མཚོ་སྔོན་གྱི་འབྲི་གཡག་གི་རིགས་རྒྱུད་དང་སྐྱེ་ཁམས་རིགས་གྲས།

འབྲི་གཡག་ནི་མཚོ་བོད་མཐོ་སྒང་གི་ཆེས་གདོད་མའི་སླང་རྒྱུད་ཀྱི་རིགས་ཞིག་ཡིན། གཙོ་བོ་རང་རྒྱལ་གྱི་མཚོ་སྔོན་དང་བོད་ལྗོངས། སི་ཁྲིན། ཀན་སུའུ། ཡུན་ནན་སོགས་ཞིང་ལྗོངས་སུ་ཁྱབ་ཅིང་། ས་གནས་ཀྱི་རིགས་རྒྱུད་ཀྱང་ཅུང་མང་སྟེ་གཙོ་བོར་མཚོ་སྔོན་མཐོ་སྒང་འབྲི་གཡག་དང་བརྒྱད་ཟུར་འབྲི་གཡག སྨེ་བའི་འབྲི་གཡག མུ་ལི་འབྲི་གཡག རྒྱལ་ཐང་འབྲི་གཡག ཉང་ཡ་འབྲི་གཡག ཕ་ལི་འབྲི་གཡག སི་པོ་འབྲི་གཡག བོད་ཡུལ་ས་མཐོའི་འབྲི་གཡག ཀན་ལྷོ་འབྲི་གཡག དཔའ་རིས་འབྲི་གཡག་དཀར་པོ་སོགས་ཡོད། གསོ་སྐྱོང་རིགས་རྒྱུད་ལའང་ཧྲ་ཐང་འབྲི་གཡག་དང་པ་ཀྲུའུ་འབྲི་གཡག་སོགས་ཡོད།

ས་བཅད་དང་པོ། ས་གནས་རིགས་རྒྱུད་དང་སྐྱེ་ཁམས་རིགས་གྲས།

གཅིག ས་གནས་རིགས་རྒྱུད། (མཚོ་སྔོན་མཐོ་སྒང་འབྲི་གཡག)

མཐོ་སྒང་འབྲི་གཡག་གི་ཁྱབ་ཡུལ་གཙོ་བོ་ནི་ཡུལ་ཤུལ་ཁུལ་གྱི་རྫོང་6དང་མགོ་ལོག་ཁུལ་གྱི་རྫོང་6 མཚོ་ལྷོ་ཁུལ་གྱི་ཞིན་ཧེ་རྫོང་ནུབ་ཕྱོགས་ཀྱི་ཞང་3 རྨ་ལྷོ་ཁུལ་གྱི་རྩེ་ཁོག་དང་སོག་རྫོང་། མཚོ་ནུབ་ཁུལ་གྱི་ན་གོར་མོའི་གདང་ལ་ཞང་སོགས་ཡིན། འདིའི་རིགས་ཀྱི་ལུས་གཟུགས་ཆེ་ཞིང་། མགོ་བོ་ཆེ་ལ་རྭ་སྦོམ་པ།

མཛོ་སྨད་ཀི་གཡག

ཟེ་རྫོག་མཐོ་ཞིང་རིང་ལ་ཞིང······
ཆེ་བ། ལག་གཉིས་ཐུང་ལ·········
དྲང་མོ་ཡིན་པ། རྐང་གཉིས····
ཀྱི་དབྱིབས་སུ་གྲུབ་པ། རྔ་མ······
དང་རྩིབ་ལོག་མན་གྱི་རྩེད་པ······
རིང་ཞིང་སྒོམ་པོ་ཡིན། གཡག··
གི་མགོ་པོ་ཆེ་ལ་གྲུ་བཞི་ནར·········
མོའི་དབྱིབས་ཡིན་པ། སྐེ་ཐུང་ཞིང་སྒོམ་པ། ལྷིག་རིལ་ཅུང་ཙམ་ལ་གྲོད་ཁོག་ལ་
ཉེ་ཞིང་ཐུར་དུ་འཕྱང་མེད། འབྲི་མོའི་མགོ་རིང་ཞིང་མིག་གཉིས་ཆེ་ལ་ལྷུམ་པོར་
ཡིན་པ། དཔྲལ་གཞུང་གི་ཞེང་ཆེ་བ། མང་པོར་རྭ་ཅོ་ཡོད་པ། ནུ་མ་ཆུང···
ཞིང་ནུ་མགོ་ཐུང་བ་སོགས་ཀྱི་ཁྱད་ཆོས་ཡོད།

གཟུགས་སྟོབས། གཡག་དར་མའི་ཚ་སྐྱོམས་ཀྱི་ཆེ་ཆུང་ནི་ལིས་སྨིད
127.81དང་འབྲི་དར་མའི་ཚ་སྐྱོམས་ཀྱི་ཆེ་ཆུང་ནི་ལིས་སྨིད 110.52ཡིན།

ལྗིད་ཚད། གཡག་དར་མའི་ཚ་སྐྱོམས་ལྗིད་ཚད་ནི་སྤྱི་རྒྱ 334.94དང་འབྲི་
དར་མའི་ཚ་སྐྱོམས་ལྗིད་ཚད་ནི་སྤྱི་རྒྱ 196.84ཡིན། བཤའ་ཚད 53.95%ཡིན།

གཉིས། ས་གནས་སྐྱེ་ཁམས་རིགས་གྲས།

(གཅིག)མཚོ་སྔོན་གྱི་འབྲི་གཡག

མཚོ་སྔོན་གྱི་འབྲི་གཡག་ནི་གཙོ་བོ་མཚོ་སྔོན་པོའི་མཐའ་སྐོར་གྱི་འབྲོག·····
ཁུལ་དང་མཚོ་བྱང་ཁུལ་གྱི་མདའ་བཞི་དང་རྐང་ཚ་རྫོང་དང་། མཚོ་ལྷོ་ཁུལ་གྱི་ཁྲི··
ཀ་དང་གུང་ཧོ། ཐུན་རེ། ཞིན་ཧེའི་ཤར་ཕྱོགས་ཞང་བཞི། ཤར་ཕྱོགས་ཞིང··
ལས་ས་ཁུལ་གྱི་སྟོང་སྐོར་དང་སྐྱ་འབུམ། གསེར་ཁོག དགོན་ལུང་། དཔའ་ལུང་།
ཡ་རྫི་སོགས་ལ་ཁྱབ་ཡོད། འདིར་མགོ་དབྱིབས་ཕུར་ཤན་འདྲ་བ། སྣ་རིང་ཞིང··

མཚོ་སྔོར་གྱི་གཡག

སྣ་གཞུང་ལ་ཉག་ཁ་མང་བ། མང་པོར་རྣ་མེད་པ། རྣ་ཡོད་པ་རྣམས་ནི་ཕྲ་ཞིང་རིང་བ། རྣའི་གཞུ་ཐིག་གུག་ཚད་ཆུང་བ། ཟེ་རྟོག་ཙུང་དམའ་ལ་བྲང་ཁོག་དོག་ཅིང་རིང་བ། ཁོག་སྨད་ཀྱི་རྩིད་པ་སྟོམ་ཞིང་རིང་བ། སུག་ལག་ཕྲ་ཞིང་ཐུང་བ། རྨིག་པ་ཆུང་ལ་སྲ་བ། གཡག་གི་མགོ་ཆེ་ཞིང་ལྕི་བ། སྐེ་ཐུང་ཞིང་སྟོམ་པ། པགས་པའི་འཕྱང་ཚད་མངོན་གསལ་མིན་པ། རྔིག་རིལ་ཙུང་ཆུང་ཞིང་གྲོད་ཁོག་ལ་ཉེ་བ། འབྲི་མོའི་མགོ་ཆེ་ཞིང་དཔྲལ་གཞུང་གི་ཞེང་ཆེ་བ། མིག་གཉིས་ཆེ་ལ་ཟླུམ་ཞིང་གོར་བ། སྐེ་རིང་ཞིང་སྲབ་པ། ནུ་མ་ཆུང་ཞིང་ནུ་མགོ་ཐུང་བ་སོགས་ཀྱི་ཁྱད་ཆོས་ཡོད།

གཟུགས་སྟོབས། གཡག་དར་མའི་ཆ་སྙོམས་ཀྱི་ཆེ་ཆུང་ནི་ལིས་སྨིད 119.2 དང་འབྲི་དར་མའི་ཆ་སྙོམས་ཀྱི་ཆེ་ཆུང་ནི་ལིས་སྨིད 110.3ཡིན། ལྗིད་ཚད། གཡག་དར་མའི་ཆ་སྙོམས་ལྗིད་ཚད་ནི་སྤྱི་རྒྱ 273.13དང་འབྲི་དར་མའི་ཆ་སྙོམས་ལྗིད་ཚད་ནི་སྤྱི་རྒྱ 194.21ཡིན། བཤའ་ཚད 52.71%ཡིན།

(གཉིས)འབྲི་གཡག་དཀར་པོ།

ཐོན་ཁུལ་གཙོ་བོ་ནི་མཚོ་སྔོན་ཞིང་ཆེན་དགོན་ལུང་རྫོང་གི་མཚོད་རྟེན་ཐང་གི་ཉེ་འཁོར་དང་རྒྱ་མདོ་རྫོང་གི་སེམས་ཉིད་ཞང་དང་འབྲུ་གུ་ཞང་ཡིན། ཁྱབ་ཡུལ་གཙོ་བོ་ནི་རྒྱ་མདོ་རྫོང་གི་སེམས་ཉིད་དང་འབྲུ་གུ་ཞང་། དགོན་ལུང་རྫོང་གི་སུམ་མདོ་ཞང་དང་རྩ་བ་ཞང་སོགས་ཡིན། ཞིང་ཆེན་ནང་ཁུལ་གྱི་ས་གནས

གཡག་དཀར་པོ།

གཞན་པའི་འབྲི་གཡག་གི་ཁྱུ་ནང་འབྲི་གཡག་དཀར་པོ་ཉུང་ཤས་རེ་ཡོད།

འབྲི་གཡག་དཀར་པོའི་ལུས་གཟུགས་ནི་མཚོ་སྔོན་པོའི་མཐའ་སྐོར་གྱི་འབྲི་གཡག་དང་ཕལ་ཆེར་འདྲ་ལ། ལུས་གཟུགས་ཙུང་ཚུང་ཞིང་སྟོད་ཁོག་གི་དཔུང་རུས་འབུར་དུ་ཐོན་པ། ལུས་ཡོངས་ཀྱི་སྤུ་རྩིད་དཀར་པོ་ཡིན་པ། པགས་པར་དམར་མདོག་འདྲེས་པ། མིག་འབྲས་ཆུ་ཤེལ་ལྟར་དཀར་བ། མིག་འབྲས་ཀྱི་མཐའ་འཁོར་ནས་དམར་མདངས་བཀྲ་ལ་ཁྲ་ཐིག་ཡོད་པ། ཐོད་པའམ་དཔྲལ་བའི་གཞུང་ཆེ་བ། མང་ཆེ་བར་རྭ་ཅོ་ཡོད་ལ་རྭ་ཅོའི་མདོག་དཀར་པོ་ཡིན། སྣ་རུས་ཁོང་དབྱིབས་སུ་གྲུབ་པ། མིག་གཉིས་ཆེ་ཞིང་མདངས་ལྡན་པ། མིག་མཐའ་དམར་བའམ་ནག་པ། མཛིང་པ་ཐུབ་པ།(གཡག་གི་མཛིང་སྐེ་སྒྲོམ) སོག་མཚམས་སྨལ་ཚིགས་གཞོལ་ཞིང་ཉག་ཐོན་པ། སུག་བཞི་ཐུང་ཞིང་ཐུབ་པ། རྨིག་མདོག་སྐྱ་བའམ་ནག་ལ་དཀར་པོ་ཉུང་བ། རྨིག་པ་སྲ་ཞིང་རྣོ་བའི་ཁྱད་ཆོས་ཡོད།

གཟུགས་སྟོབས། གཡག་དར་མའི་ཚ་སྐྱོམས་ཀྱི་ཆེ་ཚུང་ནི་ལིས་སྨིད 116.25 དང་འབྲི་དར་མའི་ཚ་སྐྱོམས་ཀྱི་ཆེ་ཚུང་ནི་ལིས་སྨིད 107.5ཡིན། ལྗིད་ཚད། གཡག་དར་མའི་ཚ་སྐྱོམས་ལྗིད་ཚད་ནི་སྤྱི་རྒྱ 223.6དང་འབྲི་དར་མའི་ཚ་སྐྱོམས་ལྗིད་ཚད་ནི་སྤྱི་རྒྱ 160.38ཡིན། བཤའ་ཚད 50.48%ཡིན།

(གསུམ)འབྲི་གཡག་སྤུ་རིང་མ།

འབྲི་གཡག་སྤུ་རིང་མ་ལ་སྤུ་ར་ཞེས་འབོད་ཀྱིན་ཡོད། ཞིང་ཆེན་ཡོངས་ལ་

གཡག་སྤུ་རིང་མ།

ཁྱབ་ཅིང་མཚོ་སྔོན་པོའི་མཐའ་སྐོར་གྱི་འབྲོག་ཁུལ་དུ་ཙུང་མང་། སྤྱིར་བཏང་གི་འབྲི་གཡག་ཁྱུ་ཚོགས་ཁྲོད་དུ 5%~10%ཟིན་ལ། མང་ས་ནས 30% ~40% ཟིན། ཐོན་སྐྱེད་ཀྱི་འཕེལ་རྒྱས་དང་བསྟུན་ནས་སྤུ་རའི་གྲངས་ཀ་རིམ་བཞིན་ཇེ་ཉུང་དུ་འགྲོ་བཞིན་ཡོད།

འབྲི་གཡག་སྤུ་རིང་མའི་དཔྱལ་གཞུང་གི་ཆེ་ཆུང་དང་། ལུས་གཟུགས་དང་བྲང་ཞེང་སོགས་ནི་བཤའ་གླང་དང་འདྲ་མཚུངས་སུ་སྣང་ལ། དཔྱི་མིག་སོགས་ཕྱིའི་ལུས་གཟུགས་ནི་ཤ་རྒྱས་ནོར་དང་འདྲ། ལུས་ཡོངས་ཀྱི་རྩིད་པ་མཐུག་ཅིང་རིང་། སྤྱི་གཙུག་གི་སྤུས་ངོ་གདོང་ཡོངས་ཁེབས་ཡོད། སྐེ་ཚོགས་སྙིང་གི་རྩིད་པ་ནི་ལྷག་ཏུ་མཐུག་པར་མ་ཟད་རིང་བར་མངོན་ལ། སུག་ལག་བཞིའི་སྙིང་གི་སྤུ་ཡང་མཐུག སྤྱི་གཙུག་གི་སྤུས་སྨུག་ཕྱིའི་འོད་ཟེར་དང་ཁ་བའི་འོད་མིག་ལ་འཕྲོས་ཏེ་མིག་ནད་འབྱུང་བར་སྔོན་འགོག་བྱེད་ཐུབ། མང་ཆེ་བར་རྭ་ཅོ་མེད་པ་དང་མགོ་ཏུས་འབུར་དུ་ཐོན་མེད།

གཟུགས་སྟོབས། གཡག་དར་མའི་ཚ་སྙོམས་ཀྱི་ཆེ་ཆུང་ནི་ལིས་སྨིད 117.7 དང་འབྲི་དར་མའི་ཚ་སྙོམས་ཀྱི་ཆེ་ཆུང་ནི་ལིས་སྨིད 100.6ཡིན། ལྗིད་ཚད། གཡག་དར་མའི་ཚ་སྙོམས་ལྗིད་ཚད་ནི་སྤྱི་རྒྱ 342.1དང་འབྲི་དར་མའི་ཚ་སྙོམས་ལྗིད་ཚད་ནི་སྤྱི་རྒྱ 227.5ཡིན། བཤའ་ཚད 52.97%ཡིན།

(བཞི) ཐེམ་ཆེན་འབྲི་གཡག

ཐེམ་ཆེན་འབྲི་གཡག་གི་ཐོན་ཁུལ་གཙོ་བོ་ནི་ཐེམ་ཆེན་རྫོང་གི་ལུང་དམར་

ཞིང་དང་སུ་རུ་ཞིང་། འབྲུག་ཁྱུང་ཞིང་། མེ་རི་ཞིང་། གཡག་ཁྱིངས་ཞིང་སོགས་ཞིང་སྐོར་5ཡིན།

ལུས་གཟུགས་ཆེ། མགོ་ཆེ་ཞིང་རྭ་སྦོམ། ཟེ་རྫོག་མཐོ་ཞིང་རིང་ལ་ཞིང་ཆེ་བ། ལག་གཉིས་ཐུང་ལ་དྲང་མོ་ཡིན་པ། རྐང་གཉིས་ཀྱི་དབྱིབས་སུ་གྲུབ་པ། རྒྱབ་དང་མཆུ་ཧྲོའི་ཉེ་འཁོར་ན་སྤུ་དཀར་པོ་ཡོད་པ་ལས་ལུས་ཡོངས་ཀྱི་སྤུ་ནག་པོ་ཡིན། བྲང་འདབས་ནས་རྩེད་པ་མང་ཞིང་མཐུག་ལ། རྔ་མ་ཐུང་བ་དང་རྔ་སྤུ་རིང་། གཡག་གི་མགོ་ཆེ་ཞིང་ལྷེ་ལ། གྲུ་བཞི་ནར་མོའི་དབྱིབས་སུ་གྲུབ་པ་དང་སྣེ་མཇིང་ཐུང་ཞིང་སྦོམ། ལྷིག་རིལ་ཙུང་ཆུང་ལ་གྲོད་ཁོག་དང་ཉེ་ཡང་མར་འཕྱང་མེད།

ཐེམ་ཆེན་གྱི་གཡག

འབྲི་མོའི་མགོ་ཆེ་ཞིང་དཔྲལ་གཞུང་གི་ཞིང་ཆེ་བ། མིག་གཉིས་ཆེ་ལ་ཟླུམ་ཞིང་གོར་བ། སྣེ་རིང་ཞིང་སྲབ་པ། ནུ་མ་ཆུང་ཞིང་ནུ་མགོ་ཐུང་བ་སོགས་ཀྱི་ཁྱད་ཆོས་ཡོད།

གཟུགས་སྐྱོབས། གཡག་དར་མའི་ཚ་སྙོམས་ཀྱི་ཆེ་ཆུང་ནི་ལིས་སྨིད་129.3དང་འབྲི་དར་མའི་ཚ་སྙོམས་ཀྱི་ཆེ་ཆུང་ནི་ལིས་སྨིད་110.2ཡིན། ལྗིད་ཚད། གཡག་དར་མའི་ཚ་སྙོམས་ལྗིད་ཚད་ནི་སྤྱི་རྒྱ་405.52དང་འབྲི་དར་མའི་ཚ་སྙོམས་ལྗིད་ཚད་ནི་སྤྱི་རྒྱ་261.24ཡིན། བཤའ་ཚད་53.95%ཡིན།

(ལྔ)མདོ་ལའི་འབྲི་གཡག

མདོ་ལའི་འབྲི་གཡག་གི་ཐོན་ཁུལ་གཙོ་བོ་ནི་མདོ་ལ་རྫོང་གི་འབྲོང་ལུང

ཞང་དང་གཡང་ལུང་ཞང་ཡིན། ཁྲབ་ཡུལ་གཙོ་བོ་ནི་མདོ་ལ་རྫོང་གི་མཁར་དམར་དང་ཐོ་ལི། ཨ་རིག འབྲོང་ལུང་། གཡང་ལུང་སོགས་སྦུགས་ལས་ཞང་སྒོང 6ཡིན།

གཟུགས་གཞི་བརྟན་ལ་ལུས་གཟུགས་སྒོམ་པ། གཞོགས་ལྷ་ཆེད་དུས་ལུས་གཟུགས་རིང་བ། ཕོག་སྟོད་འཚར་སྐྱེ་ལེགས་ཤིང་ཕོག་སྨད་ཐུང་ཞན་པ་ཡིན། མགོ་བོ་ཆེ་ཞིང་རིང་བ། (གཡག་གི་མགོ་བོ་ཆུང་ཞིང་ཐུང་བ) དཔྲལ་བ་ཆུང་ཡང་ཞིང་ཆེ་ལ་ཁྲིའུ་གཟུགས་སུ་གྲུབ་པ། མིག་གཉིས་ཆེ་ཞིང་ཕྱིར་འབུར་ཡོད་པ། མང་ཆེ་བར་རྭ་ཡོད་པ་དང་རྭ་ཙོ་ཕྲ་ཞིང་ཐུང་བ། རྭ་མགོ་ཕྱི་ཕྱོགས་སམ་མདུན་ཕྱོགས། ཡང་ན་རྭ་ཁ་ཡར་རམ་མར་ལ་འཁོར་ནས་གོར་མོ་ཨ་ལོང་གི་དབྱིབས་སུ་གྲུབ། རྣ་གཉིས་ཆུང་ལ་རྣ་

མདོ་ལའི་གཡག

བའི་ནང་དུ་ཁུ་ལུ་མང་དུ་སྐྱེ་བ། ཟེ་རྗོག་མཐོ་ཞིང་རིང་ལ་ཞིང་ཆེ་བ། ལག་གཉིས་ཐུང་ལ་དྲང་མོ་ཡིན་པ། རྐང་གཉིས་ཀྱི་དབྱིབས་སུ་གྲུབ་པ། ཉུང་ཤས་ཀྱི་མཆུ་ཏོའི་ཉེ་འཁོར་ན་སྤུ་དཀར་པོ་ཡོད་པ་ལས་ལུས་ཡོངས་ཀྱི་སྤུ་ནག་པོ་ཡིན། བྲང་འདབས་ནས་རྩིད་པ་མང་ཞིང་མཐུག་ལ། རྔ་མ་ཐུང་བ་དང་རྔ་སྤུ་རིང་། གཡག་གི་ཧྲིག་རིལ་ཐུང་ཆུང་ལ་སྒྲོད་ཕོག་དང་ཉེ་ཡང་མར་འཕྱང་མེད། འབྲི་མོའི་ནུ་མ་ཆུང་ཞིང་ནུ་མགོ་ཐུང་བ་སོགས་ཀྱི་ཁྱད་ཆོས་ཡོད།

གཟུགས་སྟོབས། གཡག་དར་མའི་ཆ་སྒོམས་ཀྱི་ཆེ་ཆུང་ནི་ལིས་སྨིད 134 དང་འབྲི་དར་མའི་ཆ་སྒོམས་ཀྱི་ཆེ་ཆུང་ནི་ལིས་སྨིད 124.6ཡིན། སྙིད་ཚད།

གཡག་དར་མའི་ཆ་སྙོམས་ལྗིད་ཚད་ནི་སྤྱི་རྒྱ 317.43དང་འབྲི་དར་མའི་ཆ་སྙོམས་ལྗིད་ཚད་ནི་སྤྱི་རྒྱ 180.63ཡིན། བཤའ་ཚད 43.18%~45.07%ཡིན།

(དྲུག)ཉ་རྡོ་འབྲི་གཡག

ཉ་རྡོ་འབྲི་གཡག་གི་ཐོན་ཁུལ་གཙོ་བོ་ནི་སོག་རྫོང་གི་གསེར་ལུང་ཞང་གི་ཁོངས་ཡིན།

གཟུགས་གཞི་བརྟན་ལ་ལུས་གཟུགས་སྙོམ་པ། གཞོགས་ལྟ་བྱེད་དུས་ལུས་གཟུགས་རིང་བ། ཁོག་སྟོད་འཚར་སྐྱེ་ལེགས་ཤིང་ཁོག་སྨད་ཙུང་ཞན་པ་ཡིན། མགོ་བོ་ཆེ་ཞིང་རིང་བ། (གཡག་གི་མགོ་བོ་ཆུང་ཞིང་ཐུང་བ) དཔྲལ་བ་ཆུང་ཡང་ཞིང་ཆེ་ལ་ཁྲུའུ་གཟུགས་སུ་གྲུབ་པ། མིག་གཉིས་ཆེ་ལ་ཕྱིར་འབུར་ཡོད་པ། མང་ཆེ་བར་རྭ་ཡོད་པ་དང་རྭ་རྩེ་ཕྲ་ཞིང་ཐུང་བ། རྭ་མགོ་ཕྱི་ཕྱོགས་སམ་མདུན་ཕྱོགས། ཡང་ན་རྭ་ཁ་ཡར་རམ་མར་ལ་འཁོར་ནས་གོར་མོ་ཨ་ལོང་གི་དབྱིབས་སུ་གྲུབ། རྣ་གཉིས་ཆུང་ལ་རྣ་བའི་ནང་དུ་ཁུ་ལུ་མང་དུ་སྐྱེ་བ། ཟེ་རྡོག་མཐོ་ཞིང་རིང་ལ་ཞིང་ཆེ་བ། ལག་གཉིས་ཐུང་ལ་དྲང་མོ་ཡིན་པ། རྐང་གཉིས་ཀྱི་དབྱིབས་སུ་གྲུབ་པ། ཉུང་ཤས་ཀྱི་མཆུ་ཏོའི་ཉེ་འཁོར་ན་སྤུ་དཀར་པོ་ཡོད་པ་ལས་ལུས་ཡོངས་ཀྱི་སྤུ་ནག་པོ་ཡིན། བྲང་འདབས་ནས་རྩིད་པ་མང་ཞིང་མཐུག་ལ། རྔ་མ་ཐུང་བ་དང་རྔ་སྤུ་རིང་། གཡག་གི་རླིག་རིལ་ཙུང་ཆུང་ལ་གྲོད་ཁོག་དང་ཉེ་ཡང་མར་འཕྱང་མེད། འབྲི་མོའི་ནུ་མ་ཆུང་ཞིང་ནུ་མགོ་ཐུང་བ་སོགས་ཀྱི་ཁྱད་ཆོས་ཡོད།

ཉ་རྡོའི་གཡག

གཟུགས་སྟོབས། གཡག་དར་མའི་ཆ་སྙོམས་ཀྱི་ཆེ་ཆུང་ནི་ལིས་སྨིད 149.7 དང་འབྲི་དར་མའི་ཆ་སྙོམས་ཀྱི་ཆེ་ཆུང་ནི་ལིས་སྨིད 113.6ཡིན། ལྗིད་ཚད། གཡག་དར་མའི་ཆ་སྙོམས་ལྗིད་ཚད་ནི་སྤྱི་རྒྱ 212.8དང་འབྲི་དར་མའི་ཆ་སྙོམས་ལྗིད་ཚད་ནི་སྤྱི་རྒྱ 190.28ཡིན། བཤའ་ཚད 43.79%~45.99%ཡིན།

(བདུན) གཅིག་སྒྲིལ་འབྲི་གཡག

གཅིག་སྒྲིལ་འབྲི་གཡག་གི་ཐོན་ཁུལ་ནི་གཙོ་བོ་གཅིག་སྒྲིལ་རྫོང་གི་ཞང་ལྷ་དང་གྲོང་རྡལ་གཅིག་ལ་ཁྱབ་ཡོད།

ལུས་གཟུགས་ཆེ། མགོ་ཆེ་ཞིང་ར་སྦོམ། ཟེ་རྡོག་མཐོ་ཞིང་རིང་ལ་ཞེང་ཆེ་བ། ལག་གཉིས་ཐུང་ལ་དྲང་མོ་ཡིན་པ། རྐང་གཉིས་ཀྱི་དབྱིབས་སུ་གྲུབ་པ། རྒྱབ་དང་མཚུ་ཧྲོའི་ཉེ་འཁོར་ན་སྤུ་དཀར་པོ་ཡོད་པ་ལས་ལུས་ཡོངས་ཀྱི་སྤུ་ནག་པོ་ཡིན། བྲང་འདབས་ནས་རྩིད་པ་མང་ཞིང་མཐུག་ལ། རྔ་མ་ཐུང་བ་དང་རྔ་སྤུ་རིང་། གཡག་གི་མགོ་ཆེ་ཞིང་ལྷེ་ལ། གྲུ་བཞི་ནར་མོའི་དབྱིབས་སུ་གྲུབ་པ་དང་སྣ་མཛིང་ཐུང་ཞིང་སྦོམ། ཀླིག་རིལ་རྩུང་ཆུང་ལ་གྲོད་ཁོག་དང་ཉེ་ཡང་མར་འཕྱང་མེད། འབྲི་མོའི་མགོ་རིང་ལ། མིག་གཉིས་ཆེ་ལ་ཟླུམ་ཞིང་གོར་བ། དཔྲལ་ཞེང་ཆེ་བ། མང་པོར་ར་ཅོ་ཡོད་པ། སྣ་རིང་ཞིང་སྲབ་པ། ནུ་མ་ཆུང་ཞིང་ནུ་མགོ་ཐུང་བ་སོགས་ཀྱི་ཁྱད་ཆོས་ཡོད།

གཅིག་སྒྲིལ་གྱི་གཡག

གཟུགས་སྟོབས། གཡག་དར་མའི་ཆ་སྙོམས་ཀྱི་ཆེ་ཆུང་ནི་ལིས་སྨིད 126.95དང་འབྲི་དར་མའི་ཆ་སྙོམས་ཀྱི་ཆེ་ཆུང་ནི་ལིས་སྨིད 112ཡིན། ལྗིད་ཚད། གཡག་དར་མའི་ཆ་སྙོམས་ལྗིད་

ཚད་ནི་སྤྱི་ཀྲ་309.8དང་འབྲི་དར་མའི་ཚ་སྙོམས་ལྗིད་ཚད་ནི་སྤྱི་ཀྲ་195.2ཡིན། བཤའ་ཚད་49.5%~53.5%ཡིན། རྒྱུན་དུ་བེའུ་བཙས་པའི་འབྲི་མོའི་ཉིན་གཅིག་གི་ཚ་སྙོམས་འོ་མའི་ཐོན་ཚད་ནི་སྤྱི་ཀྲ་1.5དང་ལོ་གཅིག་གི་ཚ་སྙོམས་འོ་མའི་ཐོན་ཚད་ནི་སྤྱི་ཀྲ་150~230ཡིན།

(བརྒྱད)གངས་ལུང་འབྲི་གཡག

གངས་ལུང་འབྲི་གཡག་གི་ཁྱབ་ཡུལ་གཙོ་བོ་ནི་མགོ་ལོག་ཁུལ་དགའ་བདེ་རྫོང་གི་གངས་ལུང་ས་ཁུལ་ཡིན།

ལུས་གཟུགས་ཆེ། མགོ་ཆེ་ཞིང་ར་སྦོམ། ཟེ་རྫོག་མཐོ་ཞིང་རིང་ལ་ཞེང་ཆེ་བ། ལག་གཉིས་ཐུང་ལ་དྲང་མོ་ཡིན་པ། རྐང་གཉིས་ཀྱི་དབྱིབས་སུ་གྲུབ་པ། རྒྱབ་དང་མཆུ་ཧྲོའི་ཉེ་འཁོར་ན་སྤུ་དཀར་པོ་ཡོད་པ་ལས་ལུས་ཡོངས་ཀྱི་སྤུ་ནག་པོ་ཡིན། བྲང་འདབས་ནས་ཅིད་པ་མང་ཞིང་མཐུག་ལ། རྔ་མ་ཐུང་བ་དང་རྔ་སྤུ་རིང་། གཡག་གི་མགོ་ཆེ་ཞིང་ལྐེ་ལ། གྲུ་བཞི་ནར་མོའི་དབྱིབས་སུ་གྲུབ་པ་དང་སྐེ་མཇིང་ཐུང་ཞིང་སྦོམ། ཀླིག་རིལ་ཅུང་ཆུང་ལ་གྲོད་ཁོག་དང་ཉེ་ཡང་མར་འཕྱང་མེད། འབྲི་མོའི་མགོ་རིང་ལ། མིག་གཉིས་ཆེ་ལ་ཟླུམ་ཞིང་གོར་བ། དཔྲལ་ཞེང་ཆེ་བ། མང་པོར་ར་ཅོ་ཡོད་པ། སྐེ་རིང་ཞིང་སྲབ་པ། ནུ་མ་ཆུང་ཞིང་ནུ་མགོ་ཐུང་བ་སོགས་ཀྱི་ཁྱད་ཆོས་ཡོད།

གཟུགས་སྟོབས། གཡག་དར་མའི་ཚ་སྙོམས་ཀྱི་ཆེ་ཆུང་ནི་ལིས་སྨིད་124དང་འབྲི་དར་མའི་ཚ་སྙོམས་ཀྱི་ཆེ་ཆུང་ནི་ལིས་སྨིད་109ཡིན། ལྗིད་ཚད། གཡག་དར་མའི་ཚ་སྙོམས་ལྗིད་ཚད་ནི་སྤྱི་

གངས་ལུང་གི་གཡག

རྒྱ 373.6དང་འབྲི་དར་མའི་ཆ་སྙོམས་ལྗིད་ཚད་ནི་སྤྱི་རྒྱ 183.56ཡིན། བཤའ་ཚད 53%ཡིན།

ས་བཅད་གཉིས་པ། གསོ་སྐྱོང་རིགས་རྒྱུད། (རྟ་ཐང་འབྲི་གཡག)

རྟ་ཐང་གི་འབྲི་གཡག་ནི་འབྲོང་རྒྱུད་མིས་གསོ་སྐྱོང་བྱས་པའི་རིགས་རྒྱུད་ཅིག་ཡིན། ཕ་སྟོང་ནི་འབྲོང་དང་མ་སྟོང་ནི་རྟ་ཐང་རང་ས་གནས་ཀྱི་འབྲི་མོ་ཡིན། ཐོན་ཁུལ་གཙོ་བོ་ནི་མཚོ་སྔོན་ཞིང་ཆེན་གྱི་རྟ་ཐང་འབྲི་གཡག་རྒྱུད་སྤེལ་ར་བ་ཡིན། ཁྱབ་ཡུལ་གཙོ་བོ་ནི་མཚོ་བྱང་ཁུལ་དང་མཚོ་ནུབ་ཁུལ། མཚོ་ཤར་གྲོང་ཁྱེར། ཟི་ལིང་གྲོང་ཁྱེར་སོགས་རྟ་ཐང་འབྲི་གཡག་ཁྱབ་གདལ་ས་ཁུལ་ཡིན།

འབྲོང་གི་ཁྱད་ཆོས་ཤིན་ཏུ་མངོན་གསལ་ཡིན་ལ། ངོ་གདོང་ནས་སྨུ་མེད་པ་དང་མིག་གཉིས་ཆེ་ཞིང་གསལ་བ། མཆུ་ཧྲོ་སྐྱ་མདོག་ཏུ་མངོན་པ། རྭ་རྩ་སྦོམ་ལ་ངོས་ཞིང་ཆེ་བ། ཟེ་རྫོག་ཙུང་མཐོ་བ། སྣལ་གཞུང་ནས་ཁམ་མདོག་དང་སྐྱ་མདོག་གི་ཁྲ་ལུ་ཡོད་པ། གཟུགས་གཞི་བདེ་ལ་འཚར་ལོངས་བཟང་། ལུས་ཡོངས་ཀྱི་རྩིད་པའི་མདོག་ནི་ནག་པོ་ཡིན་ལ་དེའི་ནང་དུ་ཁམ་མདོག་འདྲེས་ཤིང་ཁྲ་ལུ་མཐུག སྣལ་གཞུང་དྲང་ལ་བྲང་གཞུང་ཆེ་བ། རྩིབ་རུས་གཞུ་དབྱིབས་སུ་གྲུབ་པ། གསུས་པ་ཆེ་ཡང་སར་མི

རྟ་ཐང་གི་གཡག

བསྣར་བ། མཆང་རུས་ཀྱི་ཞིང་ཆེ་བ། མཇུག་མ་སྒོམ་ཞིང་ཕྱང་ལ་ཕྱོགས་གཅིག་ཏུ་འདུས་པའམ་ཕྱུགས་མའི་དབྱིབས་དང་མཚུངས་པ། སྐྱེ་འཕེལ་དབང་པོ་དང་ཀླིག་རིལ་གྱི་འཚར་ལོངས་བཟང་བ། རྐང་ལག་རིང་ཞིང་བརྟན་ལ་ཐིག་པ་སྲ་མཁྲེགས་ཡིན་པར་མ་ཟད། མིག་དབྱིབས་ནི་གོར་ཞིང་ཆེ་བ་ཡིན།

གཟུགས་སྟོབས། གཡག་དར་མའི་ཆ་སྙོམས་ཀྱི་ཆེ་ཆུང་ནི་ལིས་སྨིད 121 དང་འབྲི་དར་མའི་ཆ་སྙོམས་ཀྱི་ཆེ་ཆུང་ནི་ལིས་སྨིད 106ཡིན། ལྗིད་ཚད། གཡག་དར་མའི་ཆ་སྙོམས་ལྗིད་ཚད་ནི་སྤྱི་རྒྱ 381དང་འབྲི་དར་མའི་ཆ་སྙོམས་ལྗིད་ཚད་ནི་སྤྱི་རྒྱ 230ཡིན། ལོ 2.5ཅན་གྱི་རྟ་ཐང་གཡག་མ་བཤས་གོང་གི་ལྗིད་ཚད་ནི་སྤྱི་རྒྱ 328.33ཡིན་ལ། ཤ་ཁོག་གི་ལྗིད་ཚད་ནི་སྤྱི་རྒྱ 159.67ཡིན། བཤའ་ཚད 48.63%ཡིན།

རྟ་ཐང་འབྲི་གཡག་གི་སྐྱུར་སྐྱེད་དབང་པོ་སྨིན་ཡུན་ཅུང་དལ་ལ་སྤྱིར་བཏང་དུ་ལོ་གསུམ་འགོར་རྗེས་ད་གཟོད་ཡོངས་སུ་སྨིན་པ་ཡིན། འབྲི་དྲུས་པའི་འཁོར་ཡུན་ནི་ཆ་སྙོམས་སུ་ཉིན 21.3ཡིན། དྲུས་ཡུན་སྲིང་ཚད་ཀྱི་ཆ་སྙོམས་དུས་ཚོད 41.6ཡིན། སྦྲུམ་མར་གནས་པའི་དུས་ཡུན་སྤྱིར་བཏང་དུ་ལོ་གཉིས་སམ་གསུམ་ལ་ཐེངས་གཅིག་ཡིན། བེད་སྤྱོད་དུས་ཡུན་ལོ 14ཡིན།

མཚོ་སྔོན་དང་ཀན་སུའུ། སི་ཁྲིན། བོད་ལྗོངས། ཞིན་ཅང་སོགས་ཞིང་ལྗོངས་ས་ཁུལ་དུ་ཁྱབ་གདལ་གཏོང་བཞིན་ཡོད། 2006ལོ་ནས་བཟུང་། མཚོ་སྔོན་ཞིང་ཆེན་གྱིས་རྒྱུད་ལེགས་ཁ་གསབ་བྱ་འགུལ་སྤེལ་ཏེ་ཞིང་ཆེན་ཡོངས་སུ་ཁྱབ་སྤེལ་བྱེད་བཞིན་ཡོད།

ལེའུ་གཉིས་པ། འབྲི་གཡག་གི་ལུས་ཁམས་དང་སྐྱེ་འཕེལ།

ས་བཅད་དང་པོ། འབྲི་གཡག་གི་ལུས་ཁམས་ཁྱད་ཆོས།

གཅིག འབྲི་གཡག་གི་རུས་པའི་གཤག་དཔྱད་ཀྱི་ཁྱད་ཆོས།

འབྲི་གཡག་གི་སྒལ་ཚིགས་ཀྱི་གྲངས་ཀ་དང་རྩིབ་རུས་ཀྱི་གྲངས་ཀ། བྲང་རུས། མཚང་རུས། ཡན་ལག་གི་རུས་པ་སོགས་གཞན་པའི་བ་གླང་དང་ཁྱད་པར་ཡོད།

(གཅིག)སྒལ་ཚིགས།

འབྲི་གཡག་ལ་སྒལ་རུས 47 ~48ཡོད། འབྲི་གཡག་གི་སྒལ་རུས་ནི་བ་གླང་ལས་གཅིག་གི་ཉུང་།

བྲང་ཚིགས། འབྲི་གཡག་ལ་བྲང་ཚིགས 14~15ཡོད། སྤྱིར་བཏང་གི་བ་གླང་ལ་བྲང་ཚིགས 13ལས་མེད་པས་འབྲི་གཡག་གི་བྲང་ཚིགས་ནི་བ་གླང་ལས 1~2ཀྱི་མང་བ་ཡིན། འབྲི་གཡག་གི་བྲང་ཕོག་འབུར་དུ་ཐོན་ཡོད་པ་དང་། ལྷག་པར་དུ་བྲང་ཚིགས 2~4བར་དེ་བས་ཀྱང་འབུར་དུ་ཐོན་ཡོད། གཡག་གི་སོག་པ་ནི་དེ་བས་ཀྱང་མཐོ་བའོ། །

སྐེད་ཚིགས། འབྲི་གཡག་ལ་སྐེད་ཚིགས 5དང་བ་གླང་ལ་སྐེད་ཚིགས 6ཡོད།

མཚང་རུས། འབྲི་གཡག་གི་མཚང་རར་མཚང་རུས 5དང་བ་གླང་གི······མཚང་རར་མཚང་རུས 6ཡོད། འབྲི་གཡག་གི་མཚང་རུས་ནི་ཐུང་ཞིང་ཞེང་ཆུང་བ་ཡིན།

མཇུག་རུས། འབྲི་གཡག་ལ་མཇུག་རུས 15དང་བ་གླང་མཇུག་རུས 17ཡོད། འབྲི་གཡག་གིས་མཇུག་མ་ཕར་གཡུག་ཚུར་གཡུག་བྱ་རྒྱུ་དེ་བ་གླང་ལས···མྱུར་ཞིང་བདེ་བ་ཡིན།

(གཉིས)རྩིབ་རུས།

འབྲི་གཡག་ལ་རྩིབ་རུས་ཆ 14 ~15ཡོད་ལ་སྤྱིར་བཏང་གི་བ་གླང་ལས་ཆ 1~2ཀྱིས་མང་བ་ཡིན། རྩིབ་རུས་ཀྱི་ཞེང་ནི་བ་གླང་གི་རྩིབ་རུས་ལས་ཆུང་བ·······དང་། ལྷག་པར་དུ་འབྲི་གཡག་དར་མའི་རྩིབ་རུས་དཀྱིལ་གཞུང་གི་ཞེང་ཚད···ལིས་སྨིད 2~4བར་ཡོད།

(གསུམ)བྲང་རུས།

བྲང་རུས་ནི་བ་གླང་དང་མ་ཧེ་ལྟར་ཡུག་གཅིག་ཏུ་སྦྲེལ་ཡོད་རུང་། འབྲི་གཡག་གི་བྲང་རུས་ནི་རུས་པ་སོབ་ལ་སྟོམས་ཤིང་རིང་རིང་བའི་ཁྱད་ཆོས་ཡོད།

(བཞི)ཡན་ལག་གི་རུས་པ།

འབྲི་གཡག་གི་སུག་ཏི་བཞི་པོའི་རུས་པ་ནི་བ་གླང་དང་མ་ཧེ་ལས་རིང་ཐུང་ཞིང་ཕྲ་བ་ཡིན།

(ལྔ)མཚང་རུས།

འབྲི་གཡག་གི་མཚང་ར་ནི་སྤྱིར་བཏང་གི་བ་གླང་དང་མ་ཧེ་ལས་ཆུང་ཞིང་ཕྲ་ལ་ཁོག་རྒྱ་ཡང་ཆུང་བ་ཡིན།

གཉིས། ཁ།

ཁ་ནི་འཇུ་བྱེད་མ་ལག་གི་ཟས་ལམ་དང་པོ་ཡིན། དེའི་ཁོངས་སུ་མཆུ་ཏོ་

དང་མིད་པ། འགྲམ་པ། ཁན། ལྐོ་སོགས་ཡོད།

འབྲི་གཡག་གི་མཆུ་ཧྲོ་ནི་བ་གླང་དང་བསྡུར་ན་ཆུང་བདེ་འཕྱུག་ལྡན་ལ་གས་སྲུབས་ཆུང་བ། སྣ་ལམ་འོག་མ་དང་སྣ་འོག་ཏུས་པའི་གོང་རོལ་ནས་སྣ་ཁུང་ཡོད། སྣ་འོག་ཏུས་པའི་ཞེང་གི་ཆེ་ཆུང་ལིས་སྨིད 1དང་སྣ་ཁུང་གཉིས་ཀའི་བར་ཐག་ལིས་སྨིད 4ཡིན་ལ་ཁ་དོག་ནག་པོ་ཡིན། སྣ་ཁུང་དཔྱད་ཤེལ་གྱི་ཡས་མཆུའི་གོང་དུ་ཤུར་མོ་ཞིག་ཡོད། ཡས་མཆུ་མཐུག་ལ་མ་མཆུ་སྲབ།

གསུམ། ཐོ་བ།

(གཅིག)འབྲི་གཡག་གི་ཐོ་འབུར་གྱི་གྲུབ་ཚུལ།

འབྲི་གཡག་གི་ཐོ་བ་ནི་ཐོ་བ་འབུར་ཅན་དང་ཐོ་བ་དྲ་བ་ཅན། ཐོ་བ་ལོ་འདབ་ཅན། ཐོ་བ་གཉེར་མ་ཅན་བཅས་ཁག་བཞི་ཏུ་དབྱེ་ཡོད།

(གཉིས)འབྲི་གཡག་གི་ཐོ་བའི་འཛུ་བྱེད་མ་ལག

འབྲི་གཡག་གི་ཐོ་བ་ནི་བ་གླང་གཞན་དག་དང་འདྲ་བར་ཕོག་པའི་གསུམ་ཆའི་གཉིས་ཐོ་བས་ཁེངས་པ་དང་། ཕོག་པའི་གཡོན་ངོས་སུ་མཆོར་བ་དང་རྒྱུ་ཆུང་གནས་ཡོད་པ་ཕུད། དེ་ཕྱིངས་ཚང་མ་ཐོ་བས་ཁེངས། འབྲི་གཡག་གི་ཐོ་བའི་འཛུ་སྐྱོབས་གཞན་པའི་བ་གླང་ལས་བཟང་ལ། གཟན་ཆག་ཟ་ཚད་མང་ཞིང་གཟན་ཆག་དཀྲུས་མ་ཡིན་ཡང་ཆོག

འབྲི་གཡག་གི་ཐོ་བ་དྲ་བ་ཅན་དང་ཐོ་བ་འདབ་ཅན་གྱི་འཚར་སྐྱེ་ནི་སྤྱི་བཏང་གི་བ་གླང་ལས་ཞན།

འབྲི་གཡག་གསོ་ཚགས་བྱེད་དུས། གཟན་རྩྭ་དང་ཉིན་གཟན་གྱི་རིགས་སྣ་མང་དགོས་ལ། ཚི་སྣ་རྒྱུབ་མ་མང་བའི་སྔོ་གཟན་མང་དུ་བསྲེས་དགོས། གཟན་ཆག་བརྗེ་སོར་བྱེད་དུས་གཟའ་འཁོར 1~2བར་གྱི་གོམས་ཆགས་དུས་ཚོད་ཡོད་དགོས།

བཞི། འབྲི་གཡག་གི་སྐྱུག་ལྡད།

འབྲི་གཡག་གིས་གཟན་ཆག་ཟ་དུས་དང་ཐོག་ལྷོད་དགོས་པ་དང་དེའི་འཕྲོར་ད་གཟོད་ཁྱུར་མིད་བྱེད་པ་ཡིན། གཟན་ཆག་རྣམས་ཕོ་འབུར་ནང་དུ་བསྙལ་བའམ་མཉེན་པོར་འགྱུར་བ་ཡིན། ངལ་གསོ་འམ་ཟས་མཚམས་བཞག་ནས་དུས་ཚོད་0.5~1འགོར་རྗེས་ཕོ་འབུར་ནང་གི་གཟན་ཆག་རྣམས་ཕྱིར་ཁ་ནང་དུ་བཏོན་ནས་སྐྱུག་ལྡད་བྱེད་པ་ཡིན། བེའུས་སྐྱུག་ལྡད་དུས་ཡུན་སྔ་ན་འཚར་ལོངས་ལ་ཕན་པ་ཆེན་པོ་ཡོད།

ས་བཅད་གཉིས་པ། འབྲི་གཡག་སྐྱེ་འཕེལ་གྱི་ཁྱད་ཆོས།

གཅིག སྦྱོར་སྡེབ་དང་ལུས་དབང་སྨིན་པ།

བེའུ་འཚར་ལོངས་གང་འཚམ་འབྱུང་སྐབས་སྐྱེ་འཕེལ་གྱི་དབང་པོ་རབ་ཏུ་རྒྱས་ཏེ་ཆགས་པ་ལ་འཇུག་པའི་རྣམ་པ་ཅི་རིགས་སྟོན་ཞིང་། དཔེར་ན་གཡག་ལ་མཚོན་ན་དེའི་སྐབས་སུ་ཁམས་དཀར་སྨིན་པ་དང་། འབྲི་མོར་མཚོན་ན་དེའི་སྐབས་སུ་དྲུས་ཆ་ལངས་ཏེ་ཁམས་དམར་བབས་ཏེ། ཕ་གཡག་དང་སྦྱོར་སྡེབ་ཀྱིས་བེའུ་སྐྱེ་འཕེལ་ཐུབ་ཀྱི་ཡོད་པ་དེ་ལ་སྦྱོར་སྡེབ་ཀྱི་དབང་པོ་སྨིན་པ་ཟེར།

འབྲི་གཡག་གི་རུས་པ་དང་ཤ་གནད། ནང་ཁྲོལ་གྱི་དབང་པོ་རྣམས་འཚར་ལོངས་བྱུང་དུས། འབྲི་གཡག་དར་མའི་གཟུགས་ཁམས་གྲུབ་པ་ཡིན་ལ། འདིར་འབྲི་གཡག་གི་ལུས་པོ་སྨིན་པའང་ཟེར། འབྲི་གཡག་གི་སྦྱོར་སྡེབ་དབང་པོ་སྨིན་ཡང་ཕ་སྦྱོར་བྱེད་ཡུན་ལོན་པའི་ངེས་པ་མེད།

གཉིས། གཡག་གི་སྐྱེ་འཕེལ་ཁྱད་ཆོས།

(གཅིག)སྦྱོར་སྡེབ་ཐོག་མའི་ལོ་ཚོད།

གཡག་ལོ་ཧྲིལ་པོ་གཉིས་ལ་སོན་སྐབས་ཁམས་དཀར་སླེབ་ཏེ་སྦྲོར་སྡེབ་ནུས་པ་ལྡན་པ་ཡིན། ཐོག་མར་སྦྲོར་སྡེབ་བྱེད་དུས་ལོ་3.5~4ཡིན་ན་རན་པ་ཡིན། སྤྱིར་བཏང་དུ་རང་བྱུང་འཁྲིག་སྦྲོར་བྱེད། གཡག་གི་སྦྲོར་སྡེབ་ལོ་ཚོད་ནི་ལོ་4~8བར་ཡིན་ལ་སྦྲོར་སྡེབ་དུས་ཡུན་ལོ་4~5ཡིན། ལོ་8འགོར་རྗེས་སྦྲོར་སྡེབ་ཀྱི་ནུས་པ་ཉམས་འགྲོ་བས་དུས་ཐོག་ཏུ་ཕྱིར་འབུད་བྱེད་དགོས།

(གཉིས)གཡག་གི་སྦྲོར་སྡེབ་བསྡུར་ཚད།

རང་བྱུང་སྦྲོར་སྡེབ་བྱས་པའི་གནས་ཚུལ་འོག་ཏུ། ཕ་སློམས་ཕ་གཡག་གཅིག་གི་སྦྲོར་སྡེབ་བྱེད་ཚད་ནི་1:25~30ཡིན།

གསུམ། འབྲི་མོའི་སྐྱེ་འཕེལ་ཁྱད་ཆོས།

(གཅིག)དྲུས་ཡུན་དང་སྦྲོར་སྡེབ་ཐོག་མའི་ལོ་ཚོད།

འབྲི་མོའི་དྲུས་རྩ་ཐོག་མ་ལངས་ཡུན་ནི་སྤྱིར་བཏང་དུ་ལོ་1.5~2.5བར་ཡིན། ལོ་3ཡིན་དུས་དྲུས་རྩ་ལངས་ཏེ་སྦྲོར་སྡེབ་དང་ལོ་4ཡིན་དུས་བེའུ་ཐོག་མ་བཙས་པའི་འབྲི་མོ་ཤིན་ཏུ་མང་། འབྲི་མོ་སྦྲོར་སྡེབ་ཐོག་མར་བྱེད་པའི་ལོ་ཚོད་ནི་ལོ་3~4བར་ཡིན་ན་བཟང་།

(གཉིས)དྲུས་རྩ་ལངས་པ།

དྲུས་རྩ་ལངས་པ་ནི་འབྲི་མོའི་སྐྱེ་འཕེལ་དབང་པོར་འཚར་སྐྱེ་ཐམས་ཅད་ཡོངས་སུ་འགྲུབ་པ་ན། སྐྱེ་ནུས་ཀྱི་མཚན་མའི་ཕྲ་ཕུང་སྟེ་ཁམས་དམར་ཐོན་པ་སོགས་ཀྱི་འཚར་སྐྱེ་ཤིན་ཏུ་མགྱོགས་ལ། མོ་གཤིས་སྐྱུལ་རྒྱུ་སོགས་སྐྱེ་འཕེལ་དབང་པོར་འགྱུར་ལྡོག་ཅི་རིགས་འབྱུང་བ་ཡིན། དྲུས་རྩ་ལངས་པར་དུས་ཚོད་ལྟར་དབྱེ་ན་ཐོག་མཐའ་བར་གསུམ་གྱི་ཁྱད་པར་ཡོད།

འབྲི་མོར་དྲུས་རྩ་ལངས་པའི་དུས་ཚིགས་ནི་མང་ཆེ་བ་ཟླ་7~11བར་ཡིན་ལ། ཟླ་7~9ནི་དྲུས་རྩ་ཤིན་ཏུ་རྒྱས་པའི་དུས་ཚིགས་ཡིན། རྒྱ་མཚོའི་ངོས་ལས་

མཐོ་ཚད་སྨིད་1400ཡོད་པའི་ས་གནས་སུ་འཚོ་སྐྱོང་བྱེད་པའི་འབྲི་མོའི་དྲུས་རྩ་ལངས་ཡུན་ནི་ཟླ་5ཡིན། རྒྱ་མཚོའི་ངོས་ཀྱི་མཐོ་ཚད་འཕེལ་བ་དང་བསྟུན་ནས་དྲུས་རྩ་ལངས་པའི་དུས་ཚིགས་ཀྱང་རྗེས་སུ་སྔོར་གྱིན་ཡོད།

འབྲི་མོའི་མཚན་མ་སྨིན་པའི་ལོ་ཚོད་སླེབས་པ་ན་བསམ་བསེའུ་རུ་དུས་འཁོར་རང་བཞིན་གྱི་ཁམས་དམར་བཞུར་བའི་སྣང་ཚུལ་བྱུང་བ་ལ་མཚན་མོའི་དུས་འཁོར་ཟེར་ཞིང་། གོམས་སྲོལ་ལྟར་ན་ཐོག་མར་དྲུས་པ་ནས་ཐེངས་རྗེས་མར་དྲུས་མགོ་བརྩམས་པའི་བར་བཅད་དུས་ཚོད་དེར་དྲུས་པའི་དུས་འཁོར་ཟེར། དྲུས་པའི་དུས་འཁོར་ནི་ཆོས་ཉིད་ལྡན་པ་ཞིག་ཡིན་པ་དང་། འབྲི་དྲུས་དུས་འཁོར་ཆ་སྙོམས་སུ་ཉིན་21ཡིན། སྤྱིར་བཏང་དུ་ཉིན་14~28བར་སྐབས་སུ་དྲུས་པ་ཙུང་མང་སྟེ་56.2%ཟིན།

བསྟུད་མར་དྲུས་རྩ་ལངས་པའི་དུས་སྐབས་ནི་ཐོག་མར་དྲུས་རྩ་ལངས་པ་ནས་མཚམས་བཞག་པའི་བར་བསྟུད་མར་དྲུས་པའི་དུས་ཡུན་ལ་གོ་བ་ཡིན། བསྟུད་མར་དྲུས་རྩ་ལངས་ཡུན་ནི་ཉིན་1~2བར་ཡིན། འབྲི་མོའི་དྲུས་རྒྱུན་སྐྱོང་ཡུན་ནི་དུས་ཚོད་16~56བར་ཡིན་ལ་ཆ་སྙོམས་དུས་ཡུན་དུས་ཚོད་32.2ཡིན། ན་སོ་ཆུང་བའི་འབྲི་མོའི་དྲུས་རྒྱུན་སྲིད་ཚད་ཙུང་ཐུང་ལ་ཆ་སྙོམས་དུས་སྐབས་ནི་དུས་ཚོད་23ཡིན། ན་སོ་དར་ལ་བབས་པའི་འབྲི་མོ་ཡིན་ན་ཆ་སྙོམས་དུས་ཚོད་36ཡིན། རྒྱུན་ལྡན་འབྲི་མོའི་དྲུས་རྒྱུན་སྲིད་ཚད་སྤྱིར་བཏང་དུ་ཆ་སྙོམས་སུ་དུས་ཚོད་28དང་། བེའུ་ཁྲིད་སྐྱོང་བའི་འབྲི་མོ་ཡིན་ན་ཆུ་ཚོད་12~118བར་རྒྱུན་སྲིད་བྱེད་ཐུབ་ཀྱི་ཡོད།

འབྲི་མོའི་ཁམས་དམར་འབབ་པའི་དུས་ཚོད་ནི་ཕལ་ཆེར་འབྲི་དྲུས་རྗེས་ཀྱི་ཆུ་ཚོད་12འགོར་བའི་རྗེས་སུ་ཡིན་པ་དང་། དེའི་ཚོད་འཛིན་དུས་ཡུན་ནི་ཆུ་ཚོད་5~36བར་ཡིན།

འབྲི་མོས་བེའུ་ཁྲིད་པ་ནས་དྲུས་ཐེངས་དང་པོའི་བར་ཉིན་གྲངས 100 ཡས་མས་ཀྱི་བར་ཐག་ཡོད་དགོས།

དྲུས་པའི་དུས་ཚུགས་ནང་འབྲི་མོ་མང་ཆེ་བ་ཐེངས་གཅིག་ལས་དྲུས་ཐུབ་ཀྱི་མེད། ཐེངས་གཅིག་དྲུས་པའི་འབྲིའི 73%ཟིན་པ་དང་། ཐེངས་གཉིས་ལ་དྲུས་པའི་འབྲིའི 21%ཟིན། ཐེངས་གསུམ་ལ་དྲུས་པའི་འབྲིའི 6%ཟིན།

(གསུམ)འབྲི་དྲུས་གསལ་འབྱེད།

འབྲི་མོར་དྲུས་རྒ་ལངས་པར་གསལ་འབྱེད་བྱེད་ཐབས་འགའ་ཡོད་དེ། ཕྱི་ངོས་ནས་གཟིགས་ཞིབ་བྱེད་ཐབས་དང་། ཚོད་བགམ་བྱེད་ཐབས། མངལ་ལམ་བརྟག་དཔྱད་བྱེད་ཐབས་བཅས་སོ། །

(བཞི)སྐྱེ་འཕེལ་དུས་ཚིགས།

འབྲི་གཡག་སྐྱེ་འཕེལ་ལ་དུས་ཚིགས་རང་བཞིན་མངོན་གསལ་དོད་པོ་ཡོད་པས། འབྲི་དྲུས་ཏེ་སྦྱོར་སྦེབ་བྱེད་པའི་དུས་ཚོད་ནི་ཕྱི་ཟླ 7 ~9གསུམ་གྱི་ནང་ཡིན། ཟླ 6པའི་སྔོན་དང་ཟླ 10པའི་རྗེས་སུ་དྲུས་ལངས་པ་ཉུང་ཤུང་། བེའུ་མང་ཆེ་བ་ཕྱི་ཟླ 4~6བཅས་ཟླ་བ་གསུམ་གྱི་ནང་དུ་འཁྲིད་ཀྱིན་ཡོད།

(ལྔ)སྦྲུམ་མར་གནས་པ་དང་མངལ་གྲོལ་བ།

1.འབྲི་མོར་བེའུ་འཁོར་ཏེ་སྦྲུམ་མར་གནས་པའི་དུས་ཡུན། ཆ་སྙོམས་ལྟར་ན་ཉིན 256.8ཡིན།(ཉིན 250~260) བེའུ་ཕོ་ཡིན་ན་ཉིན 260དང་བེའུ་མོ་ཡིན་ན་ཉིན 250ཡིན། རིགས་འདྲེས་ཕྲུགས་རིགས་མཛོ་སོགས་འཁོར་ཚེ་སྦྲུམ་མར་གནས་པའི་དུས་ཡུན་ཉུང་རིང་ལ། སྤྱིར་བཏང་དུ་ཉིན 170~280བར་ཡིན།

2.མངལ་སྦྲུམ། འདི་ནི་མངལ་ཆགས་པ་ནས་བེའུ་བཙས་པའི་བར་མཚམས་ཀྱི་དུས་སྐབས་ཡིན། མངལ་སྦྲུམ་ནད་དཔྱད་ལ་གཞང་དཀར་ནག་བརྟག་དཔྱད་བྱེད་ཐབས་དང་སྐྱུལ་རྒྱུ་བརྟག་དཔྱད་བྱེད་ཐབས། མངལ་ལམ་

བརྟག་དཔྱད་བྱེད་ཐབས། སྒྲ་འདས་བརྟག་དཔྱད་བྱེད་ཐབས་སོགས་ཡོད།

3.མངལ་གྲོལ་བ། འབྲི་མོའི་མངལ་གྲོལ་སྟངས་མང་ཆེ་བ་ནི་རང་བྱུང་གིས་གྲོལ་བ་ཡིན། བཙས་གཡོག་བྱེད་དགོས་དུས་བེའུ་བཙས་བླང་བྱ་ལྟར་ལག་ཏུ་བསྟར་དགོས། བེའུ་བཙས་ཟིན་པའི་འབྲི་མོའི་གསོ་ཚགས་དོ་དམ་ལ་ཤུགས་བསྣན་ཏེ་སྐྱེ་འཕེལ་དབང་པོ་སླར་གསོ་ཡོང་བར་བྱེད་དགོས།

བེའུ་བཙས་རྗེས་འབྲི་མོས་མཛོ་ཆུང་ལུས་སྟེང་གི་འབྱར་སྙི་ལྡེག་པར་བྱེད་པ་དང་། སྐར་མ 10~15འགོར་རྗེས་མཛོ་ཆུང་ཡར་ལངས་ནས་ཨ་མའི་ནུ་མ་བཙལ་ཐུབ།

ས་བཅད་གསུམ་པ། འབྲི་གཡག་སྐྱེ་འཕེལ་ལག་རྩལ།

འབྲི་མོའི་སྐྱེ་འཕེལ་ལག་རྩལ་ལ་དབྱེ་ན་འཁྱགས་གཏོང་ཁམས་དཀར་དང་དུས་མཉམ་དྲུས་ལངས། ཚོད་བརྒྱལ་ཁམས་དམར་འདོན་པ། སྦྲུམ་རྟེན་སྦྱོས་འཛུགས། ལུས་ཕྱིར་ཁུ་བ་ལེན་པ་བཅས་ཡོད།

གཅིག འཁྱགས་གཏོང་ཁམས་དཀར།

འཁྱགས་གཏོང་ཁམས་དཀར་ནི་ཕ་གཡག་གི་ཁུ་བ་དུས་ཡུན་རིང་པོར་ཉར་བྱེད་ཀྱི་ཐབས་ལམ་ཞིག་ཡིན་ལ། འདི་ནི་ཁུ་བ་དྲོད་ཚད་ཧ་ཅང་དམའ་བའི་ཁོར་ཡུག་ནང་དུ་བཞག་ནས་ཁུ་བ་འཁྱགས་རོམ་གྱི་དབྱིབས་སུ་གྲུབ་པར་བྱས་པ་དང་། ཁུ་བའི་ཁམས་དཀར་ལེན་པའི་ནུས་པ་རྒྱུན་འཁྱོངས་བྱས་ཏེ་དྲོད་ཚད་གཞན་པའི་གནས་ཚུལ་འོག་ཉར་ཚགས་བྱས་པའི་ཁུ་བར་དབྱེ་བ་འབྱེད་པ་ཡིན།

མཚོ་སྔོན་ཞིང་ཆེན་གྱི་ཆ་རྐྱེན་ཚང་བའི་ས་གནས་སུ་འབྲི་མོའི་འཁྱགས་གཏོང་ཁམས་དཀར་དང་མིའི་ཐབས་ཀྱི་ཐིག་ལེ་ལྷུག་པའི་བྱེད་ཐབས་སྤྱོད་ཀྱིན་ཡོད།

གཉིས། དུས་མཉམ་དྲུས་ལངས།

དུས་མཉམ་དྲུས་ལངས་ནི་སྐྱུལ་རྒྱུ་དང་སྐྱུལ་རྒྱུར་ཆ་འདྲ་བའི་སྨན་རྫས་སྤྱད་དེ་འབྲི་མོ་རྣམས་གཅིག་གྱུར་གྱི་དུས་ཚོད་ནང་དུ་མཉམ་གཅིག་ཏུ་དྲུས་རྩ་ལངས་པ་དང་ཁམས་དམར་བཏོན་ཏེ་མཉམ་དུ་སྦྱོར་སྐྱེབ་དང་མཉམ་དུ་མངལ་ཆགས་པའི་དམིགས་འབེན་འགྲུབ་པར་བྱེད་པ་ཡིན།

གསུམ། ཚོད་བརྒྱལ་ཁམས་དམར་བཏོན་པ།

ཆགས་པ་སློང་བ་དང་སྐྱེ་འཕེལ་གཉེར་རྫེན་སྤྱད་དེ་འབྲི་མོའི་ཁམས་དམར་འབྱུང་གནས་ཀྱི་ཁམས་དམར་ཕྱིར་བཏོན་པའི་ཁར། ཁམས་དཀར་ལེན་པའི་ནུས་པ་ལྡན་པའི་ཁམས་དམར་ཕྱིར་འདོན་པའི་བྱེད་ཐབས་ཤིག་ཡིན།

བཞི། སྦྲུམ་རྟེན་སྤོས་འཛུགས།

སྦྲུམ་རྟེན་སྤོས་འཛུགས་ནི་རྒྱུད་ལེགས་འབྲི་མོ་གང་ཞིག་གི་ཁམས་དམར་འདྲེན་སྦྱབས་སམ་བུ་སྣོད་ནང་ནས་སྔ་དུས་ཀྱི་སྦྲུམ་རྟེན་ཕྱིར་བཏོན་རྗེས། ལུས་ཁམས་ཀྱི་གནས་ཚུལ་ཆ་འདྲ་བའི་འབྲི་མོ་གཞན་ཞིག་གི་ཁམས་དམར་འདྲེན་སྦྱབས་སམ་བུ་སྣོད་ནང་དུ་སྤོས་འཛུགས་བྱས་ཏེ་བེའུ་སྤྲུས་ལེགས་ཅན་བཙས་པར་བྱེད་པ་ལ་གོ

ལྔ། ལུས་ཕྱིར་ཁམས་དཀར་ལེན་པ།

ལུས་ཕྱིར་ཁྲུ་བ་ལེན་པ་ནི་འབྲི་གཡག་གི་ཁྲུ་བ་དང་ཁམས་དམར་གཉིས་འབྲི་མོའི་ལུས་ཁམས་ཀྱི་ཕྱི་རོལ་ནས་མིའི་ལག་རྩལ་དང་ཚོད་འཛིན་ལ་བརྟེན་ནས་ཁམས་དཀར་ལེན་པའི་བརྒྱུད་རིམ་ལེགས་སྒྲུབ་བྱེད་པའི་ལག་རྩལ་ཞིག་ཡིན། ལུས་ཕྱིར་ཁམས་དཀར་ལེན་པའི་གཞི་རྩའི་བེད་སྤྱོད་བརྒྱུད་རིམ་ཁྲོད་དུ་ཁམས་དམར་ཕྲ་ཕུང་འཚོལ་སྡུད་དང་ཁམས་དམར་ཕྲ་ཕུང་གི་ལུས་ཕྱིའི་འཚར་ལོངས་གསོ་སྐྱོང་། ཁྲུ་བ་ལེན་སྟངས་དང་ཐག་གཅོད། ཁམས་དམར་ཕྲ་ཕུང་གི་ལུས

ཕྱིའི་ཁམས་དཀར་ལེན་སྣང་ས། སྔ་དུས་ཀྱི་སྨུམ་རྗེན་གསོ་སྐྱོང་། སྨུམ་རྗེན་སྤྲོས་འཛུགས་སོགས་འདུས།

ས་བཅད་བཞི་པ། འབྲི་གཡག་གི་སྐྱེ་འཕེལ་ནུས་པ་མཐོར་འདེགས་གཏོང་ཐབས།

སྐྱེ་འཕེལ་ཚད་གྲངས་ཀྱིས་འབྲི་གཡག་གི་ཐོན་སྐྱེད་འཚོ་བའི་ཆེས་གལ་ཆེ་བའི་དམིགས་ཚད་མཚོན་བཞིན་ཡོད་པས། མུ་མཐུད་དུ་སྐྱེ་འཕེལ་ཚད་གྲངས་ཇེ་མཐོར་གཏོང་རྒྱུ་ནི་འབྲི་གཡག་ཐོན་སྐྱེད་འཕེལ་རྒྱས་སུ་གཏོང་བའི་བྱེད་ཐབས་གཙོ་བོ་ཡིན།

གཅིག སྐྱེ་འཕེལ་ནུས་པའི་གོ་དོན།

སྐྱེ་འཕེལ་ནུས་པ་ནི་འབྲི་མོའི་རྒྱུན་ལྡན་སྐྱེ་འཕེལ་ནུས་རྩལ་དང་ཚ་རྒྱུད་སྲིལ་བའི་ནུས་པར་གོ་བ་དང་། དེ་ནི་འབྲི་མོའི་ཐོན་སྐྱེད་ནུས་པར་དཔྱད་བསྡུར་གཏན་འབེབས་བྱེད་པའི་དམིགས་ཚད་གཙོ་བོ་ཞིག་ཡིན། འབྲི་མོའི་སྐྱེ་འཕེལ་ནུས་པའི་མཐོ་དམན་ལ་རྒྱུ་རྐྱེན་དུ་མས་གནོད་སྐྱོན་བཟོ་བའམ་ཚོད་འཛིན་བྱེད་པ་ཡིན། གཡག་གི་སྐྱེ་འཕེལ་ནུས་པ་བཟང་མིན་ནི་སྦྱོར་སྡེབ་ཀྱི་དབང་པོ་སྨིན་པའི་སྔ་ཕྱི་དང་། འདོད་ཆགས་ཆེ་ཆུང་། སྦྱོར་སྡེབ་ནུས་པ། ཁུ་བའི་སྤུས་ཀ་དང་མང་ཉུང་སོགས་ཀྱིས་འབྱེད་པ་ཡིན་ལ། འབྲི་མོའི་སྐྱེ་འཕེལ་བཟང་མིན་ནི་སྦྱོར་སྡེབ་དབང་པོ་སྨིན་པའི་སྔ་ཕྱི། དུས་ཚད་ཀྱི་སྤུས་ཀ་དང་གྲངས་ཚད། ཁམས་དཀར་འདོན་ཚད། མངལ་དུ་ཆགས་མིན། སྨུམ་རྗེན་གསོ་སྐྱོང་། འོ་ཐོན་དང་འོ་སྣུན་སོགས་ཀྱི་སྟེང་དུ་འབྱེད་པ་ཡིན།

གཉིས། སྐྱེ་འཕེལ་ནུས་པར་གནོད་པའི་རྒྱུ་རྐྱེན།

འབྲི་གཡག་གི་སྐྱེ་འཕེལ་ནུས་པར་གནོད་པ་ཆེ་བའི་རྒྱུ་རྐྱེན་ཤིན་ཏུ་མང་ལ། དཔེར་ན། འབྲི་གཡག་འཚོ་གནས་བྱེད་སའི་སྐྱེ་ཁམས་ཁོར་ཡུག་དང་གསོ་ཚོགས་དོ་དམ་གྱི་ཆ་རྐྱེན། འབྲི་མོའི་འོ་མ་ཚད་ལས་བརྒལ་ཏེ་འཛོ་བ། བེའུ་ཡི་འོ་མ་སྣུན་ཡུན་རིང་བ་སོགས་ཡོད། གཞན་ད་དུང་ཉི་མའི་འོད་ཟེར་དང་སྦྱོར་སྡེབ། འཚོ་བཅུད་སོགས་ཀྱིས་ཀྱང་འབྲི་གཡག་གི་སྐྱེ་འཕེལ་ནུས་པར་གནོད་པ་ཡོད།

(གཅིག)ཁོར་ཡུག

ཁོར་ཡུག་གི་ཆ་རྐྱེན་གྱིས་འབྲི་གཡག་གི་སྐྱེ་འཕེལ་བརྒྱུད་རིམ་སྒྱུར་ཐུབ། འབྲི་གཡག་གི་སྐྱེ་འཕེལ་ནུས་པར་གནོད་པ་བྱེད་པའི་ཁོར་ཡུག་གི་རྒྱུ་རྐྱེན་ལ་ཉི་མའི་འོད་ཟེར་དང་ཁྲུ་ཚོགས། དྲོད་ཚད། རྒྱ་མཚོའི་ངོས་ལས་མཐོ་ཚད་སོགས་ཡོད།

1.ཁྲུ་ཚོགས་གསོ་སྐྱོང་། ནོར་ཁྲུའི་ནང་དུ་སྟོབས་ཤུགས་ཆེ་བའི་གཡག་རྣམས་ཀྱིས་ཁ་ཆུང་གཡག་གི་འཁྲིག་སྤྱོད་ཆོད་འགོག་བྱེད་བཞིན་ཡོད་པས། ཁ་ཆུང་བ་དང་སྟོབས་ཞན་པའི་གཡག་རྣམས་ཀྱིས་སྦྱོར་སྡེབ་བྱེད་ཐུབ་ཀྱིན་མེད། ཉེ་འགྲམ་ནས་གཡག་ཡོད་ན་འབྲི་མོའི་དྲུས་རྩ་ལངས་པར་གནོད་པ་ཡོད་དེ། འབྲི་མོའི་ནུ་སྣུན་དུས་སྐབས་ཀྱི་དྲུས་ལངས་དུས་ཡུན་ཇེ་ཐུང་དུ་གཏོང་བ་ཡིན།

2.དྲོད་ཚད། ཟླ 6པའི་རྗེས་སུ། གནམ་གཤིས་དྲོད་ཚད་ཇེ་མཐོར་སོང་བ་དང་བསྟུན་ནས་འབྲི་མོ་རྣམས་ཀྱང་དྲུས་པ་ཡིན། ཟླ 7~8ནི་འབྲི་མོ་དྲུས་པའི་དུས་ཚིགས་བཟང་པོ་ཡིན། ཟླ 10པའི་རྗེས་སུ་གནམ་གཤིས་ཇེ་འཁྱགས་སུ་སོང་བ་དང་བསྟུན་ནས་དྲུས་ཚད་ཀྱང་རིམ་བཞིན་ཇེ་ཉུང་དུ་འགྲོ།

3.ཉི་མའི་འོད་ཟེར། འབྲི་མོ་ནི་ཉི་ཟེར་འཕྲོས་ཚད་རིང་ཐུང་གི་དུས་ཚིགས་འཕོ་འགྱུར་དང་བསྟུན་ནས་དྲུས་པ་ཡིན། དྲུས་རྩ་ལངས་པའི་དུས་ཚིགས་ནི་སྤྱིར་བཏང་དུ་ཟླ 6~11བར་ཡིན་ལ། དེ་ལས་ཀྱང་ཟླ 7~9ནང་དྲུས་པ་མང་ངོ་། །

4.རྒྱ་མཚོའི་ངོས་ལས་མཐོ་ཚད། རྒྱ་མཚོའི་ངོས་ལས་མཐོ་ཚད་སྨིད 2400~2500ཡོད་པའི་ས་ཁུལ་ནས་འབྲི་གཡག་རྣམས་ཟླ 6པའི་ཟླ་མཇུག་ནས་ཟླ 7པའི་ཟླ་མཇུག་བར་སྤྱོར་སྡེབ་བྱས་པ་ཡིན། རྒྱ་མཚོའི་ངོས་ལས་མཐོ་ཚད་སྨིད 3000 ~ 4000ཡོད་པའི་ས་ཁུལ་ནས་འབྲི་གཡག་རྣམས་ཟླ 7པའི་ཟླ་མཇུག་ནས་ཟླ 9པའི་ཟླ་སྟོད་བར་སྤྱོར་སྡེབ་བྱས་པ་ཡིན།

(གཉིས)འཚོ་བཅུད།

ལོ་རེའི་སྤྱོར་སྡེབ་དུས་ཚིགས་ལ་སླེབ་དུས། འབྲི་མོ་རྣམས་ཀྱི་ལུས་སྟོབས་དང་ཤ་ཤེད་ཅུང་ཞན་ལ། འཚོ་བཅུད་ཀྱི་ཆུ་ཚད་འདང་གིན་མེད་པས། འབྲི་མོ་མི་དྲུས་པ་དང་དྲུས་ཡུན་ཐུང་བའི་གནས་ཚུལ་བྱུང་སྟེ་མངལ་ཆགས་གྲངས་ལ་གནོད་པ་བྱེད་བཞིན་ཡོད།

(གསུམ)སྤྱོར་སྡེབ།

སྤྱོར་སྡེབ་དུས་ཚིགས་སུ་སླེབ་དུས། ཁ་མཐོ་བ་དང་རྒྱུད་སྤུས་ཞན་པའི་གཡག་སྤྱད་དེ་སྤྱོར་སྡེབ་བྱེད་མཁན་ཐུར་བཞིན་ཡོད་པས་ཐེངས་མང་པོར་སྤྱོར་སྡེབ་བྱས་ཀྱང་མངལ་མི་ཆགས་པ་དང་མངལ་དུ་ཆགས་པའི་ཚོ་རྒྱུད་ཀྱི་རྒྱུད་སྤུས་ཞན་པ་སོགས་ཀྱི་གནད་དོན་བྱུང་དང་འབྱུང་བཞིན་ཡོད་པས། སྤྱོར་སྡེབ་ཀྱི་ལས་ཀ་དམ་འཛིན་ལེགས་པོ་བྱེད་དགོས།

(བཞི)དོ་དམ།

འབྲི་མོར་མངལ་སྦྲུམ་དུས་སྐབས་སུ་གསོ་ཚགས་མི་སྣས་དོ་དམ་ལེགས་པོ་མི་བྱེད་པར་ཉེས་རྐྱེན་བྱས་ཏེ་འབྲི་མོ་འཚང་ཁ་རྒྱག་པ་དང་སར་འབྱེད་པ་སོགས་ཀྱི་གནད་དོན་བྱུང་ན་བེའུ་མངལ་ལས་ཤོར་ཉེན་ཆེ་བ་ཡིན།

(ལྔ)འོ་མ་འཛོ་བ།

འོ་མ་འཛོ་ཚད་མང་ན་བེའུའི་འཚར་ལོངས་ལ་གནོད་པ་ཡོད་པར་མ་ཟད་

གསོ་ཚགས་དུས་ཡུན་ཡང་ཇེ་རིང་དུ་བཏང་ཡོད་པས། དུས་རྩ་ལངས་པ་དང་སྦྱོར་སྡེབ། བཤས་ཁོངས་སུ་གཏོང་བ་སོགས་བྱེད་མི་ཐུབ་པར་ནོར་ཁྱུའི་འཁོར་རྒྱུག་ཇེ་དལ་དུ་གཏོང་བ་ཡིན།

སྤྱིལ་རྒྱུན་ལྟར་འབྲི་མོའི་ནུ་མ་སྣུན་མཚམས་གཅོད་པའི་གསོ་ཚགས་བྱེད་ཐབས་སྤྱད་ན། འབྲི་མོའི་སྦྲུམ་རྗེན་གསོ་སྐྱོང་དང་བེའུ་བཙས་དུས་ཀྱི་ལྗིད་ཚད་ལ་གནོད་པར་མ་ཟད། འབྲི་མོས་བེའུ་བཙས་པའི་བར་མཚམས་ཀྱང་ཇེ་རིང་དུ་གཏོང་བ་ཡིན།

(དྲུག)བདེ་ཐང་།

འབྲི་གཡག་ཁྱུ་ཚོགས་ཀྱི་བདེ་ཐང་གིས་འབྲི་གཡག་གི་སྐྱེ་འཕེལ་ལ་ཤུགས་རྐྱེན་བཟང་ངན་ངེས་ཅན་ཐེབས་ཀྱིན་ཡོད། དཔེར་ན། ཕྱི་ནང་གི་གཞན་བརྟེན་སྲིན་འབུའི་ནད་དང་སྐྱེ་གནས་ལ་ཕོག་པའི་ནད། པུའུ་ལོ་ཧྲི་ཅོན་གྱི་ནད། དེ་བཞིན་ན་ཚ་གཞན་དག་སོགས་ཀྱིས་འབྲི་གཡག་གི་སྐྱེ་འཕེལ་ལ་གནོད་འཚེ་གཏོང་བཞིན་ཡོད།

གཡག་གི་གྲངས་ཚད་དང་སྤུས་ཀ། སྦྱོར་སྡེབ་ཀྱི་ནུས་པ་ཆེ་ཆུང་བཅས་ཀྱིས་ཀྱང་འབྲི་གཡག་གི་སྐྱེ་འཕེལ་ལ་ཤུགས་རྐྱེན་བཟང་ངན་ཐེབས་ཀྱིན་ཡོད།

གསུམ། འབྲི་གཡག་སྐྱེ་འཕེལ་གྱི་ཚད་ཇེ་མཐོར་གཏོང་ཐབས།

(གཅིག)ཕ་གཡག་གི་འདེམ་གསོ།

ཕ་གཡག་གི་རྒྱུད་སྤུས་ནི་འབྲི་གཡག་རང་རིགས་འདེམ་གསོའི་གལ་ཆེའི་གྲུབ་ཆ་ཞིག་ཡིན་པས། ཕ་གཡག་འདེམ་གསོ་བྱེད་རྒྱུ་ནི་དེ་བས་ཀྱང་གལ་ཆེ་བར་མངོན།

འབྲི་གཡག་གདམ་གསེས་བྱེད་པར་རྩ་དོན་གཉིས་ཡོད་དེ། གཅིག་ནི་ཁྲག་རྒྱུད་ལ་ལྟ་བ་དང་། གཉིས་ནི་རང་སྟེང་གི་ལུས་སྟོབས་ལ་ལྟ་དགོས། གདམ

གསེས་བྱེད་ཐབས་ནི། ལོ་གཅིག་གི་སྟེང་དུ་ཐོག་མར་བདམས་པ་དང་། ལོ་གཉིས་ཀྱི་སྟེང་དུ་བསྐྱར་བདམས་བྱེད་པ། ལོ་གསུམ་མམ་བཞིའི་སྟེང་དུ་གཏན་འབེབས་བྱེད་པ། གཏན་འབེབས་བྱས་པའི་ཕ་གཡག་རྣམས་འབྲི་མོའི་ཁྱུ་ཚོགས་སུ་བཏང་ནས་ཚོད་ལྟའི་སྦྱོར་སྡེབ་བྱེད་དགོས་ཏེ། ཚད་ལྡན་མིན་ན་ཕ་གཡག་གི་ཁྱུ་ནས་ཕྱིར་ཕུད་བྱེད་དགོས།

(གཉིས)འཚོ་སྐྱོང་དོ་དམ།

འཚོ་སྐྱོང་གི་ལས་ཀར་དམ་འཛིན་དང་ཤ་ཤེད་རྒྱས་རྒྱུ་དེ་དོན་ཐོག་ཏུ་འཁྱོལ་བར་བྱས་ཏེ། ལས་གནས་འགན་འཁྲི་ལམ་ལུགས་བཙུགས་ནས་རྫི་བོ་ཕྱུགས་ཁྱུར་མི་བྲལ་བ་དང་། འབྲི་གཡག་ཕྱུགས་ཁྱུར་མི་བྲལ་བ། ཞོགས་པར་སྔ་མོ་ནས་སྔོར་ཕུད་པ་དང་དགོང་མོར་འཁྱིམ་ནས་ར་བར་འཛུག་པ། རྩྭ་ར་ལུགས་མཐུན་གྱིས་བཀོད་སྒྲིག་དང་བེད་སྤྱོད་གཏོང་བ། དགུན་དཔྱིད་གཉིས་སུ་ཉིན་ལྟར་ཆུ་ཐེངས་རེར་ལྡུད་པར་རྒྱུན་འཁྱོངས་བྱེད་པ། འཐུང་ཆུ་གཙང་མ་ཡིན་དགོས་པའོ། །

མང་ལ་སྦྲུམ་འབྲི་མོའི་དོ་དམ་ལ་ཤུགས་བསྣན་ཏེ་ཕྱུགས་ར་ནས་སྔོར་ཕུད་དུས་འཚང་ཁ་རྒྱག་པ་དང་ཕན་ཚུན་གནོན་པ། སར་འབྱེད་པ་སོགས་ཀྱི་དོན་རྐྱེན་འབྱུང་བར་དོ་སྣང་བྱེད་དགོས།

(གསུམ)སྦྱོར་སྡེབ།

ཐོག་མར་བེའུ་ཁྲིད་རྒྱུ་ཡོད་པའི་མོ་ཕྱུགས་ཀྱི་ཤ་ཤེད་རྒྱས་རྒྱུར་དམ་འཛིན་ལེགས་པོ་བྱས་ཏེ་དེ་དག་སྔ་མོ་ནས་དྲུས་རྩ་ལངས་རྒྱུར་སྐུལ་འདེད་གཏོང་བ་དང་། སྐྱེ་འཕེལ་མོ་ཕྱུགས་ཀྱི་ཤ་ཤེད་ལེགས་ཉེས་ལ་གཞིགས་ནས་འབྲི་ཁྱུ་གཉིས་སུ་དབྱེ་སྟེ། ཤ་ཤེད་ལེགས་པ་རྣམས་འོ་མ་འཛོ་བའི་འབྲི་ཁྱུའི་ཁོངས་སུ་འཇོག་པ་དང་། ཤ་ཤེད་ཞན་པ་རྣམས་རྩྭ་གསོར་གཏོང་རྒྱུའི་འབྲི་ཁྱུའི་ཁོངས་སུ་འཇོག་པ་ཡིན།

ཟླ་གསོར་གཏོང་བའི་འབྲི་ཕྲུ་རྣམས་གདང་ལ་མི་འདོགས་པ་དང་འོ་མའང་མི་འཛེ་བར་དེ་དག་སྣ་མོ་ནས་ཤ་ཤེད་རྒྱས་པ་དང་སྣ་མོ་ནས་བྲུས་རྩ་ལངས་སུ་འཇུག་དགོས།

འབྲི་མོའི་ཕྲུ་ཚོགས་རེའི་ནང་དུ་ལོ་ 3~7ཙན་གྱི་ལུས་སྟོབས་རྒྱས་པའི་ཕ་གཡག་རེ་ཡོད་དགོས། ལོ་རེར་ལོ་ཆུང་ཕ་གཡག་ཁ་སྣོན་དང་ལོ་རྒས་ཕ་གཡག་ཕྱིར་ཕུད་བྱེད་དགོས། འབྲི་གཡག་གི་བསྡུར་ཚད་ནི་ 1:25~30ཡིན།

(བཞི)བེའུ་ཁྲིད་དུས་ཁྲིད་རོགས་དང་བེའུ་ཁྲིད་ཚར་རྗེས་བདག་སྐྱོང་བྱེད་པ།

བེའུ་ཁྲིད་པའི་དུས་མཚམས་སུ་མོ་ཕྱུགས་ལ་ལྟ་མཁན་རེས་མོས་བཀོད་སྒྲིག་བྱེད་པ་དང་། གལ་ཏེ་བེའུ་ཁྲིད་དཀའ་བའི་གནས་ཚུལ་བྱུང་ཚེ་དུས་ཐོག་ཏུ་ཁྲིད་རོགས་བྱེད་པ་དང་། འབྲི་མོར་བེའུ་ཁྲིད་རྗེས་འོ་མ་མི་འབབ་པ་དང་བེའུ་གོག་མིག་ཙ་མ་ཆོད་པ་ཡིན་ན་བེའུ་གོག་ལ་དུས་ཐོག་ཏུ་འོ་མ་སྤྲེར་རོགས་བྱེད་པ། བེའུ་འཚོ་སྐྱོང་བྱེད་དུས་མི་བོར་བ་དང་སྤྱང་ཀི་སོགས་ཀྱི་གནོད་འཚེ་མེད་པར་བྱེད་དགོས།

(ལྔ)ཕྲུ་ཚོགས།

ལོ་ལྟར་ཕྱུགས་ཕྲུ་བཙས་སྒྲིག་གི་ལས་ཀ་རྒྱུན་འཁྱོངས་བྱས་ཏེ། འཚར་སྐྱེ་མི་བཟང་བ་དང་བེའུ་ལ་བརྩེ་བ་མེད་པ། རིགས་རྒྱུད་བཟང་པོ་མིན་པ། བེའུ་ཁྲིད་འཕྱི་བའམ་ཡང་ན་ལོ་གཅིག་བཞག་ནས་ཁྲིད་པ། བེའུ་བསྐྱུད་མར་མངལ་ལས་ཤོར་བ། ན་སོ་ཆེ་བའི་མོ་ཕྱུགས་རྣམས་དུས་ཐོག་ཏུ་ཕྱིར་ཕུད་བྱེད་དགོས། དེ་བཞིན་གསར་དུ་འཕེལ་བའི་འབྲི་ཕྲུའི་ཁྲོད་ཀྱི་གཟུགས་སྟོབས་ཆུང་བ་དང་འཚར་སྐྱེ་ཡག་པོ་མིན་པ། གཟུགས་གཞི་ཞན་པ་རྣམས་ཀྱང་དུས་ཐོག་ཏུ་ཕྱིར་ཕུད་དགོས།

མདོར་ན། འབྲི་གཡག་གི་སྐྱེ་འཕེལ་ནུས་པ་རྗེ་མཐོར་གཏོང་བའི་བྱེད

ཐབས་ཁྲིད་དུ་ཁོར་ཡུག་དང་འཚོ་བཅུད། དོ་དམ། སྦྱོར་སྡེབ་སོགས་ཀྱིས་འབྲི······
གཡག་གི་དྲུས་རྩ་ལངས་པ་དང་མངལ་ཆགས་གྲངས་ཚད་སོགས་ལ་ཤུགས་རྐྱེན······
ཆེན་པོ་ཐེབས་ཀྱིན་ཡོད་པས། ཕྱི་རོལ་གྱི་ཁོར་ཡུག་དང་འཚོ་བཅུད་ཀྱི་དགོས···
མགོ། ཚན་རིག་གི་དོ་དམ་སོགས་ཕྱོགས་གང་ཐད་ནས་བལྟས་ཀྱང་། འབྲི་ཁྲུ···
བཙོས་སྐྲིག་ལས་ཀ་རྒྱུན་འཛིངས་དང་འབྲི་གཡག་གི་རྒྱུད་ཕྲུས་རྒྱུན་ཆད་མེད་པར···
ཇེ་ལེགས་སུ་གཏོང་རྒྱུ་ནི་ཤིན་ཏུ་གལ་ཆེའོ། །

ལེའུ་གསུམ་པ། འབྲི་གཡག་གི་རང་རིགས་འདེམས་གསོ།

ས་བཅད་དང་པོ། རང་རིགས་འདེམས་གསོའི་ལག་རྩལ།

གཅིག འདེམས་གསོ་བྱེད་ཐབས།

འབྲི་གཡག་གི་རང་རིགས་འདེམས་གསོ་ནི་སྒྲིག་ཟུམ་ཕྱེད་ཀའི་འདེམས་གསོ་བྱེད་ཐབས་སྤྱོད་པ་ཡིན། ཡང་སྙིང་ཁྲུ་ཚོགས་གྲུབ་རྗེས་ཕལ་ཆེར་བརྟན་འཛུགས་སུ་གྱུར་པ་ཡིན་པས། ཁྲུ་ཚོགས་ནང་ཁུལ་ནས་འདེམས་གསོ་བྱས་ཆོག་པ་དང་། གཞན་པའི་འབྲི་གཡག་རྣམས་འདེམས་གསོ་ཡང་སྙིང་ཁྲུ་ཚོགས་གྲས་སུ་ཡོང་མི་ཆོག ཡང་སྙིང་ཁྲུ་ཚོགས་འདེམས་གསོ་བྱས་པའི་རྨང་གཞིའི་སྟེང་དུ། དེ་ལས་གཞན་པའི་རིགས་རྒྱུད་ལེགས་ཤིང་ཐོན་སྐྱེད་ཁ་ཕྱོགས་གཅིག་མཚུངས་ཡིན་པའི་འབྲི་གཡག་རྣམས་འདེམས་གསོའི་ཕྲང་བྱ་དང་མཐུན་ན་ཡང་སྙིང་འདེམས་གསོའི་ཁྲུ་ཚོགས་སུ་གསབ་སྣོན་བྱས་ཆོག

གཉིས། ཁྲུ་སྒྲིག་ལག་རྩལ།

འདེམས་གསོ་ཡང་སྙིང་ཁྲུ་ཚོགས་སྒྲིག་དུས་འབྲི་མོ་དང་གཡག་གཉིས་སོ་སོར་བཀར་ནས་གསོ་ཚགས་དོ་དམ་བྱེད་དགོས། འབྲོག་ཁྱིམ་གྱི་དངོས་ཡོད་འཚོ་བར་གཞིགས་ན། འབྲི་མོ་ནི་རིམ་པ་ལྟར་ཁྲུ་ཚོགས་སྒྲིག་པ་དང་མཉམ་བསྲེས་ཁྲུ་ཚོགས་སྒྲིག་པ་གཉིས་ཟུང་དུ་འབྲེལ་བའི་བྱེད་ཐབས་སྤྱད་ཆོག གསལ་འབྱེད་

བྱེད་སྟངས་ནི་རིམ་པ་དང་པོའི་ཡན་གྱི་ཕ་གཡག་དང་རིམ་པ་གཉིས་པའི་ཡན་གྱི་འབྲི་མོ་རྣམས་འདེམ་གསོ་ཡང་སྙིང་ཕྲུ་ཚོགས་ཀྱི་གྲས་སུ་བཞག་ཆོག

འདེམ་གསོ་ཡང་སྙིང་ཕྲུ་ཚོགས་ཀྱི་གྲངས་ཀ་ནི་འདེམ་གསོའི་ཇུས་འགོད་དང་ལག་བསྟར་ཆ་རྐྱེན་སོགས་ཀྱིས་གཏན་ལ་འབེབས་པ་ཡིན། ཕྲུ་ཚོགས་རེར་སྐྱེ་འཕེལ་ནུས་པ་ཡོད་པའི་འབྲི་མོ་100ཡན་ཡོད་དགོས། དུས་ལྟར་ཕ་གཡག་བརྗེ་སོར་བྱེད་དགོས་ཏེ་ལོ་3~5ནང་དུ་ཐེངས་རེར་བརྗེ་དགོས། བརྗེ་སོར་བྱས་པའི་ཕ་གཡག་ནི་ངེས་པར་དུ་གསལ་འབྱེད་བྱས་ཟིན་པའི་སྤུས་ལེགས་དང་རིམ་པ་དང་པོའི་ཕ་གཡག་ཡིན་དགོས།

ཡང་སྙིང་ཕྲུ་ཚོགས་སུ་ངེས་པར་དུ་ཕ་གཡག་གི་ཡིག་ཚགས་ཚང་དགོས། དེའི་ཁོངས་སུ་ཕ་གཡག་གི་འབྱུང་ཁུངས་དང་གསལ་འབྱེད་རིམ་པ་དང་། བརྒྱུད་པའི་རིམ་པ་སོགས་དང་། འབྲི་མོའི་དཔྱད་བསྡུར་གཏན་འབེབས་རིམ་པ་དང་། སྐྱེ་འཕེལ། ཐོན་སྐྱེད་ནུས་རྩལ་སོགས་འདུས་པར་མ་ཟད། བེའུ་ཐོག་མར་བཙས་དུས་ཀྱི་ཟིན་ཐོ་དང་འཚར་ལོངས་སོགས་ཀྱི་ཟིན་བྲིས་ཀྱང་ཡོད་དགོས། ཕྲུ་ཚོགས་འདེམ་གསོ་བྱེད་དུས་འབྲི་གཡག་གི་ཡིག་ཚགས་དང་། སྦྱོར་སྡེབ་ཕ་གཡག་གམ་རིམ་པ་གཉིས་ཡན་གྱི་འབྲི་མོའི་བྱང་བུ་བཟོས་ཆོག

ཡང་སྙིང་ཕྲུ་ཚོགས་དང་འདེམ་གསོ་ཕྲུ་ཚོགས་ནང་ཁུལ་གྱི་འབྲི་གཡག་ལ་ཨང་རྟགས་སམ་ཡང་ན་མཚོན་རྟགས་བརྒྱབ་སྟེ་འདེམ་གསོ་བྱ་བ་སྤེལ་བར་སྟབས་བདེ་སྐྲུན་དགོས། འབྲི་གཡག་ཕྱིར་བཙོང་བའམ་ཕྱིར་ཕུད་པ། ཡང་ན་ཤི་རྐྱེན་དུ་སོང་ན་ཨང་རྟགས་གཞན་པའི་འབྲི་གཡག་གི་སྟེང་དུ་གསབ་སྦྱོར་མི་བྱེད་པར་གསར་དུ་ཉོས་པའི་འབྲི་གཡག་གིས་སྟུན་མའི་ཨང་རྟགས་སྤྱོད་དགོས།

ཡང་སྙིང་ཕྲུ་ཚོགས་བསྒྲིགས་རྗེས། ཡང་སྙིང་ཕྲུ་ཚོགས་དང་ཐོན་སྐྱེད་གཅིག་མཚུངས་ཡིན་པའི་སྤུས་ལེགས་ཕ་གཡག་དང་ཐོན་སྐྱེད་འབྲི་མོ་ཡང་སྙིང་ཕྲུ་

ཚོགས་སུ་ཕྱོགས་གཅིག་ཏུ་བསྡུས་ཏེ་འབྲི་གཡག་གི་རང་རིགས་འདེམས་གསོ་བྱ་བ་སྤེལ་བའི་རྨང་གཞིའི་སྙིང་དུ། ཡང་སྙིང་ཁྱུ་ཚོགས་ཀྱི་ཕ་གཡག་རྣམས་རེ་རེ་བཞིན་གསལ་འབྱེད་བྱས་ཏེ་རྒྱུད་སྤུས་ཞན་པ་རྣམས་ཕྱིར་སྤུད་དང་། འབྲི་མོའི་ཁྱུ་ཚོགས་གསལ་འབྱེད་བྱས་ཏེ་ཐོན་སྐྱེད་གཤིས་ནུས་ཞན་པའི་འབྲི་མོ་རྣམས་ཀྱང་ཕྱིར་སྤུད་དགོས།

གསུམ། རྒྱུད་འདེམས་ལག་རྩལ།

འདི་ནི་གཞི་རྒྱུ་སྤེལ་དུ་བྱུང་བའི་འབྲི་གཡག་སྐྱེ་འཕེལ་ཅན་གདམ་གསེས་བྱས་ཏེ་ཁྱུ་ཚོགས་ཀྱི་གཞི་རྒྱུ་ཇེ་ལེགས་སུ་གཏོང་རྒྱུ་དེ་ཡིན། འབྲི་གཡག་ཁྱུ་ཚོགས་ལ་ཐོན་སྐྱེད་སྟོབས་ཤུགས་ཡོད་མེད་ནི་ཁྱུ་ཚོགས་ཁྲོད་དུ་གཞི་རྒྱུ་བཟང་བའི་འབྲི་མོ་དང་ཕ་གཡག་ཅི་ཙམ་ཡོད་པར་རག་ལས་པ་ཡིན།

འབྲི་གཡག་གི་རིགས་རྒྱུད་གདམ་གསེས་བྱེད་དུས་འབྲི་གཡག་གི་རིགས་རྒྱུད་སོ་སོ་དང་ཁྱུ་ཚོགས་ཀྱི་ཚད་གཞིའམ་འདེམས་གསོ་ཡང་སྙིང་ཁྱུ་ཚོགས་གསར་འཛུགས་བྱེད་པའི་འབྲི་གཡག་གི་ཆ་སྙོམས་ཐོན་སྐྱེད་གཤིས་ནུས་ལྟར། རང་ས་གནས་ཀྱི་འབྲི་གཡག་རྒྱུད་འདེམས་ཚད་གཞི་དང་བསྟུན་ནས་རིགས་རྒྱུད་གདམ་གསེས་བྱེད་དགོས།

(གཅིག)ཕ་གཡག་འདེམས་གསོ།

1.རིགས་རྒྱུད་གདམ་གསེས། ཕ་གཡག་ཏུ་གདམ་བྱའི་གཡག་གང་དེའི་རིགས་རྒྱུད་དང་འཚར་ལོངས། ཐོན་སྐྱེད་གཤིས་ནུས། ལུས་གཟུགས་ཕྱི་རྣམ། སྐྱེ་འཕེལ་གྱི་ནུས་པ། རྒྱུད་འཛིན་སྟོན་ཚ་སོགས་ལ་གཞིགས་ཏེ་ཕ་གཡག་གི་རྒྱུད་འཛིན་ལེགས་པོར་གཏན་འབེབས་བྱེད་དགོས།

2.གསལ་འབྱེད་གདམ་གསེས། རིགས་རྒྱུད་གདམ་གསེས་བྱས་རྗེས་ཕ་གཡག་རེ་རེར་གསལ་འབྱེད་བྱས་ཏེ་གདམ་གསེས་བྱེད་པ། ཐོག་མར་བཙས་དུས་

དང་འཚར་ལོངས་དུས་རིམ་གྱི་གསལ་འབྱེད་སོགས་འདེམ་གསོ་ཚད་གཞི་དང་མཐུན་ན་ཕ་གཡག་གི་རྗེས་གྲབས་ཁྲུ་ཚོགས་སུ་བཞག་ཆོག   དེའི་འཕྲོར་རྗེས་གྲབས་ཁྲུ་ཚོགས་འདེམ་གསོ་བྱེད་པའི་ཐབས་ལམ་ལྟར་འདེམ་གསོ་བྱེད་དགོས།

རྗེས་གྲབས་ཕ་གཡག་ལོ་2སྐྱེང་དུ་གསལ་འབྱེད་བྱེད་དགོས། ཚད་གཞི་ནི། རང་རིགས་ཁྱད་ཆོས་མངོན་གསལ་ཡིན་པ། ལུས་སྟོབས་བཟང་བ། སུག་ལག་བརྟན་པ། ཁྲིད་པ་སྒོམས་པ། སྐྱེ་འཕེལ་དབང་པོའི་འཚར་ལོངས་རྒྱུན་ལྡན་ཡིན་པ། ལུས་པོར་རྣམ་སྐྱོན་མེད་པ། ལྗིད་ཚད་སྤྱི་རྒྱ 185ཡན་ལ་སླེབས་པ་སོགས་ཡིན། གོང་གི་ཚད་གཞི་དང་མཐུན་ན་འཆར་གཞི་ལྟར་སྦྱོར་སྟེབ་བྱས་ཆོག

3.རྒྱུད་རྩ་ཚད་འཛལ།   བེའུ་འཚར་ལོངས་དང་ཐོན་སྐྱེད་གཤིས་ནུས། ལུས་གཟུགས་ཕྱི་རྣམ། སྐྱེ་འཕེལ་གཤིས་ནུས། རྒྱུད་འཛིན་སྐྱོན་ཆ་སོགས་ལ་བརྟག་ནས་རྗེས་གྲབས་ཕ་གཡག་གི་རྒྱུད་འཛིན་ཡིན་པར་གཏན་ཁེལ་བྱེད་དགོས། གལ་ཏེ་འཚར་ལོངས་བྱུང་བའི་བེའུའི་ཐོན་སྐྱེད་གཤིས་ནུས་མི་བཟང་བ་དང་རྒྱུད་འཛིན་སྐྱོན་ཆ་ལྡན་པ་སོགས་ཀྱི་གནས་ཚུལ་བྱུང་ན། ཕ་གཡག་དེའི་རིགས་དུས་ལྟར་ཕྱིར་སུད་བྱེད་དགོས།

(གཉིས)འབྲི་མོའི་འདེམ་གསོ།

ཡང་སྙིང་ཁྲུ་ཚོགས་སུ་བཞག་པའི་འབྲི་མོར་ངེས་པར་དུ་ནན་ཏན་གྱིས་གདམ་གསེས་བྱེད་དགོས་ཏེ།   གདམ་གསེས་བྱེད་ཐབས་ཕ་གཡག་གི་གདམ་གསེས་དང་ཕལ་ཆེར་འདྲ་མཚུངས་ཡིན།

སྤྱིར་བཏང་གི་འདེམ་གསོ་ཁྲུ་ཚོགས་དབྱེ་བར་གཤམ་གྱི་བྱེད་ཐབས་འགའ་ཡོད་དེ། གཅིག་ནི་དམིགས་ཚད་འཆར་འགོད་གཏན་འབེབས་བྱས་ཏེ་སྦྱོར་སྟེབ་གཙོ་བོར་བཟུང་ནས་ཕྱུགས་ལེགས་བདམས་པ་དང་ངན་པ་ཕྱིར་སུད་བྱེད་པར་མ་ཟད། ཁྲུ་ཚོགས་ཀྱི་ལུས་གཟུགས་དང་ཐོན་སྐྱེད་གཤིས་ནུས་གཅིག་མཚུངས་ཅན

དུ་སྒྱུར་བ། གཉིས་ནི་ལོ་རེའི་དགུན་མ་ཐོན་གོང་ལ་ཁྲུ་ཚོགས་ལ་དཔྱད་བསྟུར་ཐེངས་རེར་བྱས་ཏེ་རྒྱུད་སྤུས་ཞན་པ་རྣམས་ཕྱིར་ཕུད་པ། གསུམ་ནི་ཕྱུགས་ཁྲུའི་ཡིག་ཚགས་བཟོ་བ། ཁྲུ་ཚོགས་ཐུན་མོང་གི་ཁྱད་ཆོས་ཚང་བའི་ཕ་གཡག་བདམས་ཏེ་སྦྱོར་སྡེབ་བྱེད་པ།

བཞི། འདེམས་སྦྱོར་ལག་རྩལ།

ས་གནས་སོ་སོའི་ཡང་སྙིང་ཁྲུ་ཚོགས་སྡེབ་སྒྲིག་བྱེད་ཐབས་ལྟར། གཅིག་རྐྱང་འདེམས་སྦྱོར་དང་རིམ་པའི་འདེམས་སྦྱོར(ཁྲུ་ཚོགས་འདེམས་སྦྱོར)གྱི་ཐབས་ལམ་སྤྱོད་དགོས།

(གཅིག)གཅིག་རྐྱང་འདེམས་སྦྱོར།

འདི་ནི་རིམ་པ་ལྟར་ཁྲུ་ཚོགས་སྡེབ་སྒྲིག་བྱེད་པའི་ཡང་སྙིང་ཁྲུ་ཚོགས་ཀྱི་སྦྱོར་སྡེབ་བྱེད་དུས་སྤྱོད་པ་ཡིན། ཕ་གཡག་རེ་རེའི་ངང་རྒྱུད་ལྟར་དེར་འཚམ་གྱི་འབྲི་མོར་སྦྱོར་སྡེབ་བྱེད་པ་དང་། ཡང་ན་འབྲི་མོ་རེ་རེའི་ངང་རྒྱུད་ལྟར་དེར་འཚམ་གྱི་ཕ་གཡག་རེ་སྦྱོར་སྡེབ་བྱེད་པ་ཡིན། དེ་བས། སྦྱོར་སྡེབ་མ་བྱས་གོང་དུ་འདེམས་སྦྱོར་འཆར་གཞི་ལེགས་པོ་ཞིག་བཟོས་ཏེ་འཆར་གཞི་ལྟར་སྦྱོར་སྡེབ་བྱེད་དགོས།

(གཉིས)རིམ་པའི་འདེམས་སྦྱོར།

འདི་ནི་རིམ་པ་མཉམ་བསྲེས་བྱས་ཏེ་འདེམས་གསོ་ཡང་སྙིང་ཁྲུ་ཚོགས་ལ་སྦྱོར་སྡེབ་བྱེད་པ་ཡིན། རིམ་པ་སོ་སོའི་ཁྲུ་ཚོགས་ནང་གི་འབྲི་མོའི་ངང་རྒྱུད་ཀྱི་ཐུན་མོང་གི་བཟང་ཞན་ཆར་དམིགས་ནས་ཁྲུ་ཚོགས་དེར་འཚམ་གྱི་ཕ་གཡག་སྦྱོར་སྡེབ་བྱེད་པ། རིམ་པའམ་ཁྲུ་ཚོགས་སྦྱོར་སྡེབ་བྱེད་དུས་གཤམ་གྱི་རྩ་དོན་འགའ་རྒྱུན་འཛིངས་བྱེད་དགོས་ཏེ། གཅིག་ནི་ཕ་གཡག་གི་རིམ་པ་འབྲི་མོ་ལས་མཐོ་དགོས་པ། གཉིས་ནི་རྒྱུད་སྤུས་ལེགས་པའི་ཕ་གཡག་དང་འབྲི་མོ་དམིགས་ཡུལ་ཡོད་པའི་སྒོ་ནས་རྒྱུད་འདྲེས་སྦྱོར་སྡེབ་བྱེད་པ་ལས་གཞན་ངོ་བོ་གཅིག་མཚུངས་

ཀྱི་འདེམ་སྦྱོར་ཡང་ཡོད་པ། གསུམ་ནི་སྐྱོན་ཆ་གཅིག་མཚུངས་ཅན་གྱི་ཕ་གཡག་དང་འབྲི་མོ་སྦྱོར་སྡེབ་མི་བྱེད་པ།

(གསུམ)སྦྱོར་སྡེབ་བྱེད་ཐབས།

འབྲི་གཡག་གསོ་ཚགས་ཀྱི་ཁྱད་ཆོས་ལྟར། སྤྱིར་བཏང་དུ་ཁྱུ་ཚོགས་ཆུང་ངུའི་ནང་དུ་སྦྱོར་སྡེབ་བྱེད་པ་དང་། སྦྱོར་སྡེབ་བྱེད་དུས་འབྲི་མོ 25 ~30ཡི་ཁྱུ་ཚོགས་གཅིག་རེ་གྲུབ་པ་དང་དེར་ཕ་གཡག་གཅིག་གིས་བཀག་སྡོམ་ཡོད་པའི་སྒོ་ནས་སྦྱོར་སྡེབ་བྱེད་པ་ཡིན།

ས་བཅད་གཉིས་པ། རང་རིགས་འདེམ་གསོའི་ཐབས་ཤེས་གཙོ་བོ།

གཅིག འདེམ་གསོའི་རྩ་འཛུགས་འཛུགས་པ།

རིམ་པ་སོ་སོའི་འདེམ་གསོའི་རྩ་འཛུགས(འདེམ་གསོ་ཨུ་ཡོན་ལྷན་ཁང་ངམ་ལྷན་ཚོགས། མགོ་ཁྲིད་ཚན་ཆུང་སོགས)བཙུགས་ནས། འབྲི་གཡག་གི་འདེམ་གསོ་དང་གསོ་སྐྱོང་བྱ་བའི་ཁྲོད་ཀྱི་ཕ་གཡག་གི་དཔྱད་བསྡུར་གནད་འབེབས་དང་ཐོན་སྐྱེད་གཤིས་ནུས་ཀྱི་ཚད་འཛལ་གནད་ཁེལ། ཕ་གཡག་གི་རྒྱུད་པའི་ཚད་འཛལ་གནད་ཁེལ་དང་རིགས་རྒྱུད་ཐོ་འགོད། འདེམ་གསོ་འཆར་གཞིའི་གནད་འབེབས་དང་ལེགས་བཅོས། འདེམ་གསོའི་མཛུབ་སྟོན་བྱ་བ་སོགས་ཀྱི་ལས་འགན་འཁུར་ཏེ། འདེམ་གསོ་བྱ་བ་རྩ་འཛུགས་ཡོད་པ་དང་འཆར་གཞི་ཡོད་པ། ནུས་པ་ཡོད་པའི་སྒོ་ནས་སྤེལ་བར་ཁག་ཐེག་བྱེད་དགོས།

གཉིས། འདེམས་གསོ་དཀྱིལ་སྙིང་ཁུལ་དང་ཁྱབ་གདལ་ཁུལ་གཏན་འབེབས་བྱེད་པ།

དཀྱིལ་སྙིང་འདེམས་གསོ་ཁུལ་ལ་གཞི་རྩའི་ཆ་རྐྱེན་འགའ་ཚང་དགོས་ཏེ། ①ས་གནས་སྲིད་གཞུང་སྡེ་ཁག་གིས་བརྩི་མཐོང་བྱས་ནས་ལོ་རེར་གྲངས་ཚད་ངེས་ཅན་ཟིན་པའི་དངུལ་སྐོར་བཏང་སྟེ། དཀྱིལ་སྙིང་ཁུ་ཚོགས་འཛུགས་སྐྲུན་དང་འབྲི་གཡག་གི་རང་རིགས་འདེམས་གསོ་བྱ་བར་རྒྱབ་སྐྱོར་བྱེད་པ། ②བྱེད་སྒོ་ལས་ཁུངས་ཀྱི་བྱ་བའི་དམིགས་འབེན་མངོན་གསལ་ཡིན་པ་དང་ཕྱུགས་ཟོག་འཚོ་སྐྱོང་གི་ལག་རྩལ་དཔུང་སྡེ་གཏན་འཇགས་ཡིན་པ། ཆེད་ལས་ལག་རྩལ་མི་སྣའི་འབྲེལ་ཡོད་ཤེས་བྱ་ཕུན་སུམ་ཚོགས་པར་མ་ཟད། ཕན་ནུས་ལྡན་པའི་སྒོ་ནས་འབྲི་གཡག་གི་རང་རིགས་འདེམས་གསོ་བྱ་བའི་འགན་ལེན་ཐུབ་པ། ③རང་ས་གནས་ཀྱི་འབྲི་གཡག་གི་ཐོན་སྐྱེད་གཤིས་ནུས་ཞིང་ཆེན་ནང་ཁུལ་དང་ཡང་ན་ཁུལ་ནང་ཁུལ་གྱི་ས་གནས་གཞན་ལས་ཅུང་བཟང་བ་དང་ཡང་ན་ཀུན་ལས་མཆོག་ཏུ་གྱུར་པ། ④འབྲོག་པ་མང་ཚོགས་ཀྱི་བརྩོན་སེམས་ཆེ་ཞིང་རྩ་འཛུགས་ཀྱི་ཆུ་ཚད་ཅུང་བཟང་ལ། ཚད་གཞི་དང་མཐུན་པའམ་རང་འགུལ་གྱིས་བྱེད་སྒོ་ལས་ཁུངས་ལ་གཞོགས་འདེགས་བྱེད་ཐུབ་པ། ⑤ཕྱུགས་ར་དང་གཞན་པའི་ཕྱུགས་ལས་སྒྲིག་ཆས་ཀྱི་ཆ་རྐྱེན་ཅུང་བཟང་བ་དང་རྩྭ་ཕྱུགས་དོ་མཉམ་པ་སོགས་སོ། །

གཞན་པའི་འབྲི་གཡག་ཐོན་སྐྱེད་ཁུལ་རྣམས་ཁྱབ་གདལ་མཐོར་འདེགས་ཁུལ་གྱི་ཁོངས་སུ་གཏན་འབེབས་བྱས་ཆོག

གསུམ། འདེམས་གསོའི་བརྒྱུད་རིམ།

(གཅིག)འདེམས་གསོའི་ཧུས་གཞི་བཟོ་བའི་གཞི་འཛིན་ས།

མཚོ་སྔོན་ཞིང་ཆེན་གྱི་འབྲི་གཡག་ཐོན་སྐྱེད་ཁུལ་གྱི་མངའ་ཁོངས་རྒྱ་ཆེ་ལ། རང་བྱུང་སྐྱེ་ཁམས་ཁོར་ཡུག་དང་དཔལ་འབྱོར་གྱི་ཆ་རྐྱེན། འབྲི་གཡག་གི

རིགས་སྣ་སོགས་ལ་ཁྱད་པར་ཡོད་པས། འབྲི་གཡག་ཁྱུ་ཚོགས་སོ་སོའི་རང་སྟེང་གི་གནས་ཚུལ་དངོས་ལ་དམིགས་ཏེ། རང་ས་གནས་ཀྱི་འབྲི་གཡག་གི་རྒྱུད་སྤྲུས་ཇེ་ལེགས་སུ་གཏོང་བར་གཞིར་བཅོལ་བ་སྔོན་འགྲོའི་ཆ་རྐྱེན་དུ་བཟུང་ནས་འདེམས་གསོའི་ཐུས་གཞི་གཏན་འབེབས་བྱེད་དགོས། འབྲི་གཡག་གི་རིགས་སྣ་དང་སྐྱེ་ཁམས་ཁོར་ཡུག དཔལ་འབྱོར་ཆ་རྐྱེན་སོགས་ཏ་ལམ་གཅིག་མཚུངས་ཡིན་པའི་ས་གནས་སུ། ལས་རིགས་ཕན་ཚུན་མཉམ་འབྲེལ་གྱི་བྱེད་ཐབས་སྤྱད་དེ་གཅིག་མཐུན་གྱིས་འདེམས་གསོ་བྱས་ཏེ་འབྲི་གཡག་འདེམས་གསོའི་བཀག་སྡོམ་གྱི་རྣམ་པ་ལས་ཐར་བར་བྱེད་དགོས།

(གཉིས)འདེམས་གསོའི་ཁ་ཕྱོགས་གཏན་ཁེལ་བྱེད་དགོས།

རང་རིགས་འདེམས་གསོ་བྱེད་པ་ནི་འབྲི་གཡག་གི་ཐོན་སྐྱེད་གཤིས་ནུས་ཇེ་མཐོར་གཏོང་བའི་དུས་ཡུན་རིང་བའི་ལས་དོན་ཞིག་ཡིན་པས། ངེས་པར་དུ་ཡང་དག་གི་འདེམས་གསོའི་ཁ་ཕྱོགས་ཤིག་ཡོད་ན་ད་གཟོད་ཕན་ནུས་ལྡན་པའི་སྒོ་ནས་དུས་ཡུན་རིང་པོར་འདེམས་གསོ་བྱེད་ཐུབ། འདེམས་གསོའི་ཁ་ཕྱོགས་གཏན་ཁེལ་བྱེད་པའི་རྩ་དོན་ནི་རྒྱལ་དམངས་ཀྱི་དཔལ་འབྱོར་འཕེལ་རྒྱས་ཀྱི་དགོས་མཁོར་མཐུན་པ་དང་། རང་ས་གནས་ཀྱི་སྐྱེ་ཁམས་ཁོར་ཡུག་དང་མཐུན་དགོས་པར་མ་ཟད། འབྲི་གཡག་གི་སྔར་ཡོད་ཀྱི་ཐུན་མོང་གི་རིགས་རྒྱུད་རྒྱུན་འཛིངས་བྱེད་རྒྱུ་དེ་ཡིན།

མིག་སྔར་གྱི་རྒྱལ་ཁབ་ཕྱི་ནང་གི་འཕེལ་རྒྱས་གནས་བབ་ལ་བལྟས་ན། འབྲི་གཡག་འདེམས་གསོའི་ཁ་ཕྱོགས་ནི་ཤའི་ཐོན་སྐྱེད་དམ་འོ་ཤ་གཉིས་ཕན་གཙོ་བོར་བཟུང་ནས། དེར་མཐུན་གྱི་འདེམས་གསོའི་དམིགས་ཚད་གཏན་ཁེལ་བྱེད་རྒྱུ་དེ་ཡིན། ཡིན་ནའང་། སྔར་བཞིན་འབྲི་གཡག་ལ་དམིགས་བསལ་དུ་ཡོད་པའི་རྩེད་པ་དང་ཁྲུ་ལུ། གྲང་ངར་ཆེ་བའི་མཐོ་སྒང་གི་འཚོད་ཤུགས་སོགས་རྒྱུན

འཁྲུངས་བྱེད་དགོས་སོ། །

(གསུམ)འདེམ་གསོའི་ཧུས་གཞི་གཏན་འབེབས་བྱེད་པ།

འབྲི་གཡག་གི་རང་རིགས་འདེམ་གསོའི་ཧུས་གཞི་ནི་འདེམ་གསོ་བྱ་བ་མངོན་འགྱུར་བྱེད་པ་ཁག་ཐེག་ཡོང་བའི་འགྲུལ་སྐྱོད་འཆར་གཞི་ཡིན་ལ། ཕུགས་འདུན་འཆར་འགོད་དང་ལོ་རེའི་ལག་བསྟར་འཆར་གཞི་ཟུང་དུ་འབྲེལ་བའི་འདེམ་གསོ་བྱ་བའི་མཇུབ་སྟོན་རང་བཞིན་གྱི་ཡིག་ཆ་ཞིག་ཡིན་དགོས། སླང་བྱ་ནི་འདེམ་གསོའི་ཁ་ཕྱོགས་དང་གསོ་སྐྱེལ་འཆར་གཞི། འདེམ་གསོ་ཐབས་ལམ་སོགས་མངོན་པར་གསལ་ཞིང་། ཚན་རིག་དང་མཐུན་པའི་འདེམ་གསོ་དང་དོན་དམ་ལག་རྩལ་སོགས་ཚང་དགོས། དེ་བས། ཧུས་གཞི་གཏན་འབེབས་བྱེད་དུས་གཙོ་གཉེར་སྡེ་ཁག་གི་འགན་འཁུར་མི་སྣ་དང་ཕྱུགས་ཟོག་ལག་རྩལ་མི་སྣ། ཐོན་སྐྱེད་མི་སྣ་སོགས་ལྷན་དུ་འདུས་ནས་ཐུན་མོང་གིས་མཉམ་དུ་གྲོས་བསྡུར་བྱེད་དགོས་པར་མ་ཟད། འབྲེལ་ཡོད་ཆེད་ལས་མཁས་པ་གདན་ཞུ་བྱས་ཏེ་མཇུབ་སྟོན་དང་རིགས་པས་ཁུངས་སྐྱེལ་བྱེད་དགོས། འདེམ་གསོ་ཧུས་གཞིའི་ནང་དོན་ལ་གཙོ་བོར་འདེམ་གསོ་ས་ཁུལ་གྱི་སྐྱེ་ཁམས་དང་དཔལ་འབྱོར། ཕྱུགས་ལས་ཀྱི་གཞི་རྩའི་གནས་ཚུལ་དང་། འདེམ་གསོའི་ཁ་ཕྱོགས་དང་དམིགས་འབེན། དེ་མཚུངས་ཀྱི་འདེམ་གསོ་བྱེད་ཐབས་སོགས་འདུས།

བཞི། འདེམ་གསོ་དཀྱིལ་སྙིང་ཁྱུ་ཚོགས་སམ་རྒྱུད་བཟང་གསོ་སྐྱེལ་ར་བ་སྒྲིག་འཛུགས་བྱེད་པ།

འབྲི་གཡག་གི་རང་རིགས་འདེམ་གསོ་དཀྱིལ་སྙིང་ཁུལ་ནང་ཁུལ་ནས་ངེས་པར་དུ་འདེམ་གསོ་དཀྱིལ་སྙིང་ཁྱུ་ཚོགས་སམ་གསོ་སྐྱེལ་ར་བ་སྒྲིག་འཛུགས་བྱས་ནས་འདེམ་གསོའི་བྱ་བ་སྤེལ་དགོས། དཀྱིལ་སྙིང་ཁྱུ་ཚོགས་སམ་གསོ་སྐྱེལ་ར་བའི་གྲངས་ཀ་དང་གཞི་ཁྱོན་ནི་ས་གནས་སོ་སོའི་བྱེ་བྲག་གི་གནས་ཚུལ་དང་

འདེམ་གསོ་བྱ་བའི་དགོས་མཁོར་དམིགས་ནས་གཏན་ཁེལ་བྱེད་དགོས།

དཀྱིལ་སྙིང་ཁྲུ་ཚིགས་སམ་གསོ་སྤྱིལ་ར་བ་སྒྲིག་འཛུགས་བྱེད་དུས། གཅིག་བསྡུས་དང་ཡུགས་གཅིག་ཏུ་འབྲེལ་བའི་ཐབས་ལམ་བེད་སྤྱོད་བྱེད་དགོས། དཀྱིལ་སྙིང་ཁུལ་ནང་ཁུལ་ནས་འབྲི་གཡག་སྤྱིའི་ཐོན་སྐྱེད་གཤིས་ནུས་བཟང་བ་དང་ཕན་ཚུན་སྦྲེལ་མཐུད་ཡོད་པའི་ཁྱིམ་ཚང་འགའ་བདམས་ཏེ། མཉམ་དུ་འདེམ་གསོ་དཀྱིལ་སྙིང་ཁྲུ་ཚིགས་སྒྲིག་འཛུགས་དང་རྒྱ་བསྐྱེད་བྱས་ན་འདེམ་གསོ་བྱ་བ་སྤེལ་བར་ཕན་པ་ཡོད། འདེམ་གསོ་དཀྱིལ་སྙིང་ཁྲུ་ཚིགས་ལ་མངོན་པར་གསལ་བའི་རིགས་རྒྱུད་ཀྱི་ཁྱད་ཆོས་དང་གཤིས་རྒྱུད། འདེམ་གསོ་དམིགས་འབེན་དང་མཐུན་པའི་རྒྱུད་འཛིན་རྨང་གཞི་ལྡན་དགོས་པའི་ཁར། འཕྲུས་སྨྲི་ཚང་བའི་ཐོན་སྐྱེད་ཟིན་ཐྲིས་དང་ཁྲུ་ཚིགས་ཀྱི་ཡིག་ཚགས་སོགས་ཀྱང་ཡོད་དགོས།

ལྔ། གཤིས་ནུས་ཚད་འཇལ་ལམ་ལུགས་འཕྲུས་ཚང་དང་སོན་འདེབས་འདེམ་སྒྱུར་ནན་མོ་བྱེད་པ།

འདེམ་གསོ་ཁྲུ་ཚིགས་ཀྱི་སོན་ཕྱུགས་རྣམས་ལ་རིགས་རྒྱུད་ཀྱི་ཚད་གཞི་དང་འབྲེལ་ཡོད་ལག་རྩལ་གྱི་གཏན་ཁེལ་ལྟར། དུས་ཐོག་དང་ཡང་དག་སྒོས་གཤིས་ནུས་ཚད་འཇལ་བྱ་བ་ལེགས་སྒྲུབ་བྱེད་དགོས་པར་མ་ཟད། ཕ་གཡག་གི་ཡིག་ཚགས་གསར་སྐྲུན་ནམ་འཕྲུས་ཚང་དུ་གཏོང་དགོས། སོན་བཟང་འདེམ་དུས་གཙོ་བོ་འབུར་དུ་ཐོན་པར་བྱས་ཏེ་དབྱིབས་གཟུགས་ཀྱི་ཁྱད་ཆོས་འགར་དམིགས་ནས་གདམ་ག་བྱེད་དགོས། འདེམ་སྒྱུར་གྱི་ཕྱོགས་ནས་རང་རིགས་འདེམ་གསོ་མི་འདྲ་བའི་སྣང་བྱར་དམིགས་ནས་དེ་ར་མཐུན་གྱི་ཐབས་ལམ་སྤྱོད་དགོས། འདེམ་གསོ་དཀྱིལ་སྙིང་ཁུལ་གྱི་རིགས་རྒྱུད་གཙང་ལེགས་ཅན་དུ་གཏོང་ཆེད་ནང་ཁུལ་ནས་ཉེ་སྦྱོར་བྱས་ཆོག ཕྱུས་ལེགས་རིགས་རྒྱུད་ཐོན་ཁུལ་དང་ཕྱིར་བཏང་གི་རྒྱུད་སྤེལ་ཁྲུ་ཚིགས་ནང་ནས་ཉེ་སྦྱོར་བྱས་མི་ཆོག

དྲུག ལག་རྩལ་གསོ་སྐྱོང་སྤེལ་བ།

ལག་རྩལ་གསོ་སྐྱོང་གི་ཁོངས་སུ་ཆེད་ལས་ལག་རྩལ་མི་སྣའི་གསོ་སྐྱོང་དང་འབྲོག་པ་མང་ཚོགས་ཀྱི་གསོ་སྐྱོང་གཉིས་འདུས། ཆེད་ལས་ལག་རྩལ་མི་སྣའི་གསོ་སྐྱོང་ནི་ལོ་རེར་དུས་རིམ་དབྱེ་ནས་ཁག་བགོས་བྱས་ཏེ་ལག་རྩལ་སྦྱོང་བརྡར་བྱེད་དགོས། སྦྱོང་བརྡར་གྱི་ནང་དོན་ལ་འབྲི་གཡག་འདེམ་གསོའི་ལག་རྩལ་དང་འབྲི་གཡག་མི་བཟོས་ཚོད་འཛིན་སྡེབ་སྦྱོར་ལག་རྩལ། འབྲི་གཡག་གསོ་ཚགས་རྡོ་དམ་ལག་རྩལ། འབྲི་གཡག་རྒྱུད་སྤེལ་ལག་རྩལ། བེའུ་གསོ་སྐྱོང་ལག་རྩལ། འབྲི་གཡག་ནད་གསོ་ལག་རྩལ་སོགས་གཙོ་བོར་བཟུང་ནས་གཞི་རིམ་གྱི་ཆེད་ལས་ལག་རྩལ་མི་སྣའི་སྤུས་ཚད་ཇེ་མཐོར་གཏོང་དགོས། འབྲོག་པ་མང་ཚོགས་ཀྱི་གསོ་སྐྱོང་ནི་ལོ་རེར་ཐེངས་1~2ལ་བྱེད་དགོས། ནང་དོན་ནི་གསོ་ཚགས་རྡོ་དམ་དང་རོགས་འདེགས་མཉམ་སྒྲུབ། ནད་རིམས་སྔོན་འགོག་སོགས་འདུས།

བདུན། དུས་ལྟར་འབྲི་གཡག་དཔྱད་བསྡུར་ཚོགས་ཆེན་བསྡུ་བ།

འབྲི་གཡག་དཔྱད་བསྡུར་ཚོགས་ཆེན་བསྡུ་བ་ནི་རྒྱ་ཆེའི་འབྲོག་པ་མང་ཚོགས་ལ་འབྲེལ་ཡོད་ཤེས་བྱ་དྲིལ་བསྒྲགས་དང་འདེམ་གསོའི་གྲུབ་འབྲས་ལ་ཞིབ་བཤེར། ཕྱུགས་ལས་ཀྱི་ཚན་རིག་ལག་རྩལ་ཤེས་བྱ་ཁྱབ་གདལ། འདེམ་གསོ་བྱ་བར་སྐུལ་འདེད་བྱེད་པའི་ཐབས་ལམ་ཞིག་ཡིན། ནང་དོན་གཙོ་བོར་འདེམ་གསོའི་ཕྲུས་ལེགས་འབྲི་གཡག་ལ་དཔྱད་བསྡུར་དང་། འབྲི་གཡག་འདེམ་གསོ་དང་སྔོན་ཐོན་ཉམས་མྱོང་བརྗེ་རེས་སམ་ཁྱབ་གདལ་དུ་གཏོང་བ། ཐུལ་བྱུང་ཐུན་མོང་དང་སྔོན་ཐོན་མི་སྣར་གཟེངས་བསྟོད་བྱ་དགའ་སོགས་བྱིན་ནས་འདེམ་གསོ་བྱ་བར་སྐུལ་འདེད་བྱེད་དགོས།

འབྲི་གཡག་གི་རང་རིགས་འདེམ་གསོ་ལས་དོན་གྱི་དུས་ཡུན་རིང་བ་དང་ལས་འབྲེལ་མང་བ། བྱ་བར་དཀའ་ཚེགས་ཆེ་བ། ཕན་ནུས་ཐོན་ཡུན་དལ་བ།

དེའི་འཕྲོར་འབྲི་གཡག་གསོ་སྐྱོང་གི་ཆུ་ཚད་དམའ་བ་དང་དོ་དམ་ཞིབ་མོ་མ་ཡིན་པ། རང་བྱུང་ཁོར་ཡུག་གི་ཆ་རྐྱེན་ཞན་པ་སོགས་ཀྱི་དབང་གིས་འབྲི་གཡག་འདེམ་གསོའི་བྱ་བ་ནི་ལས་གཞི་ཁག་པོ་ཞིག་ཡིན་འདུག དེ་བས། འབྲི་གཡག་འདེམ་གསོའི་ལས་དོན་གྱི་གྲས་སུ་ཚན་རིག་ལག་རྩལ་ཚང་བའི་ལས་བྱེད་མི་སྣ་དང་རིགས་སོ་སོའི་མི་དམངས་མང་ཚོགས་ཕྱོགས་གང་ཐད་ནས་ལས་ཞུགས་བྱེད་པར་རྩ……འཛུགས་བྱས་ཏེ་དཀའ་ངལ་ཁྲིད་གསོད་དང་དུས་ཡུན་རིང་པོའི་འདེམ་གསོ་བྱ……བ་རྒྱུན་འཁྱོངས་བྱེད་དགོས།

ལེའུ་བཞི་པ། འབྲི་གཡག་གི་གསོ་ཚགས་དོ་དམ།

ས་བཅད་དང་པོ། འབྲི་གཡག་གི་གསོ་ཚགས་དགོས་ཆས།

འབྲི་གཡག་འཚོ་སྐྱོང་བྱེད་ཡུལ་གྱི་རྩྭ་སའི་སྟེང་དུ། རྩྭ་ས་སྐོར་བྱེད་ཀྱི་ལྷུགས་ར་དང་འགོག་སྨན་རྒྱག་སའི་འཛུགས་སྐྲུན་ལས་གཞན་པའི་འཛུགས་སྐྲུན་ཤིན་ཏུ་ཉུང་། ཕྱུགས་ར་ནི་སྤྱིར་བཏང་དུ་དགུན་ས་དང་དབྱར་སའི་སྟེང་དུ་བསྐྲུན་པ་དང་། མཚན་མོར་ཕྱུགས་ཁྲུ་སྡོད་གནས་ཡིན།

གཅིག ས་འདམ་ཕྱུགས་ར།

ས་འདམ་ཕྱུགས་ར་ནི་ཡུན་རིང་རང་བཞིན་གྱི་ཕྱུགས་རའི་འཛུགས་སྐྲུན་ཞིག་ཡིན། སྤྱིར་བཏང་དུ་གཏན་སྡོད་ས་གནས་དང་གཏན་སྡོད་ས་གནས་ལ་བར་ཐག་མི་རིང་བའི་དབྱར་ས་དང་དགུན་སའི་རྩྭ་ར་ནང་དུ་འཛུགས་སྐྲུན་བྱས་ཡོད། གཙོ་བོ་འབྲི་མོའི་ཁྲུ་ཚོགས་ལ་འདོན་སྤྲོད་བྱེད་པ་དང་བེའུའི་སྟེང་དུ་བེད་སྤྱོད་བྱེད་པའང་ཡོད། ཁྱིམ་གཅིག་ལ་ར་གཅིག་གམ་ཁྱིམ་གཅིག་ལ་ར་དུ་མ་ཡོད་པ་ཡིན།

ས་འདམ་ཕྱུགས་རར་དབྱེ་ན། སྤྱིལ་བུ་ཡོད་མེད་གཉིས་དང་ཕྱུགས་རའི་ཟུར་ཕྱོགས་ནས་སྤྱིལ་བུ་ཡོད་པ་བཅས་ཡོད། སྤྱིལ་བུ་ནི་སྤྱིར་བཏང་གི་རྒྱུ་ཆ་དཀྱུས་མས་བསྐྲུན་པ་ཡིན་ལ། ས་མཐུགས་ཀྱིས་གདོན་དགོས་ཤིང་སྤྱིལ་བུའི་འཁོར་ཕྱོགས་ཉིན་ཕྱོགས་ལ་གཏད་དགོས་པ་དང་སྒོ་མི་དགོས། ས་འདམ་ཕྱུགས་རར་ར་

གཅིག་ཁེར་འཛུགས་དང་དུ་མ་ལྷན་ཅིག་ཏུ་སྦྲེལ་བ་གཉིས་ཡོད། ཕྱུགས་ར་ཕན་ཚུན་བར་གྱང་དང་ལྕགས་རས་གཅོད་པ་དང་། ཕྱུགས་ར་ཕན་ཚུན་སྦྲེལ་ཡོད་པར་སྒོ་གཅིག་དང་སྒོ་དུ་མ་ཡོད་པའང་འདུག ཕྱུགས་ར་དུ་མ་ལྷན་ཅིག་ཏུ་སྦྲེལ་ཡོད་ན་ཟུར་གནས་ཀྱི་ཕྱུགས་ར་གཅིག་ནི་འགོག་སྨན་རྒྱག་ས་དང་སྨན་ལྡུད་ས། བརྟག་དཔྱད་བྱེད་པའི་གནས་ཡུལ་དུ་བཀར་ནས་བེད་སྤྱོད་བྱེད་དགོས།

གཉིས། ལྷི་བའི་ཕྱུགས་ར།

ལྷི་བའི་ཕྱུགས་ར་ནི་འབྲི་གཡག་གི་ལྷི་བ་རྩིག་པའམ་ཕྱུངས་ནས་གྲུབ་པའི་གནས་སྐབས་རང་བཞིན་གྱི་འཛུགས་སྐྲུན་ཞིག་ཡིན། འདི་ནི་སྤྱིར་བཏང་དུ་དགུན་སའི་སྟེང་དུ་བབས་རྗེས་མཚོར་སའི་མཐའ་སྐོར་ནས་ཕྱུང་རྩིག་བྱེད་པ་ཡིན། ཐབས་ལམ་ནི་ཉིན་རེའི་ལྷི་བ་རྣམས་ཕྱོགས་གཅིག་ཏུ་བརྩེགས་ནས་མཐོ་ཚད་ལིས་སྨིད 15~20ཕྱུང་བ་དང་། ཞག་མ་གཅིག་འགོར་ནས་དེ་ཉིད་འཁྱགས་རེངས་སུ་བརྟན་ཅན་དུ་གྱུར་རྗེས་ཕྱི་ཉིན་ཡང་བསྐྱར་དེའི་སྟེང་དུ་རྩིག་པ་དང་། ཉིན་འགའ་འགོར་རྗེས་ཕྱུགས་ར་གྲུབ་པ་ཡིན།

ལྷི་བའི་ཕྱུགས་རར་དབྱེ་ན་གཉིས་ཡོད་དེ། རིགས་གཅིག་ནི་ཁང་ཀླད་མེད་ཅིང་ཕྱོགས་བཞི་པོ་ར་བས་བསྐོར་བ་དང་། འདིའི་ནང་དུ་འབྲི་གཡག་འཇུག་པ་ཡིན་པས་གཞི་ཁྱོན་ཡང་ཅུང་ཆེ་བ་དང་རླུང་དང་ཁ་བ་སོགས་འགོག་ཐུབ། རིགས་གཞན་ཞིག་ནི་བེའུ་འཇུག་བྱེད་ཀྱི་སྦྱིལ་བུ་ཡིན། དབྱིབས་གཟུགས་ནི་རྫ་མ་ཞིག་ཁ་བུབ་སློག་པ་དང་འདྲ་ལ། རྨང་གཞིའི་ཆགས་གཞི་ནི་རྟའི་སྨིག་པ་དང་མཚུངས་པ་དང་ཚངས་ཐིག་སྨིད 1ཡིན། རྩིག་རིམ་རེ་རེ་བརྒྱུད་ནས་རིམ་བཞིན་རྩེ་ཆུང་དུ་བཏང་སྟེ་ཁ་སུམ་པར་བྱས་ཡོད། མཐོ་ཚད་ཀྱང་སྨིད 1ཡོད་པས་བེའུ་ཞིག་ནང་དུ་ཤོང་བ་ཡིན། སྦྱིལ་བུའི་སྒོ་རླུང་ཕྱོགས་དང་ལྡོག་ནས་གཏོད་ཅིང་སྒོ་ཁར་ཤིང་ཕུར་ཞིག་བཙབས་ནས་བེའུ་འདོགས་སྤྱད་བྱས་ན་བེའུ

ཕྱིར་འབུད་ནང་འཛུལ་བྱེད་པར་རང་དབང་ཡོད། སྤྱིལ་བུའི་ནང་དུ་རྩ་སྐྱེ འདིང་དགོས། ལྷེ་བའི་ཕྱུགས་ར་ནི་དགུན་དུས་གཅིག་ལ་མ་གཏོགས་བེད་སྤྱོད་བྱེད་མི་ཐུབ་པ་དང་། དབྱར་དུས་གནམ་གཤིས་ཇེ་དྲོད་དུ་སོང་བར་བསྟུན་ནས་རང་ཤུགས་ཀྱིས་ལོག་པའམ་རྡིབ་པར་འགྱུར་བས་ཕྱིར་ལོ་ཡང་བསྐྲུར་གསར་དུ་སྐྲུན་དགོས།

གསུམ། རྡོད་ཁང་།

རྡོད་ཁང་ནི་སྤྱིར་བཏང་དུ་རླུང་ལྷགས་ལ་གཡོལ་ཞིང་ཉིན་ཕྱོགས་ལ་གཏད་པ། ས་རྡོས་སྐམས་པ། སྐམ་ཤས་ཆེ་བ། འགྲིམ་འགྲུལ་སྟབས་བདེ། བཀོལ་སྤྱོད་བྱེད་བདེ་བའི་གནོང་སར་བསྐྲུན་པ་མང་། འཕོར་ཕྱོགས་ནི་བྱང་རྒྱབ་ལྷོ་མདུན་དང་ལྷོ་ནས་ནུབ་ལ་འཕྱོག་ཚད་5°~10°ཡིན་ན་བཟང་། སྤྱ་རྡོ་དང་ཕྱི་རྡོའི་ཉི་མའི་ཚུར་འཕྲོའི་ཟུར་རྡོས་45°ཡས་མས་ཡོད་པར་བསམ་བློ་བཏང་ནས་ཉི་མའི་འོད་ཟེར་རྡོད་ཁང་ནང་དུ་འཕྲོ་བར་བྱས་ཏེ་རྡོད་ཚད་རྒྱས་པའི་ནུས་པ་འདོན་ཐུབ་པར་བྱེད་དགོས། རྡོད་ཁང་གི་ཆེ་ཆུང་ནི་འབྲི་གཡག་གི་མང་ཉུང་ལ་དམིགས་ནས་གཏན་ཁེལ་བྱེད་དགོས། སྤྱིར་བཏང་དུ་འབྲི་གཡག་གཅིག་གིས་ས་རྡོས་ཟིན་ཚད་སྨིད་གྲུ་བཞི་མ 1.6~2.0ཚད་གཞི་ལྟར་འཛུགས་སྐྲུན་བྱེད་དགོས། རྡོད་ཁང་ཆེ་ནའང་སྨིད་གྲུ་བཞི་མ 200ལ་མི་བརྒལ་བ་དང་འབྲི་གཡག 80ཡས་མས་ཤོང་བས་ཆོག

མཐོ་སྒང་གི་གྲང་ངར་ཆེ་བའི་རྩྭ་རའི་སྟེང་གི་རྡོད་ཁང་ནི་ཐུར་རྡོས་གཅིག་ཅན་དང་གཟར་རྡོས་ཅན་ཡིན། ཕོག་སྟོང་ཅན་གྱི་འགྲིག་ཤོག་སྲབ་མོ་ཉིས་རྩིག་ཅན་གྱི་རྡོད་ཁང་ཡིན་ན། བརྩིགས་གྱང་ནི་སྲ་ཞིང་མཁྲེགས་པ་ཞིག་ཡིན་དགོས་ལ། ཆ་རྐྱེན་ཡོད་ན་ཨར་འདམ་གྱིས་རྨང་གཞི་བཏིང་ནས་ས་རྡོས་ཀྱི་ཆུ་རྡོད་ཁང་ནང་དུ་སིམ་པར་སྔོན་འགོག་བྱེད་དགོས། བརྩིགས་གྱང་ནི་སོ་ཕག་དང་

རྗེ་གཡམ་གང་རུང་གི་གྲུབ་པ་ཡིན་ལ། རབ་ཡིན་ན་ཀྱང་རྡུང་ཐུབ་ན་བཟང་། ཡིན་ཡང་བརྩིགས་ཀྱང་གི་ཕྱི་ནང་ལ་དཀར་རྩི་བྱུགས་ནས་ཇེ་འཇམ་དུ་བཏང་བའི་ཁར་ལྷགས་རླུང་རྒྱུག་མི་ཐུབ་པ་ཞིག་ཡིན་དགོས། དྲོད་ཁང་བེད་སྤྱོད་བྱས་ཏེ་འབྲི་གཡག་གསོ་སྐྱོང་བྱས་ན། ཤེད་ཤུགས་རྒྱས་ཚད་དང་བེའུའི་གསོན་ཚད་མངོན་གསལ་གྱི་ཇེ་མཐོ་འགྲོ་བར་མ་ཟད། དཔལ་འབྱོར་གྱི་ཕན་འབྲས་ཀྱང་ཤིན་ཏུ་བཟང་། ཡིན་ནའང་དྲོད་ཁང་དར་ཁྱབ་ཏུ་སོང་བ་དང་བསྟུན་ནས། འབྲི་གཡག་གསོ་སྐྱོང་བྱེད་སའི་དྲོད་ཁང་ནང་དུ་ནད་རིམས་སྣ་ཚོགས་ཀྱང་རིམ་གྱིས་བྱུང་དང་འབྱུང་བཞིན་ཡོད་པས། དྲོད་ཁང་བེད་སྤྱོད་བྱེད་པའི་བརྒྱུད་རིམ་ཁྲོད་དུ་རྒྱུན་ལྡན་གྱི་ནད་རིམས་སྔོན་འགོག་བྱ་བ་ལེགས་པར་སྒྲུབ་དགོས་ཏེ། དཔེར་ན། དྲོད་ཁང་གི་གཙང་སྦྲ་རྒྱུན་འཁྱོངས་བྱས་ཏེ་རླུང་རྒྱུག་ཐུབ་པར་བྱས་པའི་ཐོག་ཁོར་ཡུག་ལེགས་པོ་ཞིག་སྐྲུན་དགོས། དྲོད་ཁང་ནང་དུ་སྨན་ཤས་ཆེ་དྲག་ན་ཐལ་བ་ལང་བ་དང་དུག་སྦྱིན་ཡང་གང་སར་ཁྱབ་འགྲོ་བས་དགོས་ངེས་ཀྱིས་ཆུ་གཏོར་དགོས། བྱེ་བྲག་གི་འཇུགས་སྐྲུན་བྱེད་ཐབས་ཚད་གཞི་ཅན་གྱི་དྲོད་ཁང་འཇུགས་སྐྲུན་ལ་ཟུར་ལྟ་བྱས་ཆོག

བཞི། ཉལ་ས།

བརྩིགས་ཀྱང་མཐོ་ཚད་སྨིད 2~2.5ཡི་སོ་ཕག་ཡིན་ལ། ས་ངོས་ས་སོབ་སོབ་དང་བྱེ་རྡུལ་ཡིན་པ། སྣ་མོ་སོ་ཕག་དང་ལྕགས་རིགས་ཀྱི་གྲུབ་པའོ། །འབྲི་གཡག་རེའི་ཆ་སྙོམས་ས་ངོས་ཟིན་ཚད་སྨིད་གྲུ་བཞི་མ 2~3བར་ཡིན།

ལྔ། རྩྭ་སྒྲིལ།

རྩྭ་སྒྲིལ་གྱི་འཇུགས་སྐྲུན་གཞི་ཁྱོན་ནི་གཟན་རྩྭའི་ཐོན་ཚད་ལྟར་གཏན་ཁེལ་བྱེད་དགོས། འཕེལ་རྒྱས་ལ་དམིགས་པ་ཡིན་ན་ཅུང་ཆེ་དགོས་ཤིང་། གྲུབ་ཚུལ་ནི་སོ་ཕག་འདྲེས་མའི་ཁང་བ་ཐོག་གཅིག་མ་ཡིན། ས་རྗེ་འདྲེས་མའི་རྩང་

གཞི་ཡིན་དགོས་ཤིང་ས་རྡོས་ལས་ལིས་ཚིད 60མར་བཀོ་དགོས། ས་རྡོས་ས་རྡོ་འདྲེས་མ་དང་བརྩིགས་གྱང་ཡང་སོ་ཕག་འདྲེས་མ་ཡིན་པས་ཆོག་ལ། མཐོ་ཚད་ཚིད 3.3~3.8བར་ཡོད་དགོས། ཁང་སྣད་ནི་རྒྱའི་ཡི་གེ་མིའི(人)གཟུགས་སུ་གྲུབ་པ་ཡིན།

དྲུག ར་སྐོར།

(གཅིག)ལུགས་རའི་ར་སྐོར།

ལུགས་རའི་ར་སྐོར་གྱི་ལུགས་སྐྱུད་ཀྱི་ཚངས་ཐིག་ཆེ་ཆུང་དང་དྲ་མིག་ཚངས་ཐིག་གིས་ལུགས་རའི་དམ་ལྟོད་ཀྱི་ཕྲུས་ཚད་ཐག་གཅོད་བྱེད་བཞིན་ཡོད། སྤྱིར་བཏང་དུ་ལུགས་སྐྱུད་གི་ཚངས་ཐིག་ཆེ་བ་དང་དྲ་མིག་གི་ཚངས་ཐིག་ཇེ་ལྟར་ཆུང་ན་ལུགས་རའི་ཕྲུས་ཚད་དེ་ལྟར་ལེགས་པ་ཡིན་ལ་མ་དངུལ་ཤོར་ཚད་ཀྱང་དེ་བས་མཐོ་བ་ཡིན། དེ་བས། འབྲོག་པ་མང་ཚོགས་ཀྱིས་རང་ཉིད་ཀྱི་དཔལ་འབྱོར་ཆ་རྐྱེན་ལ་དམིགས་ཏེ་གདམ་གསེས་བྱས་ཆོག ལུགས་རའི་ཀ་གདུང་ཟུར་ལྡན་ཀ་བ་ལུགས་གདུང་ཡིན་ཆོག་ལ། ཨར་འདམ་གྱིས་བཟོས་པའི་ཀ་གདུང་ཡིན་ནའང་ཆོག ལུགས་ཀྱི་ཀ་གདུང་ཡིན་ན་བཀོལ་སྤྱོད་བྱེད་བདེ་རུང་། མ་དངུལ་ཤོར་ཚད་ཨར་འདམ་ཀ་བ་ལས་ལྡབ་གཅིག་གི་མཐོ། ལུགས་རའི་ར་སྐོར་གྱི་སྒོ་ནི་སྤྱིར་བཏང་དུ་ལུགས་རིགས་ཀྱི་གྲུབ་པ་ཡིན། ཉོ་རྒྱུ་ཡོད་ལ་རང་ཉིད་ཀྱི་དགོས་འདོད་ལྟར་མངགས་བཟོ་བྱས་ཀྱང་ཆོག ལུགས་ར་འཐེན་དུས་ད་དུང་སྐྱུད་པ་འཐེན་བྱེད་སོགས་འབྲེལ་ཡོད་ཀྱི་རྒྱུ་ཆའང་ཚང་དགོས།

(གཉིས)གློག་སྐྱུད་ར་སྐོར།

གློག་སྐྱུད་ར་སྐོར་ནི་ར་སྐོར་སྣ་ཚོགས་ཁྲོད་ནས་ཆེས་བཟང་བ་ཞིག་ཡིན། གལ་ཏེ་གློག་སྐྱུད་ར་སྐོར་དང་ཞིང་ཆུ། འཐུང་ཆུ་སོགས་ལྷུ་ལག་ཚང་བའི་སྒོ་ནས་འཛུགས་སྐྲུན་བྱེད་ཐུབ་ན། སྐྱེ་ཁམས་ཕྱུགས་ལས་གོང་དུ་སྤེལ་བར་ནུས་པ་གལ་

ཆེན་འདོན་པར་མ་ཟད། རྩྭ་སའི་སྐྱེ་ཁམས་ཁོར་ཡུག་ཀྱང་རྒྱུན་འཁྱོངས་བྱེད་ཐུབ། གློག་སྐུད་ར་སྐོར་གྱི་བཟོ་སྐྲུན་འགྲོ་གྲོན་དམའ་བའི་དབང་གིས། ཕྱུགས་ལས་ཀྱི་རྒྱུན་མཐུད་འཕེལ་རྒྱས་དང་རྩྭ་ས་ཞན་འགྱུར། བྱེ་འགྱུར་སོགས་ལེགས་སྐྱུར་བྱེད་པ་སོགས་ཀྱི་ཐད་ལ་ནུས་པ་མི་དམན་པ་ཞིག་འདོན་ཐུབ།

གློག་སྐུད་ར་སྐོར་གྱི་ནུས་པ་ནི་འབྲི་གཡག་རྣམས་ཀྱི་སེམས་ཁམས་འགོག་སྲིབ་ནུས་པ་ཐོན་པས། གློག་སྐུད་ར་སྐོར་ཏ་ཙང་སྲ་མཁྲེགས་ཤིག་ཡིན་མི་དགོས་པར། ར་སྐོར་ཧུས་འགོད་དང་བཟོ་སྐྲུན་བྱེད་པའི་སྐབས་སུ་འཛེམ་འཛིན་བྱེད་པར་མ་ཟད། གཞན་པའི་སྲོག་ཆགས་དང་ཁ་བ་ཆེན་པོ། རླུང་ཆེན་བཅས་ཀྱི་གནོད་ཤུགས་ལས་ཐར་ཐུབ་པ་ཞིག་ཡིན་པས་ཆོག གློག་རྩ་འཕར་ཆས་ཀྱི་ནུས་ཚད་ཀྱིས་ར་སྐོར་གྱི་རིང་ཚད་ལ་ནུས་ཚད་ཆེན་པོ་འདོན་ཐུབ་ན་ད་གཟོད་སྲོག་ཆགས་ཚོད་འཛིན་བྱེད་པའི་ནུས་པ་འདོན་ཐུབ།

བདུན། འབྲེལ་ཡོད་དགོས་ཆས།

འབྲི་གཡག་གསོ་ཚགས་དོ་དམ་གྱི་རྨང་གཞི་འཛུགས་སྐྲུན་ལ་ད་དུང་གཟན་གཞོང་དང་ཆུ་གཞོང་། འཆིང་འདོགས་ཀ་བ། བཙོག་ཆུ་ཕྱིར་འདོན་ཆུ་ཀ། སྐྱུག་དོང་སོགས་འབྲེལ་ཡོད་དགོས་ཆས་དང་། སྨན་རྫས་ཁྲུས་རྫིང་སོགས་ཕྱུགས་རྒྱུད་ལེགས་སྐྱུར་དང་ནད་རིམས་སྔོན་འགོག་དགོས་ཆས། གཟན་རྩྭ་གསོག་ཉར་ར་བ་དང་གཟན་རྩྭ་ལས་སྣོན་དགོས་ཆས་སོགས་ཀྱང་དགོས།

བརྒྱད། འབྲེལ་ཡོད་སྒྲིག་ཆས།

འབྲི་གཡག་ལས་རིགས་འཕེལ་རྒྱས་སུ་གཏོང་བ་དང་ལྷག་པར་དུ་གཞི་ཁྱོན་ཆེ་བའི་གསོ་ཚགས་ལས་རིགས་སྤེལ་ན། ངེས་པར་དུ་འབྲེལ་ཡོད་ཀྱི་སྨན་བཅོས་འཕྲུལ་ཆས་དང་རྒྱུན་སྤྱོད་སྨན་རྫས། བཞོ་ཟོ། འོ་གསོག་རྫ་ཆས། མར་དོན་འཕྲུལ་ཆས་སོགས་འོ་མ་ལས་སྣོན་འཕྲུལ་ཆས་དང་། རྩྭ་འབྲེག་འཕྲུལ་ཆས།

འདུད་འཛིན་འཁོར་ལོ་སོགས་གཟན་རྩྭ་ཐོན་སྐྱེད་དང་སྐྱེལ་འདྲེན། ལས་སྣོན་འཕྲུལ་ཆས་སོགས་ཀྱང་ཚང་དགོས།

ས་བཅད་གཉིས་པ། ཕྲུ་དགར་གསོ་ཆགས་དོ་དམ།

གཅིག ཕྲུ་ཚོགས་གྲུབ་ཚུལ།

ཚད་གཞི་དང་མཐུན་པའི་འབྲི་གཡག་གི་ཕྲུ་ཚོགས་ནི་རྒྱུན་ལྡན་འཁོར་རྒྱུག་ལག་ཐེག་བྱས་པའི་སྣང་གཞི་སྟེང་དུ་དཔལ་འབྱོར་གྱི་ཁེ་ཕན་ཡང་ལེགས་པོ་ཡོད་ཐུབ་པ་ཞིག་ཡིན། ཐོན་སྐྱེད་འབྲི་མོ་ནི་འབྲི་གཡག་ཕྲུ་ཚོགས་ཁྲོད་ནས་གོ་གནས་གལ་ཆེན་ཟིན་པའི་ཐོན་སྐྱེད་པ་ཡིན་ལ། བེའུ་བཙས་པ་དང་འོ་མ་ཐོན་སྐྱེད་ཀྱི་འོས་འགན་ཡང་ཕྲག་ཏུ་བབས་ཡོད། དེ་བས། འབྲི་གཡག་གི་ཕྲུ་ཚོགས་ནས་འབྲི་མོའི་གྲངས་ཚད་ཇེ་མང་དུ་གཏོང་དགོས་པར་མ་ཟད། ཕྲུ་ཚོགས་ཀྱི་གྲུབ་ཚུལ་ཡང་འོས་ཤིང་འཚམ་པ་ཞིག་ཡིན་དགོས། སྔོན་ཆད། མཚོ་སྔོན་ཞིང་ཆེན་གྱི་འབྲི་གཡག་གི་གྲུབ་ཚུལ་ཁྲོད་དུ། འབྲི་མོའི་གྲངས་ཚད་ཀྱི་30%~40%མ་གཏོགས་ཟིན་མེད་པ་དང་། ཐོན་སྐྱེད་རང་བཞིན་མ་ཡིན་པའི་གཡག་གིས་གྲངས་ཚད་མང་པོ་ཟིན་ཡོད་པས། གནས་བབ་འདིས་བཤས་ཁོངས་གཏོང་འབོར་དང་ཚོང་རྫས་གཏོང་འབོར་ཇེ་མཐོར་འགྲོ་བར་གནོད་པ་ཆེན་པོ་བཟོས་པ་ཡིན། དེང་རབས་ཅན་གྱི་ཕྱུགས་ལས་ཐོན་སྐྱེད་ཀྱི་ཆུ་ཚད་ཇེ་མཐོར་སོང་བ་དང་བསྟུན་ནས། འབྲི་གཡག་ཕྲུ་ཚོགས་ཁྲོད་ཀྱི་ཐོན་སྐྱེད་འབྲི་མོའི་གྲངས་ཚད་ཀྱང་རིམ་བཞིན་ཇེ་མང་དུ་སོང་ནས 50%~55%ཟིན་ཡོད། འབྲི་གཡག་གི་སྐྱེ་འཕེལ་ནུས་པ་སྔར་ལས་ཇེ་ལེགས་སུ་གཏོང་ཆེད། ད་ལྟའི་འབྲི་གཡག་ཕྲུ་ཚོགས་ཀྱི་གྲུབ་ཚུལ་ལེགས་སྒྲིག་བྱེད་དགོས་ཏེ། ཐོན་སྐྱེད་འབྲི་གཡག་གི་གྲངས་ཚད 60% ~70%དང་། ལོ་

རེའི་འབྲི་གཡག་གསར་སྣོན་གྲངས་ཚད 15% ~20%རྒྱུན་འགྲོངས་བྱེད་ཐུབ་ན་བཟང་།

གཉིས། ཚོགས་ཕྲུ་དགར་བ།

འཚོ་སྐྱོང་དོ་དམ་དང་འོས་འཚམ་སྣོས་རྫ་ས་བཀོལ་སྤྱོད་བྱེད་པ། ད་དུང་འབྲི་གཡག་གི་ཐོན་སྐྱེད་གཤིས་ནུས་ཇེ་མཐོར་གཏོང་ཆེད། འབྲི་གཡག་གི་ལོ་ཚོད་དང་ལུས་ཁམས་ཀྱི་གནས་ཚུལ་ལ་དམིགས་ཏེ་ཕྲུ་ཚོགས་དགར་དགོས། འཚོ་སྐྱོང་བྱེད་དུས་ཕྲུ་ཚོགས་སོ་སོ་ཕན་ཚུན་འདྲེས་སུ་མི་འཇུག་པར་གཟན་རྩྭ་ལོངས་སྤྱོད་དང་འཚོ་བཅུད་ཀྱི་གནས་ཚུལ་ཆ་སྙོམས་ཡོང་བར་བྱས་ནས་འཚོ་སྐྱོང་གི་དཀའ་ངལ་སེལ་དགོས།

《མཚོ་སྔོན་མཐོ་སྒང་གི་འབྲི་གཡག》(DB63/277~2005)གི་རིགས་རྒྱུད་ཚད་གཞི་ལྟར་འབྲི་གཡག་གསལ་འབྱེད་དགོས་ཏེ། གསལ་འབྱེད་བྱས་རྗེས་ཕོ་མོ་དང་ལོ་ཚོད། རིམ་པ་ལྟར་འོས་འཚམ་གྱི་ཕྲུ་ཚོགས་དགར་དགོས། གཡག་རྣམས་ཟུར་གནས་སུ་བཀར་ནས་འབྲི་མོའི་ཕྲུ་ཚོགས་དང་རིང་དུ་བྲལ་དགོས། སྡུར་སྡེབ་བྱེད་པའི་དུས་ཡུན་ལོན་རྗེས་ཕ་གཡག་འབྲི་མོའི་གྲས་སུ་བཏང་ནས་སྡུར་སྡེབ་བྱེད་དགོས་ལ། དེའི་འཁོར་ཡང་བསྐྱར་ཟུར་དུ་བཀར་ནས་འཚོ་སྐྱོང་བྱེད་དགོས། ཤ་ཤེད་དང་རིགས་རྒྱུད་ཤིན་ཏུ་བཟང་བ་དང་རིམ་པ་མཐོ་བའི་འབྲི་གཡག་དར་མ་རྣམས་ཕྲུ་ཚོགས་དུ་མར་བཀར་ཆོག་པ་དང་། ཕྲུ་ཚོགས་རེའི་གྲངས་ཀ་ནི 100~150བར་ཡིན། ལོ 2~3ཅན་གྱི་འབྲི་མོ་རྣམས་ཀྱང་ཕྲུ་ཚོགས་དུ་མར་བཀར་ཆོག་ཅིང་ཕྲུ་ཚོགས་རེའི་གྲངས་ཀ་ནི 150~200ཡིན། འབྲི་མོ་ཆུང་དུ་རྣམས་ལོགས་སུ་བཀར་ནས་ཕྲུ་ཚོགས་འཛུགས་དགོས་ལ་ཕྲུ་ཚོགས་རེའི་གྲངས་ཀ་ནི 50ཡིན།

འབྲི་གཡག་ཕྲུ་ཚོགས་ཀྱི་རྩ་འཛུགས་དང་དགར་ཚུལ། ཕྲུ་ཚོགས་ཀྱི་ཆེ

ཆུང་ནི་གཏན་ཆགས་རང་བཞིན་ཅན་ཞིག་མ་ཡིན་པར་ས་གནས་སོ་སོའི་ས་དཔྱིབས་དང་རྩྭ་མའི་ཆེ་ཆུང་། ངོ་དམ་གྱི་ཆུ་ཚད། འབྲི་གཡག་གི་གྲངས་ཀ་སོགས་ལ་དམིགས་ཏེ་རང་ཉིད་ཀྱི་གནས་ཚུལ་དངོས་དང་མཐུན་པའི་ཁྱུ་ཚོགས་བཀར་ནས་འཚོ་སྐྱོང་བྱས་ན་ད་གཟོད་འབྲི་གཡག་ཐོན་སྐྱེད་ཀྱི་དཔལ་འབྱོར་ཁེ་ཕན་ཇེ་ལེགས་སུ་འགྲོ་ཐུབ།

གསུམ། སྦྱོར་སྡེབ།

སྦྱོར་སྡེབ་བྱེད་པ་ནི་འབྲི་གཡག་སྐྱེ་འཕེལ་ལག་རྩལ་གྱི་གྲུབ་ཆ་གལ་ཆེན་ཞིག་ཡིན་ལ། འདིས་འབྲི་གཡག་གི་གནས་ཐང་འཕར་བ་དང་། འབྲི་གཡག་ཁྱུ་ཚོགས་ཀྱི་ངོ་དམ་དང་ཐོན་རྫས་ཐོན་སྐྱེད་བཅས་ལ་ཐད་ཀར་གྱི་འབྲེལ་བ་ཡོད་པར་མ་ཟད། རྒྱུད་བཟང་འབྲི་གཡག་བདམས་པ་དང་འབྲི་གཡག་འདེམ་སྦྱོར། འབྲི་གཡག་གི་རྒྱུད་ཕྲུས་སོགས་ལའང་འབྲེལ་བ་ཆེན་པོ་ཡོད། འབྲི་གཡག་གི་སྦྱོར་སྡེབ་བྱ་བ་ལེགས་པར་བཟུང་ན། འབྲི་མོར་མངལ་འཁོར་བའི་གྲངས་ཚད་ཇེ་མཐོར་འགྲོ་བས། འབྲི་གཡག་ཐོན་ལས་ཀྱི་འཕེལ་རྒྱས་ལ་སྐུལ་འདེད་བྱེད་པར་དོན་སྙིང་ཆེན་པོ་ལྡན།

(གཅིག)སྦྱོར་སྡེབ་དུས་ཚིགས།

འབྲི་མོའི་སྦྱོར་སྡེབ་དུས་ཚིགས་ནི་སྤྱིར་བཏང་དུ་ཟླ 6~10བར་ཡིན་ལ། ཉུང་ཤས་ཀྱིས་ཟླ 11པའི་བར་དུ་ཕྱིར་སྣུར་བྱེད་པའང་ཡོད། སྦྱོར་སྡེབ་དུས་ཚིགས་སླེབས་ན། ཕ་གཡག་རྣམས་གང་སར་རྒྱུག་ནས་དུས་རྩ་ལངས་པའི་འབྲི་མོའི་རྗེས་སུ་བསྙེགས་པ་ཡིན་པས། ལུས་ཟུངས་ཀྱི་ཟད་གྲོན་ཆེ་བ་དང་། གཟན་རྩྭ་ལོངས་སུ་སྤྱོད་པའི་དུས་ཡུན་ཇེ་ཉུང་དུ་སོང་བ་དང་བསྟུན་ནས། བཅུད་ལྡན་ཟས་རིགས་ཀྱིས་ཟད་གྲོན་དུ་སོང་བའི་ནུས་ཤུགས་སླར་གསོ་བྱེད་དཀའ་བས་ན། ལུས་ཟུངས་ཀྱི་ཤེད་ཤུགས་ཇེ་ཞན་ལ་འགྲོ་བ་དང་། ལྷག་པར་དུ་ལོ་ཕྲའི་ཕ་གཡག

གི་ཤེད་ཤུགས་ལ་གནོད་པ་ཤིན་ཏུ་ཆེ། དེ་བས། ཆ་རྐྱེན་ཡོད་པའི་ས་གནས་སུ། སྦྱོར་སྡེབ་དུས་ཚིགས་སླེབ་དུས་འབྲི་གཡག་རྣམས་ལ་ཉིན་རེར་གཟན་རྫས་ཐེངས་རེར་ལྷག་སྟེར་བྱེད་པའམ་ཡང་ན་ཉིན་དུ་མའི་རིང་ལ་གཟན་རྫས་ཐེངས་རེར་ལྷག་སྟེར་བྱེད་དགོས།

(གཉིས)ཕ་གཡག་འདེམ་པ།

སྦྱོར་སྡེབ་བྱེད་དུས། ཕ་གཡག་གི་གཤིས་སྤྱོད་ཁྱད་ཆོས་བེད་སྤྱོད་གང་ལེགས་བྱས་ཏེ། ཁྱད་སྤོབས་འཛོམས་པའི་ཕ་གཡག་གི་སྦྱོར་ཤུགས་འདོན་སྤེལ་བྱེད་དགོས། དུས་ལྟར་གཤིས་ནུས་སམ་འཁྲིག་ནུས་ཇེ་ཞན་དུ་གྱུར་པའི་འབྲི་གཡག་རྣམས་བརྗེ་སོར་བྱེད་དགོས། སྦྱོར་སྡེབ་ཕ་གཡག་འདེམ་དུས་ལོ་རེའི་གསལ་འབྱེད་ཚོད་སྙོམ་བྱས་པའི་ཚད་གཞི་ནང་བཞིན་འདེམ་དགོས། དུས་མཚུངས་སུ། ཕ་གཡག་དེ་ཉིད་དང་ཆ་འདྲ་བའི་འབྲི་མོའི་ཁྱུ་ཚོགས་དང་འདེམ་སྦྱོར་བྱེད་དགོས།

(གསུམ)ཕ་གཡག་གི་དོ་དམ་ལ་ཤུགས་སྣོན་པ།

སྦྱོར་སྡེབ་དུས་ཚིགས་ནང་དུ་ཕ་གཡག་གི་དོ་དམ་བྱ་བར་ཤུགས་སྣོན་བྱེད་དགོས་ཏེ། འཆར་གཞི་ཡོད་པའི་སྒོ་ནས་ཕ་སྦྱོར་བྱེད་དགོས་པ་དང་མིས་ཚོད་འཛིན་སྒོས་ཕ་སྦྱོར་བྱེད་དགོས། སྦྱོར་སྡེབ་དུས་ཚིགས་མ་སླེབས་གོང་རོལ་དུ་འབྲི་མོ་དང་ཁྱུ་ཚོགས་བཀར་ནས་འཚོ་སྐྱོང་བྱས་པའི་ཁར། འབྲི་མོའི་ཁྱུ་ཚོགས་དང་བར་ཐག་འཛིན་དགོས།

(བཞི)སྦྱོར་སྡེབ་བྱེད་ཐབས།

1.རང་དགར་སྦྱོར་སྡེབ། འབྲི་གཡག་སྦྱོར་སྡེབ་བྱེད་དུས་སྤྱིར་བཏང་དུ་རང་དགར་སྦྱོར་སྡེབ་ཀྱི་ཐབས་ལམ་སྤྱོད་པ་ཡིན། སྦྱོར་སྡེབ་དུས་ཚིགས་ནང་དུ་ཕ་གཡག་རྣམས་འབྲི་མོའི་ཁྱུ་ཚོགས་སུ་བསྲེས་ནས་འཚོ་སྐྱོང་བྱས་ཏེ་རང་དགར

འབྲི་མོར་སྦྱོར་སྡེབ་བྱེད་པ་ཡིན། ཕ་གཡག་དང་འབྲི་མོའི་གྲངས་ཀའི་བསྡུར་ཚད་ནི 1:20~25བར་ཡིན།

2.མིའི་ལག་རྩལ་གྱིས་རོགས་འདེགས་སྦྱོར་སྡེབ། ཆ་རྐྱེན་ཡོད་པའི་ས་གནས་སུ་མིའི་ལག་རྩལ་གྱིས་རོགས་འདེགས་སྦྱོར་སྡེབ་བྱེད་དགོས་ཏེ། འབྲི་མོ་སྤྲིག་པའམ་དུས་རྩ་ལངས་པ་ཤེས་རྗེས་དེ་ཉིད་ཐོག་རར་བཙུག་ནས། སུག་ལག་གཉིས་ཀ་ཐག་པས་བསྡམས་པའམ་བཀྱིགས་ནས་སྐེ་ཚིགས་ལ་སྡོམ་དགོས་པར་མ་ཟད། མི་གཉིས་ཀྱིས་ཕྱུགས་གཉིས་ཀར་བཟུང་དགོས་ལ། དེའི་འཁྲོར་ཕ་གཡག་གསུམ་གྱི་ཡན་ཆད་དེད་ཡོང་སྟེ་སྦྱོར་སྡེབ་བྱེད་དུ་འཇུག་དགོས། འབྲི་མོར་སྦྱོར་སྡེབ་ཐེངས 2ལ་བྱས་པ་ཁག་ཐེག་བྱུང་རྗེས། (ཕ་གཡག་གཅིག་གིས་ཐེངས་གཉིས་ལ་སྦྱོར་སྡེབ་བྱས་པ་དང་། ཕ་གཡག་གཉིས་ཀྱིས་ཐེངས་རེར་སྦྱོར་སྡེབ་བྱས་པ) ཕ་གཡག་རྣམས་ཕྱིར་སྐྲོད་དགོས་ལ། འབྲི་གཡག་གི་ལྷེ་བ་ཐོན་པ་འབྲི་མོའི་ཨོང་ཁོང་དང་རྒྱབ་ལ་བྱུག་རྗེས་ཐག་པ་གློད་དགོས། ལྷེ་བ་ཐོན་པ་བྱུག་དོན་ནི་ཕ་གཡག་གིས་ཡང་བསྐྱར་སྦྱོར་སྡེབ་མི་བྱེད་ཆེད་ཡིན།

3.མིས་ཐབས་ཀྱིས་ཐིག་ལེ་བླུག་པའི་ལག་རྩལ། ཆ་རྐྱེན་ཡོད་པའི་ས་གནས་སུ་བེད་སྤྱོད་བྱེད་ཐུབ་ན་ཅུང་བཟང་། དང་ཐོག་སྦྱོར་སྡེབ་འབྲི་མོའི་ཁྲུ་ཚོགས་རྩ་འཛུགས་བྱེད་དགོས། སྦྱོར་སྡེབ་འབྲི་མོ་འདེམ་དུས་ལུས་སྟོབས་ཆེ་བ་དང་བདེ་ཐང་ཅན་གྱི་འབྲི་མོ་ཡིན་དགོས་ལ། རབ་ཡིན་ན་ལོ་དེར་བེའུ་མ་བཙས་པའི་འབྲི་མོ་ཡིན་དགོས། སྦྱོར་སྡེབ་འབྲི་མོའི་གྲངས་ཀ་ནི་འཆར་གཞིར་དམིགས་ནས་གཏན་ཁེལ་བྱེད་དགོས་པ་དང་། མིས་ཐབས་ཀྱིས་ཐིག་ལེ་བླུག་པའི་མི་ཤུགས་དང་དངོས་ཤུགས་ལ་བསམ་བློ་གཏོང་དགོས། སྦྱོར་སྡེབ་དུས་ཚིགས་སླེབ་དུས་འབྲི་མོ་གཅིག་ལ་སྦྱོར་སྡེབ་བྱས་ན་འཁྲུགས་གཏོང་ཁམས་དཀར 2~3དགོས་ལ། སྦྱོར་སྡེབ་དུས་ཚོད་འགོར་འགྱངས་མི་བྱེད་པར་སྤྱིར་བཏང་དུ་ཉིན 70ཡས་མས

སྲུ་ལེགས་འགྲུབ་ཡོང་བར་བྱེད་དགོས།

(ལྔ)སྦྱོར་སྡེབ་བྱེད་དུས་དོ་སྣང་བྱེད་དགོས་པའི་དོན་ཚན་འགའ།

1.ཕ་གཡག་གི་གཤིས་སྤྱོད་ཀྱི་ཁྱད་ཆོས་དེ་ཉིད་བེད་སྤྱོད་གང་ལེགས་བྱས་ཏེ། ཁྱད་སྟོབས་འཛོམས་པའི་ཕ་གཡག་གི་སྦྱོར་ཤུགས་འདོན་སྤེལ་བྱེད་དགོས།

2.དུས་ལྟར་གཤིས་ནུས་སམ་འཁྲིག་ནུས་ཇེ་ཞན་དུ་གྱུར་པའི་འབྲི་གཡག་རྣམས་བརྗེ་སོར་བྱེད་དགོས། ཕ་གཡག་གི་སྦྱོར་སྡེབ་ལོ་ཚོད་ནི 4 ~8བར་ཡིན་ལ། དེ་ལས་ལོ 4.5 ~6.5བར་ནི་སྦྱོར་སྡེབ་ནུས་པ་ཆེས་བཟང་བའི་ལོ་ཚོད་ཡིན། ལོ 8 བརྒལ་རྗེས་ཁྱུ་ཚོགས་ཁྲོད་དུ་སྦྱོར་སྡེབ་བྱེད་དཀའ་བར་མངོན།

3.འབྲི་མོའི་ཐོག་མའི་སྦྱོར་སྡེབ་ལོ་ཚོད་ནི་ལོ 3ཡས་མས་ཡིན།

ས་བཅད་གསུམ་པ། གཡག་གི་གསོ་ཚགས་དོ་དམ།

གཅིག སྦྱོར་སྡེབ་དུས་སྐབས་ཀྱི་གསོ་ཚགས་དོ་དམ།

གཡག་གི་གསོ་ཚགས་དོ་དམ་གྱི་གནད་འགག་ནི་སྦྱོར་སྡེབ་དུས་ཚིགས་ཡིན། སྦྱོར་སྡེབ་ཕ་གཡག་ནི་ཉིན་དང་མཚན་གཉིས་ཀར་དྲུས་རྩ་ལངས་པའི་འབྲི་མོའི་རྗེས་སུ་རྒྱུག་ན། ལུས་སྟོབས་ཉམས་འགྲོ་བས། དུས་ཡུན་རིང་པོ་འགོར་ན་སྦྱོར་སྡེབ་མཇུག་འབྲས་མི་ལེགས་པ་ཡིན། གཞན་ཕ་གཡག་འཚོ་སྐྱོང་བྱེད་པའི་བརྒྱུད་རིམ་ཁྲོད་དུ། རྩྭ་བཟའ་བ་དང་ངལ་གསོ་བྱེད་པའི་དུས་ཡུན་འབྲི་མོ་ལས་ཅུང་ཐུང་བ་དང་འགྲོ་རྒྱུག་གམ་ལངས་སྡོད་དུས་ཡུན་རིང་བ་ཡིན། ཕ་གཡག་འདི་དག་གི་ཁྱད་ཆོས་ནི་འཚོ་སྐྱོང་བྱེད་དུས་ངེས་པར་དུ་མཐོང་ཆེན་བྱེད་དགོས་རྒྱུ་ཞིག་ཡིན། སྦྱོར་སྡེབ་དུས་ཚིགས་སླེབ་དུས། ཆགས་པ་རྒྱས་པ་དང་སྦྱོར་སྡེབ་ནུས་ཤུགས་ལེགས་པའི་སྒྲུས་བཟང་ཕ་གཡག་ལ། ཉིན་གཉིས་ལ་ཐེངས་གཅིག

གམ་ཉིན་གཅིག་ལ་གསབ་གསོ་ཐེངས་གཅིག་རེར་བྱེད་དགོས་པ་དང་། གཟན་ཆག་ནི་ཉིང་བཙུད་ཙུང་ལེགས་པའི་གཟན་ཆག་དང་། རྩྭ་སྐམ། རྩྭ་སྔོན་ཡིན་དགོས་ཤིང་། ཆག་ཕྱུར་མི་འདད་པའི་ཕ་གཡག་ཕྱུར་བ་དང་ཞག་ཚི་སོགས་ཀྱི་གསོ་དགོས།

གཉིས། སྦྱོར་སྡེབ་དུས་སྐབས་མ་ཡིན་པའི་གསོ་ཚགས་དོ་དམ།

(གཅིག) ཤ་གླང་གི་གསོ་ཚགས་དོ་དམ།

ཤ་གླང་གི་སྐྱེ་འཕེལ་ནུས་པ་ཇེ་ལེགས་སུ་གཏོང་ཆེད། སྦྱོར་སྡེབ་དུས་ཚིགས་འདས་རྗེས། ནོར་ཕྲུའི་ཁྲིད་དུ་ད་དུང་སྦྱོར་སྡེབ་མ་ཐུབ་པའི་འབྲི་མོ་ཡོད་པས། འཕྲོ་ལྷག་ཏུ་གྱུར་པའི་ཤ་གླང་རྣམས་ཟུར་གནས་སུ་བཀར་ནས་ལུས་སྟོབས་གསོ་དགོས་ལ། འབྲི་མོ་རྣམས་ལའང་སྦྱོར་སྡེབ་བྱེད་ཚད་མང་དྲགས་ཏེ་གཟན་རྩྭ་བཟའ་བ་དང་ལུས་སྟོབས་སོགས་ལ་གནོད་པ་བྱུང་སྟེ་སྐྱེ་འཕེལ་ནད་རིགས་འབྱུང་བར་སྔོན་འགོག་བྱེད་དགོས། ཟུར་དུ་བཀར་རྗེས། ཤིག་རིལ་བཏོན་པའི་ཕ་གཡག་དང་ཆོན་གསོ་འབྲི་གཡག་རྣམས་མཉམ་དུ་བསྡུས་ཏེ་ཕྲུ་ཚོགས་བསྒྲིགས་ནས། འབྲི་མོ་ཕྲུ་ཚོགས་དང་བར་ཐག་ཙུང་རིང་བའི་རྩྭ་སའི་སྟེང་དུ་དེད་དེ་འཚོ་སྐྱོང་བྱེད་དགོས། ཆ་རྐྱེན་འཛོམ་ན་གཟན་ཆག་ཁུང་དུས་གསོས་ནས་ལུས་སྟོབས་སླར་གསོ་ལ་རོགས་འདེགས་བྱེད་དགོས།

ཕ་གཡག་རྣམས་སྦྱོར་སྡེབ་དུས་ཚིགས་སུ་འབྲི་མོའི་ཕྲུ་ཚོགས་སུ་འདེད་དགོས་པ་དང་། དགུན་ཁ་དང་དཔྱིད་ཀར་འབྲི་མོའི་ཕྲུ་ཚོགས་དང་རིང་དུ་བྲལ་ནས་འཚོ་སྐྱོང་བྱེད་དགོས། ཁ་མཐོ་བའི་ཕ་གཡག་རྣམས་ཀྱིས་སྦྱོར་སྡེབ་དུས་ཚིགས་སུ་འབྲི་མོའི་རྗེས་སུ་འབྲང་བ་ལས་སྦྱོར་སྡེབ་མི་བྱེད་ལ་འབྲི་མོར་མངལ་ཆགས་པར་གནོད་པ་ཡོད་པས། དུས་ལྟར་ཁ་མཐོ་བ་དང་ལུས་སྟོབས་ཞན་པའི་ཕ་གཡག་རྣམས་ཕྱིར་ཕུད་ནས། འདེམ་སྦྱོར་དང་ཕོ་རྒྱུད་བརྟག་དཔྱད་བྱ་བར་

ཤུགས་བསྟན་ཏེ་ལུས་སྟོབས་བཟང་བའི་ཕ་གཡག་འདེམ་སྒྲུད་བྱེད་དགོས།

(གཉིས)འཚར་ལོངས་ཡོང་བར་བྱེད་པའི་འབྲི་གཡག་གི་གསོ་ཚགས་དོ་དམ།

ཕ་གཡག་བེའུ་ལ་ཐོག་མའི་གདམ་གསེས་དང་ཡང་བསྐྱར་གདམ་གསེས་བྱེད་དགོས་ཏེ། བདམས་ཐོན་བྱུང་བ་མ་ཡིན་པའི་བེའུ་རྣམས་དུས་ཐོག་ཏུ་ཕྱིར་ཕུད་དགོས། འཚར་ལོངས་ཡོང་བར་བྱེད་པའི་འབྲི་གཡག་གི་ཁྲོད་དུ་རྗེས་གྲབས་ཕ་གཡག་ཡོད་དགོས་ཤིང་། གཞན་པ་རྣམས་ཚོན་གསོ་འབྲི་གཡག་ཡིན་དགོས།

རྗེས་གྲབས་ཕ་གཡག་དང་སྒྱུར་སྤེལ་ཕ་གཡག་ཚོགས་ཁྱུར་བཀར་ནས་འཚོ་སྐྱོང་བྱས་ཏེ་འབྲི་མོའི་ཁྱུ་ཚོགས་དང་རིང་དུ་བྲལ་དགོས་ལ། གཉིས་ཀའི་རྩྭ་སའི་བར་ནས་བར་ཐག་ཡོད་དགོས། ཆ་རྐྱེན་ཡོད་པའི་ས་གནས་སུ་གཟན་ཆག་བྱིན་ནས་རྗེས་གྲབས་ཕ་གཡག་གི་འཚར་ལོངས་ཁག་ཐེག་བྱེད་དགོས་པ་དང་། ལུས་སྟོབས་ཇེ་ལེགས་སུ་བཏང་ནས་ལོ་རྗེས་མར་སྒྱུར་སྤེལ་བྱེད་པར་གྲ་སྒྲིག་བྱེད་དགོས།

ས་བཅད་བཞི་པ། འབྲི་མོའི་གསོ་ཚགས་དོ་དམ།

གཅིག མངལ་སྦྲུམ་འབྲི་མོའི་གསོ་ཚགས་དོ་དམ།

(གཅིག)མངལ་སྦྲུམ་འབྲི་མོའི་གསོ་ཚགས་དོ་དམ་གྱི་གཞི་རྩའི་སྣང་བ།

མངལ་སྦྲུམ་འབྲི་མོའི་ལུས་པོའི་ལྗིད་ཚད་འཕར་སྣོན་དང་རྙིང་ཚབ་གསར་བྱེད་ལ་ཤུགས་སྣོན་བྱས་ན། སྦྲུམ་ཧེན་གྱི་འཚར་ལོངས་རྒྱུན་ལྡན་དང་བཙས་མ་ཐག་གི་བེའུའི་ལུས་སྟོབས་འཕེལ་བ་བཟང་ཞིང་། འབྲི་མོས་བེའུ་བཙས་རྗེས་ཀྱི་ལུས་སྟོབས་སླར་གསོ་སོགས་ལ་ཕན་པ་ཆེན་པོ་ཡོད། འབྲི་མོར་མངལ་ཆགས་རྗེས། རང་ཉིད་ཀྱི་ལུས་པོའི་འཚར་ལོངས་ལ་འཚོ་བཅུད་འཐོར་ཆེན་དགོས་པར

མ་ཟད། མངལ་གནས་ཕྲུ་གུའི་འཚར་ལོངས་ཀྱི་འཚོ་བཅུད་དགོས་འདོད་བསྐང་དགོས་པའི་ཁར། བེའུ་བཙས་རྗེས་འོ་མ་ཐོན་པར་ཡང་འཚོ་བཅུད་གསོག་ཉར་བྱེད་དགོས། དེ་བས། འབྲི་མོར་མངལ་ཆགས་པའི་ཟླ་སྔོན་མ 4 རིང་ལ། མངལ་གནས་ཕྲུ་གུའི་འཚར་ལོངས་སྐྱེ་འཕེལ་ཅུང་དལ་བས་འཚོ་བཅུད་ཀྱི་དགོས་འདོད་ཀྱང་ཅུང་ཉུང་བ་དང་། སྦྲུམ་མེད་འབྲི་མོ་དང་འདྲ་བར་འཚོ་སྐྱོང་བྱས་པས་ཆོག་རབ་ཡིན་ན་བྱེ་བྲག་གི་གནས་ཚུལ་ལ་དམིགས་ནས་གཏན་ཁེལ་བྱེད་དགོས།

(གཉིས)མངལ་སྦྲུམ་དུས་མགོ

འབྲི་མོའི་གསོ་ཚགས་དོ་དམ་གྱི་གནད་འགག་ནི་མངལ་སྦྲུམ་དུས་སྔོན་གྱི་དོ་དམ་ལྟ་སྐྱོང་ལ་རག་ལས་པ་ཡིན། འབྲི་མོ་རྣམས་རང་དབང་འཚོ་སྐྱོང་གི་ཐབས་ལམ་སྤྱོད་དེ་གསོ་སྐྱོང་བྱེད་དགོས་ལ། འབྲི་མོར་མངལ་ཆགས་མ་ཐག མངལ་གནས་ཕྲུ་གུའི་འཚར་ལོངས་ཀྱི་འཚོ་བཅུད་དགོས་མཁོ་ཅུང་ཆུང་བ་དང་། རྩྭ་ས་ཡང་ཆེས་བཟང་བའི་དུས་སྐབས་ཡིན་པས། ཕྱིར་བཏང་དུ་འཚོ་བཅུད་ལ་ཁ་སྣོན་བྱེད་མི་དགོས། ཆ་རྐྱེན་ཡོད་ན་ཉིན་རེར་ཆག་ཕྱུར་ཉུང་ངུ་རེ་བྱིན་ཆོག་པ་དང་། ཆག་ཕྱུར་སྟེར་ཚད་ས་གནས་སོ་སོའི་རྩྭ་སའི་གནས་ཚུལ་ལ་དམིགས་ནས་གཏན་ཁེལ་བྱེད་དགོས།

(གསུམ)མངལ་སྦྲུམ་དུས་མཇུག

འབྲི་མོར་མངལ་ཆགས་པའི་དུས་མཇུག་ཏུ་འཚོ་བཅུད་ལ་ཤུགས་སྣོན་བྱེད་དགོས་ཏེ། ལྷག་པར་དུ་ཆེས་མཐའ་མཇུག་གི་ཟླ 2 ~3 ནི་མཐོ་སྒང་འབྲོག་ཁུལ་གྱི་ཕྱུགས་རྩྭ་ཞན་པའི་དུས་ཚིགས་ཡིན་ལ། སྐབས་ཐོག་འདིར་མངལ་གནས་ཕྲུ་གུ་ཉིན་བཞིན་འཚར་ལོངས་མྱུར་སྟེ་འཚོ་བཅུད་ཀྱི་དགོས་མཁོ་ཆེས་ཆེ་བའི་དུས་སྐབས་ཤིག་ཀྱང་ཡིན་པས། གཟན་རྩྭ་བྱིན་ནས་གསོ་སྐྱོང་མ་བྱས་ན་མངལ་གནས་ཕྲུ་གུའི་འཚར་ལོངས་དང་བེའུ་བཙས་རྗེས་ཀྱི་འཚར་ལོངས་ལའང་གནོད་

པ་ཆེན་པོ་ཡོད། གལ་ཏེ་འབྲི་མོའི་འཚོ་བཅུད་ཞན་དྲགས་ན་སྐྱེ་འཕེལ་གཉིས་ནུས་ལ་གནོད་པ་ཧ་ཅང་ཆེ།

(བཞི)མངལ་སྨྲུམ་འབྲི་མོའི་གསོ་ཚགས་དོ་དམ་གྱི་མཉམ་འཇོག་བྱ་ཡུལ།

1.རྒྱུག་འདེད་དང་འཚང་རྒྱག མཆོང་རྒྱུག་སོགས་མི་བྱེད་པར་འཚོ་སྐྱོང་དུས་ཡུན་ཧ་རིང་ལ་གཏོང་བ་དང་། དགུན་འཁྱག་དུས་ཚིགས་ནང་དུ་ཆུ་འཁྱག་ལྟུག་མི་རུང་།

2.མངལ་གནས་ཕྲུ་གུ་ལ་མཉམ་འཇོག་དང་བེའུ་བཙས་དཀའ་བའི་གནས་ཚུལ་སྔོན་འགོག་བྱས་ཏེ། བདེ་ཐང་གི་བེའུ་བཙས་པར་ཆ་རྐྱེན་སྐྲུན་དགོས།

3.མངལ་ཆགས་འབྲི་མོ་ཚོད་ལས་བརྒལ་ཏེ་ཚོན་གསོ་མི་བྱེད་པ་དང་། ལྷག་པར་དུ་ཐོག་དང་པོར་མངལ་ཆགས་པའི་འབྲི་མོ་ཚོན་པོར་གསོ་མི་རུང་། དེ་མིན་བེའུ་བཙས་མི་ཐུབ་པའི་དོན་རྐྱེན་འབྱུང་ངེས་ཡིན།

གཉིས། ནུ་སྟུན་འབྲི་མོའི་གསོ་ཚགས་དོ་དམ།

ནུ་སྟུན་འབྲི་མོར་འགྲོག་པ་རྣམས་ཀྱིས་བཞིན་མའང་ཟེར། འདིས་འོ་མ་ཐོན་སྐྱེད་དང་བེའུ་ལ་ནུ་མ་སྟུན་པ། བུ་རབས་ཚ་རྒྱུད་སྤེལ་བ་སོགས་ཀྱི་འོས་འགན་དང་དུ་བླངས་ཡོད། འཚོ་སྐྱོང་གསོ་ཚགས་བྱས་པ་བཟང་ངན་གྱིས་འོ་མ་ཐོན་སྐྱེད་ཀྱི་གཉིས་ནུས་དང་བེའུ་འཚར་ལོངས་ལ་འབྲེལ་བ་ཡོད་པར་མ་ཟད། ལོ་དེའི་དུས་ལངས་སྦྱོར་སྡེབ་དང་ལོ་ཕྱི་མར་བེའུ་བཙས་པར་ཡང་འབྲེལ་བ་ཆེན་པོ་ཡོད། དེ་བས། འཚོ་སྐྱོང་བྱེད་དུས་སྲོལ་རྒྱུན་ལྟར་རྩྭ་ས་ཕོན་ནར་བརྟེན་ནས་དོ་དམ་བྱེད་པའི་ཐབས་ལམ་ཙམ་སྤྱོད་པས་མི་ཆོག་པར། ཚན་རིག་དང་མཐུན་པའི་སྒོ་ནས་གསོ་ཚགས་དོ་དམ་བྱས་ཏེ། དབྱེ་བ་བཀར་ནས་རྩྭ་ས་བཀོད་སྒྲིག་བྱེད་དགོས།

(གཅིག)ནུ་སྟུན་འབྲི་མོ་གསོ་ཚགས་དོ་དམ་བྱེད་པའི་བླང་བྱ།

ནུ་སྟུན་འབྲི་མོའི་འོ་མ་འཇོ་དགོས་པར་མ་ཟད་བེའུ་ཡང་སྟུན་དགོས

པས། འོ་མ་ཐོན་ཚད་འདང་ངེས་ཤིག་མིན་ན། བེའུའི་འཚར་ལོངས་ཀྱི་དགོས་འདོད་བསྐང་དཀའ་བ་ཡིན། དེ་བས། ནུ་སྐྱུན་འབྲི་མོ་རྣམས་སྡོད་གནས་དང་ཐག་མི་རིང་བའི་གཟན་རྩྭ་བཟང་བའི་རྩྭ་སའི་སྟེང་དུ་འཚོ་སྐྱོང་བྱེད་དགོས། བེའུ་བཙས་ལ་ཉེ་བའི་དུས་སྐབས་སུ་འབྲི་མོར་ལྟ་ཞིབ་མཉམ་འཛོམ་བྱས་ཏེ། དུས་དང་རྣམ་པ་ཀུན་ཏུ་བེའུ་སྐྱེ་ལེན་དང་འབྲི་མོའམ་བེའུ་བདག་སྐྱོང་བྱེད་པར་གྲ་སྒྲིག་བྱེད་དགོས།

(གཉིས)ནུ་སྐྱུན་འབྲི་མོའི་གསོ་ཚགས།

འབྲི་གཡག་གི་འཚོ་སྐྱོང་ལ་ཕྱིར་བཏང་དུ་དབྱར་དུས་དང་དགུན་དུས་གཉིས་ཡོད་པས། ནུ་སྐྱུན་འབྲི་མོ་གསོ་ཚགས་བྱེད་དུས་དུས་ཚིགས་ཀྱི་དབྱེ་བ་བཀར་ནས་འཚོ་སྐྱོང་བྱེད་དགོས།

1.དབྱར་དུས་འཚོ་སྐྱོང་གསོ་ཚགས་བྱས་པ་བཟང་ངན་ནི་འབྲི་མོའི་འོ་མ་ཐོན་སྐྱེད་ཀྱི་གཤིས་ནུས་དང་བེའུ་འཚར་ལོངས་ལ་འབྲེལ་བ་ཡོད་པར་མ་ཟད། ལོ་དེའི་དྲུས་ལངས་སྒྱུར་སྡེབ་ལའང་འབྲེལ་བ་ཆེན་པོ་ཡོད་པས། འཚོ་སྐྱོང་གསོ་ཚགས་བྱེད་དུས་ངེས་པར་དུ་ཞིབ་ཚགས་ཡིན་དགོས་ལ། ནུ་སྐྱུན་འབྲི་མོ་རྣམས་སྡོད་གནས་དང་ཐག་མི་རིང་བའི་གཟན་རྩྭ་བཟང་བའི་རྩྭ་སའི་སྟེང་དུ་འཚོ་སྐྱོང་བྱེད་དགོས། དབྱར་ཚིགས་ཀྱི་དུས་སུ། འབྲི་མོའི་འོ་མ་འཛོ་བ་དང་བེའུར་ནུ་མ་སྐྱུན་པའི་དུས་ཚོད་ཅུང་རིང་བ་དང་། དྲུས་རྩ་ལངས་པའམ་སྒྱུར་སྡེབ་བྱས་པ་སོགས་ཀྱི་བར་ཆད་ཅུང་མང་བས། རྩྭ་བཟའ་བའི་དུས་ཚོད་ཅུང་ཐུང་བ་ཡིན། དེ་བས། འོ་མ་འཛོ་བའི་དུས་ཚོད་ཇི་ཐུང་དུ་བཏང་སྟེ་སྔ་མོ་ནས་ཟོག་རའི་སྔར་ཐུད་ནས་འཚོ་སྐྱོང་བྱེད་དགོས། ནམ་ལངས་དུས་སྔར་ཐུད་པ་དང་ཉི་མ་ཤར་དུས་ཕྱིར་བསྡུ་ནས་འོ་མ་འཛོ་བའམ། ནམ་མ་ལངས་སྔོན་ལ་འོ་མ་འཛོ་བ་དང་ནམ་ལངས་རྗེས་ཟོག་ར་ནས་ཕྱིར་ཐུད་དེ་འཚོ་སྐྱོང་བྱེད་དགོས། འབྲི་མོའི་རྩྭ

ཟོས་པའི་གནས་ཚུལ་དང་འོ་མའི་མང་ཉུང་ལ་མཉམ་འཇོག་བྱས་ཏེ་འོ་མའི་འཇོ···
ཚད་ཚོད་འཛིན་བྱེད་དགོས་ལ། འབྲི་མོའི་གནས་ཚུལ་དངོས་ལ་དམིགས་ནས···
རྩྭ་ས་བརྗེ་སོར་དང་འཚོ་སྐྱོང་ཐབས་ལམ་བརྗེ་སོར་བྱས་པའི་ཁར། འབྲི་མོའི་རྩྭ་
མང་བཟའ་དང་ཆུ་མང་འཐུང་བྱེད་པར་ཁག་ཐེག་བྱས་ཏེ་དུས་ཚ་ལངས་པ་དང···
སྦྱོར་སྦེབ་སྤ་མོ་ནས་བྱེད་པར་བརྩོན་དགོས།

2.ཉུ་སྨྱུན་འབྲི་མོ་རྣམས་དགུན་དུས་མ་སླེབས་སྔོན་ལ་འོ་མ་འཇོ་མཚམས་
འཇོག་དགོས་པར་མ་ཟད། བེའུ་རྣམས་ལ་ཉུ་མ་སྨྱུན་པའང་མཚམས་འཇོག་དགོས།
ཆ་རྐྱེན་ཡོད་པའི་ས་གནས་སུ་གཟན་ཆག་བྱིན་ནས་གསོ་སྐྱོང་བྱས་ཏེ་འབྲི་མོའི་ལུས···
སྟོབས་སྐྱར་གསོ་ཡོང་བར་བྱེད་དགོས།

(གསུམ)ཉུ་སྨྱུན་འབྲི་མོའི་དོ་དམ།

ཉུ་སྨྱུན་འབྲི་མོ་རྣམས་ཟོག་ཁྱུའི་རྗེས་དེད་ནས་འཚོ་སྐྱོང་བྱེད་དགོས།
འཚོ་སྐྱོང་བྱེད་དུས་རབ་ཡིན་ན་རྩྭ་བཟའ་ཚད་དང་ཆུ་འཐུང་ཚད། ངལ་གསོ···
ཚད་ཇེ་ལེགས་སུ་བཏང་ནས་འོ་ཐོན་ཚད་གྲངས་ཇེ་མཐོར་གཏོང་དགོས། དེ···
བས། ནོར་ཕྱུགས་འཚོ་སྐྱོང་བྱེད་དུས་རྒྱུག་འདེད་དང་འདྲོགས་བསླངས་ནས་རྩྭ···
བཟའ་བར་གནོད་པ་བྱེད་མི་རུང་ལ། ལྷག་པར་དུ་དབྱར་ས་དང་དགུན་སའི···
སྟེང་དུ་འཚོ་སྐྱོང་བྱེད་དུས་མཉམ་འཇོག་བྱེད་དགོས།

ཉུ་སྨྱུན་འབྲི་མོ་རྣམས་སྲོལ་རྒྱུན་ལྟར་འཚོ་སྐྱོང་བྱས་ན། ཟླ 9པའི་རྗེས་སུ···
ད་གཟོད་ལུས་སྟོབས་སྐྱར་གསོ་བྱས་ཏེ་དུས་ཚ་ལངས་པ་དང་། མང་ཆེ་བ་ལོ་དེར···
དུས་ཚའང་མི་ལངས། འདི་ནི་འབྲི་མོའི་རྒྱུད་སྤེལ་ཆོས་ཉིད་ཅིག་མ་ཡིན་པར། གསོ་
ཚགས་དོ་དམ་གྱི་ཆུ་ཚད་དམའ་བ་དང་སྐྱེ་ཁམས་ཁོར་ཡུག་མ་ལེགས་པ་སོགས་ཀྱི······
དབང་གིས་ཡིན། དེ་བས། འཚོ་སྐྱོང་དོ་དམ་ལ་ཤུགས་སྣོན་དང་འོ་འཇོ་གྲངས་ཚད་
ཚོད་འཛིན། ཉུ་མཚམས་འཇོག་ཡུན་སྔ་སྔར་བྱེད་པ་སོགས་ཀྱི་ཐབས་ལམ་སྤྱད་དེ།

ཟླ་སྔོན་འབྲི་མོའི་དྲུས་རྩ་ལངས་ཚད་ཇེ་མགྱོགས་སུ་བཏང་ནས། ལོ་ཕྱི་མར་སྦྲ་མོ་ནས་བེའུ་བཙས་པ་དང་སྐྱེ་འཕེལ་ནུས་པ་ཇེ་མཐོར་གཏོང་དགོས།

ས་བཅད་ལྔ་པ། བེའུ་ཡི་གསོ་ཚགས་དང་བདག་སྐྱོང་།

གཅིག བེའུ་ལ་འོ་མ་ཡོངས་སྣུན་བྱེད་པ།

འོ་མ་ཡོངས་སྣུན་ནི་འོ་མ་སྣུན་པའི་སྐབས་སུ། འབྲི་མོའི་འོ་མ་མི་བཞོ་བར་ཚང་མ་བེའུ་ལ་ནུ་རུ་འཇུག་པ་ཡིན། བེའུ་ལ་འོ་མ་ཡོངས་སྣུན་བྱས་ན་བེའུར་ཤེད་འབུད་པར་མ་ཟད། འབྲི་གཡག་གི་རིགས་རྒྱུད་ཞན་འགྱུར་ཡང་སྔོན་འགོག་བྱས་ནས་བེའུ་ལ་ནད་རིམས་འབྱུང་ཚད་དང་ཤི་གྲངས་ཇེ་ཉུང་དུ་བཏང་ནས་དཔལ་འབྱོར་གྱི་ཕན་འབྲས་ཇེ་མཐོར་གཏོང་ཐུབ།

བེའུ་བཙས་པ་ནས་འོ་མཚམས་མ་བཅད་གོང་དུ། བེའུ་ཡིས་རང་མོས་ལྟར་འོ་མ་ནུ་བ་དང་། བེའུ་འབྲི་མོ་དང་མཉམ་དུ་འཚོ་སྐྱོང་བྱེད་པའི་གསོ་ཐབས་སྤྱོད་པ་ཡིན། སྐབས་དེར་འོ་མ་བཞོ་མི་ཆོག་སྟེ། བེའུ་བཙས་རྗེས་ཀྱི་གཟའ་འཁོར་གསུམ་ལ་ཆས་བཟའ་རྒྱུ་ཁྲིད་དགོས་ལ། བེའུ་འཚར་སྐྱེ་འབྱུང་བ་དང་འབྲི་མོའི་འོ་མ་ཇེ་ཉུང་དུ་སོང་བ་དང་བསྟུན་ནས། དུས་དང་རྣམ་པ་ཀུན་ཏུ་འོ་ཚབ་བྱེད་ནུས་པའི་གཟན་ཆག་བྱིན་ནས་བེའུ་ལ་མཁོ་བའི་འཚོ་བཅུད་འདང་བར་བྱས་ཏེ་བེའུ་འཚར་སྐྱེ་ལེགས་པོ་དང་གཟུགས་པོ་བདེ་ཐང་ཡོང་བར་ཁག་ཐེག་བྱེད་དགོས།

སྦྲ་མོ་ནས་འོ་མཚམས་བཅད་པའི་བེའུ་ལ། ཕྱིར་བཏང་དུ་ཟླ 6~8ཀྱི་སྐབས་སུ་འོ་མཚམས་གཅོད་པ་དང་། འབྲི་མོ་དང་ཁ་བཀར་ནས་ལོགས་སུ་འཚོ་སྐྱོང་བྱེད་དགོས། འདི་ལྟར་བྱས་ན་བེའུ་འཚར་སྐྱེ་ལེགས་པོ་འབྱུང་བར་ཁག་ཐེག་བྱེད་ཐུབ་ལ། འབྲི་མོའི་ལུས་སྟོབས་སོས་ཏེ་སྦྲ་མོ་ནས་སྦྱིག་སྟེ་སྟེབ་སྦྱོར་བྱེད་ཐུབ

པས། མང་ལ་ཆགས་ཚད་གྲངས་ཇེ་མཐོར་གཏོང་ཐུབ།

གཉིས། བེའུ་ལ་འོ་མ་ཕྱིད་སྟུན་བྱེད་པ།

འོ་མ་ཕྱིད་སྟུན་ནི་བེའུ་བཙས་པ་ནས་འོ་མ་ནུ་བ་དང་། བེའུ་འབྲི་མོ་དང་མཉམ་དུ་འཚོ་སྐྱོང་བྱེད་དགོས་མེད། འོན་ཀྱང་འབྲི་མོར་འོ་མ་སྟུན་པའི་སྐབས་སུ་ཉིན་རེར་འོ་མ་ཐེངས་གཅིག་ལ་བཞོ་དགོས། བེའུ་བཙས་པ་ནས་འོ་མཚམས་མ་བཅད་གོང་དུ་སྔ་དྲོར་འོ་མ་ནུ་བ་དང་ཕྱི་དྲོར་བེའུ་འབྲི་མོ་དང་མཉམ་དུ་འཚོ་སྐྱོང་བྱེད་དགོས་ཏེ། རྒྱུ་མཚན་ནི་འོ་མ་ཕྱིད་སྟུན་བྱེད་པའི་ཐབས་ཤེས་འདིས། བེའུ་ཡི་འོ་མ་སྟུན་ཉུང་མི་རྒྱུགས་པས། འོ་མ་ཡོངས་སྟུན་བྱེད་པའི་བེའུ་ལས་གཟུགས་པོ་ཞན་ལ་ནད་འབྱུང་སླ་ཞིང་ཤི་ཚད་ཀྱང་ཅུང་མཐོ་བས། བེའུ་བཙས་རྗེས་ཀྱི་གཟའ་འཁོར་གསུམ་པ་ནས་བཟུང་ཆས་བཟའ་རྒྱུ་ཁྲིད་དགོས་ཤིང་། གཟན་ཆག་ཟུར་སྟོན་བྱས་ཏེ་བེའུ་ཡི་གཟུགས་གཞི་ཇེ་སྟོབས་སུ་གཏོང་བ་དང་གསོན་ཚད་ཇེ་མཐོར་གཏོང་དགོས།

འབྲི་མོའི་འོ་མ་སྟུན་སྐབས། གསོ་ཚགས་དང་བདག་སྐྱོང་བྱེད་ཤུགས་ཇེ་ལེགས་སུ་བཏང་ཞིང་འཚོ་རྫིའི་དུས་ཡུན་ཇེ་རིང་དུ་བཏང་ཐོག་འབྲི་མོའི་འཚོ་བཅུད་ལེགས་བཙོས་བྱས་ནས། འོ་མ་འབབ་ཚད་ཇེ་མང་དུ་གཏོང་དགོས་ཏེ། བེའུ་ལ་འོ་མ་ནུ་རྒྱུ་འདང་ངེས་ཤིག་ཡོད་དགོས། ཟླ་གསུམ་པ་ནས་བཞི་པའི་བར་དུ་བེའུ་བཙས་པའི་འབྲི་མོ་ཡིས་སྔོ་རྩྭ་ཟས་ནས་རྒྱགས་རྗེས་ད་གཟོད་འོ་མ་བཞོ་དགོས་ལ། གལ་སྲིད་འབྲི་མོས་བེའུ་བཙའ་འཕྱིས་ན། སྟོན་དུས་གཟན་རྩྭ་སྐམ་པའི་སྐབས་སུ་འབྲི་མོ་ཡི་འོ་མ་བཞོ་མི་རུང་སྟེ། བེའུ་ལ་འོ་མ་ནུ་རུ་བཅུག་ནས་དགུན་དཔྱིད་སྐྱེལ་དགོས།

གསུམ། བེའུ་ལ་གཟན་ཆག་ཟུར་སྟོན་བྱེད་པ།

བེའུ་བཙས་རྗེས་ཀྱི་གཟའ་འཁོར་ 2 ཡས་མས་ནས་བཟུང་གཟན་ཆག་ཟུར་

སྨོན་བྱས་ཏེ་ཆས་བཟའ་རྒྱུ་ཁྲིད་དགོས་ཏེ། སྐབས་དེར་བེའུ་ཡི་འཇུ་བྱེད་དབང་པོའི་འཚར་སྐྱེད་དྲུང་ཆ་མི་ཚང་བས། སྔ་མོ་ནས་ཆས་བཟའ་རྒྱུ་ཁྲིད་ན་འཇུ་བྱེད་དབང་པོའི་འཚར་སྐྱེ་ལ་ཕན་ཐོགས་ཏེ། ཐོག་མར་གཟན་ཆག་སྟེར་བའི་སྐབས་སུ། ཕྲུས་ལེགས་གཟན་ཆག་ཞུང་ཤས་བྱིན་ཆོག་ལ། དེའི་འཕྲོར་བེའུ་ཡི་གཟན་ཆག་ཟོས་རྗེས་རིམ་བཞིན་ཇེ་མང་དུ་གཏོང་དགོས། གཟན་ཆག་ཟུར་སྨོན་བྱས་པ་བརྒྱུད་ནས་བེའུ་འཚར་སྐྱེ་ལ་མགྱོ་བའི་འཚོ་བཅུད་འདང་དུ་འཇུག་དགོས།

བེའུ་ལ་འོ་མ་ཕྱེད་སྣུན་བྱེད་དུས་སུའང་སྔ་མོ་ནས་འོ་མཚམས་གཅོད་དགོས་ཏེ། འབྲི་མོའི་གཟུགས་པོ་མགྱོགས་མྱུར་གྱིས་སླར་གསོ་དང་སྒྲིག་ནས་སྦེབ་སྦྱོར། མངལ་ཆགས་རྗེས་མངལ་ལྷུག་འཚར་ལོངས་འབྱུང་ཐུབ་པ་སོགས་ཁག་སྲུང་བྱེད་དགོས།

བཞི། འོ་མཚམས་གཅོད་པ།

བེའུ་ཡི་འོ་མཚམས་གཅོད་དུས་ནི་སྤྱིར་བཏང་དུ་ཟླ 12ཡས་མས་ཀྱི་སྐབས་སུ་ཡིན་ཏེ། དེང་རབས་འབྲི་གཡག་ཐོན་ལས་འཕེལ་རྒྱས་བྱུང་བ་དང་། བེའུ་ཡི་འོ་མ་སྔ་གཅོད་ལག་རྩལ་བེད་སྤྱོད་བྱས་པ་དང་བསྟུན་ནས། བེའུ་ཡི་འོ་སྣུན་དུས་ཚོད་དེ་སྔོན་ལ་བསྣུར་ནས་ཟླ 6ལོངས་རྗེས་སུ་འོ་མཚམས་གཅོད་པ་ཡིན། འོ་མཚམས་གཅོད་པའི་ཐབས་ཤེས་གཙོ་བོ་ནི་མ་བུ་ཁ་བཀར་ནས་འཚོ་སྐྱོང་བྱེད་དགོས། ཁ་དགར་དཀའ་བའི་བེའུ་ལ་ལིས་སྐྱིད 20ཡས་མས་ཀྱི་སྣ་ཐར་གྱི་སྣེ་གཉིས་གཞོག་ནས་བེའུ་ཡི་སྣ་ཁུང་དུ་བརྒྱུས་ནས་འོ་མ་ནུ་མི་ཐུབ་པར་བྱེད་དགོས། ད་དུང་དབྱུག་པ་ཐུང་ངུ་གསུམ་གྱིས་ཟུར་གསུམ་བརྩམས་ནས་བེའུ་ཡི་མཆུ་ཏོ་ཐོག་བསྐོན་ཏེ་འོ་མ་ནུ་མི་ཐུབ་པར་བྱེད་དགོས།

ལྔ། བེའུ་གསོ་ཆགས་དང་བདག་སྐྱོང་བྱེད་པའི་གཙོ་གནད།

བེའུ་ཡི་གོམས་གཤིས་ལྟར་ངལ་གསོ་དུས་ཚོད་འདང་བར་བྱེད་དགོས་ཏེ། བེའུ་འཚོ་འདེད་མང་དྲགས་ནས་འཚར་སྐྱེ་ལ་གནོད་པ་བཟོ་མི་རུང་། བེའུ

བརྙན་གཤེར་དང་གྲང་ངར་ཆེ་ས་ནས་ངལ་གསོ་བྱེད་དུ་འཇུག་མི་རུང་ལ། ཐག་རིང་ལ་འཚོ་རྫི་འཐང་བྱེད་མི་རུང་། ནམ་ཟླ་འཁྱག་དུས་དང་ཆར་རླུང་ཆེ་དུས། ཁ་བ་འབབ་དུས་སུ་སྦྱར་དུ་ཕྱིར་འདེད་དགོས་པར་མ་ཟད། བེའུ་ལ་རྫོད་ཁང་སྐམ་པོ་མཁོ་འདོན་བྱས་ནས་ངལ་གསོ་བྱེད་དུ་འཇུག་དགོས།

བེའུ་ལ་འོ་མ་སྟུན་པ་ནས་འོ་མཚམས་གཅོད་པའི་བར་དུ། བེའུ་འབྲི་མོ་དང་ཁ་དགར་དགོས་ཏེ། གལ་སྲིད་བེའུ་འབྲི་མོ་དང་མཉམ་དུ་འཚོ་སྐྱོང་བྱས་ན། བེའུ་འབྲི་མོའི་འོ་མར་ཞེན་པ་དང་འབྲི་མོས་བེའུ་ཁྲིད་ན་གཟན་ཆག་བཟའ་མི་ཐུབ་ལ། གནས་ཚུལ་དེ་འདྲའི་འོག་ཏུ་འབྲི་མོའི་འོ་མ་སྐམ་མི་སྲིད་པས། འབྲི་མོ་དང་བེའུ་ཡི་བདེ་ཐང་ལ་གནོད་པར་མ་ཟད། མངལ་ཆགས་པའི་འབྲི་མོའི་མངལ་ཕྲུག་གི་འཚར་སྐྱེ་ལའང་གནོད་རྐྱེན་ཐེབས་ངེས་པས། འདི་ལྟར་རྒྱུན་འཁྱོངས་བྱས་ན་འབྲི་གཡག་གི་ཐོན་སྐྱེད་བྱེད་ནུས་ཇེ་མཐོར་གཏོང་དཀའ་བ་ཡིན།

ས་བཅད་དྲུག་པ། འབྲི་གཡག་ནུས་ཆེའི་གསོ་སྐྱེལ་ལག་རྩལ།

གཅིག ས་གནས་འདེམ་པའི་བླང་བྱ།

འབྲི་གཡག་ནུས་ཆེའི་གསོ་སྐྱེལ་ལག་རྩལ་ཁྱབ་གདལ་ས་གནས་འདེམ་དུས། ངེས་པར་དུ་སྐྱེ་ཁམས་ཕྱོགས་ལས་ཆེད་གཉེར་མཉམ་ལས་ཁང་ཡོད་པ་དང་། འཚོ་རྫི་བྱེད་སའི་རྩ་ར་དང་བཏུང་ཆུ། རྫོད་ཁང་། ཚས་གཞོང་། ཆུ་གཞོང་སོགས་ཀྱི་ཆ་རྐྱེན་འདང་དགོས།

གཉིས། མོ་ཕྱུགས་རྒྱུད་སྤེལ་གསོ་ཚགས་དང་བདག་སྐྱོང་བྱེད་པའི་གནད་འགག་ལག་རྩལ།

(གཅིག)མོ་ཕྱུགས་ཀྱི་ཁྱུ་ཚོགས་དགར་བ།

གདམ་གསེས་བྱས་པའི་མོ་ཕྱུགས་ནི་ལོ་ཚོད་ཐོན་ཞིང་རྒྱུད་སྤེལ་ནུས་པའི་འབྲི་མོ་ཡིན་དགོས་ཤིང་། ཕྱུགས་ཕྲུའི་གཞི་ཁྲོན་ནམ་མང་ཉུང་ནི་100ཡན་ཡིན་དགོས། ཕོ་ཕྱུགས་མོ་ཕྱུགས་བཀར་ནས་ཕྲུ་ཚོགས་བསྒྲིགས་ཏེ་འཚོ་སྐྱོང་བྱེད་དགོས་ལ། བདམས་ཐོན་བྱུང་བའི་མོ་ཕྱུགས་ལ་ཐོ་འགོད་བྱེད་པ་དང་རྣ་རྟགས་རྒྱག་པ། ཡིག་ཚགས་བཅས་བཟོ་དགོས།

(གཉིས)སྦེབ་སྦྱོར་མ་བྱས་གོང་དུ་གཟན་ཆག་ཟུར་སྣོན་བྱེད་པ།

ཐེངས་དང་པོར་ཕན་མཐོ་གསོ་སྤེལ་ལག་རྩལ་སྤྱོད་པའི་མོ་ཕྱུགས་ལ་སྦེབ་སྦྱོར་མ་བྱས་གོང་གི་ཟླ་གཅིག་ནས་བཟུང་གཟན་ཆག་ཟུར་སྣོན་བྱེད་ཅིང་། བསྡོམས་པས་ཟླ་གཉིས་ལ་གཟན་ཆག་སྣོན་དགོས། ཕྱི་དྲོ་ཕྱུགས་རར་བཙུག་རྗེས་འབྲི་གཡག་རེ་ལ་སྤུས་ལེགས་གཟན་ཆག་སྤྱི་རྒྱ 0.75ཟུར་སྣོན་བྱེད་པ་དང་། ཉིན་རེར་འཚོ་རྫི་ཆུ་ཚོད 6དང་ཆུ་ཐེངས 2ལ་འཐུང་དགོས། སྦེབ་སྦྱོར་མ་བྱས་གོང་དུ་མོ་ཕྱུགས་རེ་ལ་སྤུས་ལེགས་གཟན་ཆག་སྤྱི་རྒྱ 45ཟུར་སྣོན་བྱེད་དགོས།

(གསུམ)མོ་ཕྱུགས་སྦེབ་སྦྱོར།

1.སྦེབ་སྦྱོར་དུས་ཚོད། ས་གནས་སོ་སོའི་གཟན་རྩྭ་སྐྱེ་ཚུལ་དང་མོ་ཕྱུགས་ཀྱི་ཤ་ཤེད་ལ་གཞིགས་ནས་སྦེབ་སྦྱོར་གྱི་དུས་ཚོད་གཏན་ཁེལ་བྱེད་པ་དང་། སྦེབ་སྦྱོར་བྱེད་རྒྱུའི་བུ་ཧྲ་འདེམ་དུས་ངེས་པར་དུ་ལག་རྩལ་ལས་ཁུངས་ཀྱིས་གསལ་འབྱེད་བྱེད་དགོས་ཤིང་། རྒྱལ་ཁབ་ཀྱིས་རྒྱུད་བཟང་ཁ་གསབ་བྱས་པའི་བུ་ཧྲ་ཡིན་པ་དང་ཚད་རིམ་གཅིག་ཡན་ལ་སླེབ་དགོས།

2.སྦྱོར་སྦེབ་བྱེད་ཐབས། གཅིག་བསྡུས་སྦྱོར་སྦེབ་བྱེད་ཐབས་སྤྱོད་པ་དང་། འོ་མཚམས་བཅད་པའི་ཉིན་དེར་ཕོ་ཕྱུགས་མོ་ཕྱུགས་ཀྱི་བསྡུར་ཚད 1:20~25ལྟར་བུ་ཧྲ་མོ་ཕྱུགས་ཕྲུ་ཚོགས་ཁྲོད་དུ་རྒྱག་དགོས་ལ། ཏ་ལམ་ཉིན 42ཀྱི་རྗེས་སུ་བུ་ཧྲ་མང་ཆེ་ཤོས་ཕྱིར་འཐེན་བྱེད་པ་དང་། 20%ཡི་བུ་ཧྲ་ཤུལ་ནས་བཞག་

སྔེ་ལུ་མཐུད་དུ་སྦྱོར་སྡེབ་བྱེད་དུ་འཇུག་དགོས།

(བཞི)མོ་ཕྱུགས་གསོ་ཚགས།

1.མངལ་ཆགས་དུས།

(1)མངལ་ཆགས་པའི་དུས་མགོ་ནི། ཟླ་7ཡིན་ཏེ། འཚོ་སྐྱོང་གསོ་ཚགས་བྱེད་པ་དང་མོ་ཕྱུགས་ཀྱི་ཤེད་མོ་འཁྲིད་ཙམ་ཡིན་དགོས།

(2)མངལ་ཆགས་པའི་དུས་མཇུག་ནི། ཟླ་2ཡིན་ཏེ། འཚོ་སྐྱོང་བྱེད་ཞོར་གཟན་ཆག་ཟུར་སྣོན་བྱེད་དགོས་ཏེ། ཟུར་སྣོན་བྱེད་པའི་གཟན་ཆག་ནི་མོ་ཕྱུགས་ལ་ཁ་སྣོན་བྱེད་པའི་སྦྱུས་ལེགས་གཟན་ཆག་ཡིན་ཞིང་། ཉིན་རེའི་ཕྱི་ཧྲོར་ཕྱིར······ཁྲིམ་ལ་ལོག་རྗེས་འབྲི་གཡག་རེ་ལ་སྦྱུས་ལེགས་གཟན་ཆག་སྤྱི་རྒྱ་0.75ཟུར་སྣོན······བྱེད་པ་དང་། འཚོ་རྫི་ཆུ་ཚོད་6དང་ཆུ་ཐིངས་2ལ་འཐུང་དུ་འཇུག་དགོས། མངལ་ཆགས་པའི་དུས་ཡུན་རིལ་པོར་མོ་ཕྱུགས་རེ་ལ་སྦྱུས་ལེགས་གཟན་ཆག་སྤྱི······རྒྱ་45ཟུར་སྣོན་བྱེད་དགོས་ཤིང་། ཤེད་མོ་ཅུང་ཞན་པའི་མོ་ཕྱུགས་ཁ་ཤས་ལ་སྔ་མོ་ནས་གཟན་ཆག་ཟུར་སྣོན་བྱེད་དགོས།

2.འོ་མ་འབབ་དུས། འོ་མ་འབབ་དུས་སུ་ཟླ་4ལ་གཟན་ཆག་ཟུར་སྣོན་བྱེད་པ་དང་། འཚོ་རྫི་བྱེད་ཞོར་དུ་གཟན་ཆག་ཟུར་སྣོན་བྱེད་དགོས་ཏེ། སྔ་ཧྲོར་ཕྱུགས་ར་ནས་ཕྱིར་མདེད་གོང་དང་ཕྱི་ཧྲོར་ཕྱིར་ལོག་རྗེས་སུ་མོ་ཕྱུགས་རེ་ལ་སྦྱུས་ལེགས······གཟན་ཆག་སྤྱི་རྒྱ་0.75ཟུར་སྣོན་བྱེད་པ་དང་། ཉིན་རེའི་འཚོ་རྫི་བྱེད་ཡུན་ནི་ཆུ་ཚོད་6དང་ཆུ་ཐིངས་2ལ་འཐུང་དུ་འཇུག་དགོས། འོ་མ་འབབ་པའི་དུས་ཡུན་རིལ་པོར······མོ་ཕྱུགས་རེ་ལ་སྦྱུས་ལེགས་གཟན་ཆག་ཏ་ལམ་སྤྱི་རྒྱ་180ཟུར་སྣོན་བྱེད་དགོས།

གསུམ། བེའུ་གསོ་སྐྱོང་ལག་རྩལ།

(གཅིག)བེའུ་ལ་སྔ་མོ་ནས་འོ་མཚམས་གཅོད་པ།

1.འོ་མཚམས་གཅོད་པའི་ཐབས་ཇུས། བེའུ་ཡི་འོ་མཚམས་གཅོད་དུས་བེའུ······

ཟླ 3ཡན་ཡོན་པ་དང་ལྗིད་ཚད་ངེས་པར་དུ་སྤྱི་རྒྱ 40ཡན་ལ་སླེབ་དགོས།

2.འོ་མཚམས་གཅོད་ཐབས། འོ་མཚམས་གཅོད་པའི་ལོ་ཚོད་དང་ལྗིད་ཚད་ཀྱི་ སྣང་བ་དང་མཐུན་པའི་བེའུ་ལ་སྐོར་ཁྲིག་བགོས་ནས་འོ་མཚམས་གཅོད་པ་དང་། ཡོགས་སུ་ཕྱུ་ཚོགས་བཀར་ནས་གསོ་སྐྱོང་བྱེད་དགོས།

(གཉིས)བེའུ་གསོ་ཚགས།

1.བེའུ་ཡི་འོ་མ་སྣུན་ཡུན་ནི་ཟླ 3སྟེ། བཙས་པའི་ཉིན 15ནས་བཟུང་གཟན་ཆག་བཟའ་རྒྱུ་ཁྲིད་དགོས་ཏེ། བསྡོམས་པས་ཉིན 75ལ་གཟན་ཆག་སྟོན་དགོས། བེའུ་རེ་ལ་ཉིན་རེར་སྦྱུས་ལེགས་གཟན་ཆག་སྤྱི་རྒྱ 0.5སྟོན་དགོས་ལ། བསྡོམས་པས་སྦྱུས་ལེགས་གཟན་ཆག་སྤྱི་རྒྱ 37.5ཟུར་སྟོན་བྱེད་དགོས།

2.བེའུ་ཚོན་གསོ་བྱེད་པའི་དུས་ཡུན་ནི་ཟླ 9སྟེ། འོ་མཚམས་བཅད་རྗེས་སྟོམ་གསོ་བྱེད་པའམ་འཚོ་རྗེ་བྱེད་ཞོར་གཟན་ཆག་ཟུར་སྟོན་བྱེད་པའི་གསོ་སྟངས་སྤྱོད་དགོས་ལ། དེའི་ནང་ནས་འོ་མཚམས་བཅད་པའི་ཟླ་དང་པོར་ཉིན་རེར་སྦྱུས་ལེགས་གཟན་ཆག་སྤྱི་རྒྱ 1རེ་སྟེར་དགོས་ལ། བསྡོམས་པས་སྦྱུས་ལེགས་གཟན་ཆག་སྤྱི་རྒྱ 30སྟེར་དགོས། ཟླ 2~6བར་དུ་འཚོ་སྐྱོང་བྱེད་དགོས། ཟླ 7~9བར་དུ་སྟོམ་གསོའམ་ཕྱེད་སྟོམ་གསོ་སྐྱོང་བྱེད་དགོས་ལ། ཉིན་རེར་འབྲི་གཡག་རེ་ལ་གཟན་ཆག་སྤྱི་རྒྱ 3ཟུར་སྟོན་བྱེད་དགོས་ཤིང་། བསྡོམས་པས་སྦྱུས་ལེགས་གཟན་ཆག་སྤྱི་རྒྱ 300ཟུར་སྟོན་བྱེད་དགོས།

བེའུ་ཚོན་གསོ་བྱེད་པའི་སྐབས་སུ། ཉིན་རེར་སྦྱུས་ལེགས་གཟན་ཆག་ཐེངས 2~3ལ་སྟེར་དགོས་ཤིང་། རང་མོས་ལྟར་ཆུ་འཐུང་བ་དང་། ཆུ་མགོ་གཙང་མ་བྱེད་དགོས། བེའུ་ལ་སྦྱུས་ལེགས་གཟན་ཆག་སྟེར་ཚད་དེ་རིམ་བཞིན་ཇེ་མང་དུ་གཏོང་དགོས་ལ། འཚོ་རྗེ་བྱེད་ཞོར་གཟན་ཆག་ཟུར་སྟོན་བྱེད་ན་དུས་བབ་དང་བསྟུན་ནས་སྟེར་ཚད་ཀྱང་ལེགས་སྒྲིག་བྱེད་དགོས།

བེའུ་གསོ་ཚགས་ཀྱི་ཉིན་རེའི་ལས་རིམ་རེའུ་མིག 4–1སྟོས།

རེའུ་མིག 4–1 བེའུ་གསོ་ཚགས་ཀྱི་ཉིན་རེའི་ལས་རིམ།

དམིགས་ཚད།	སྔོམ་གསོ།	འོ་མཚམས་བཅད་རྗེས་ཀྱི་ཟླ 1	འཚོ་རྩི་བྱེད་ཞོར་དུ་གཟན་ཆག་ཟུར་སྟོན། གཟན་རྩྭ་མང་དུས།	དེའི་རྗེས་ཀྱི་ཟླ 3
ཟུར་སྟོན་བྱེད་པའི་སྲུས་ལེགས་གཟན་ཆག	8:30、12:00、16:00	8:30、16:00		8:00、16:00
ཟྭ་སྐྱ།	10:00、14:00	17:30		17:30
བཏུང་ཆུ།	རང་མོས།	ཐེངས 2~3		ཐེངས 2~3
འཚོ་རྩི།		11:00~16:00	8:00~18:00	10:00~16:00

བཞི། འབྲི་གཡག་གི་ནད་ཐར་བརྒྱུད་རིམ།

འབྲི་གཡག་གི་ནད་ཐར་བརྒྱུད་རིམ་རེའུ་མིག 4–2ལ་སྟོས། བྱེ་བྲག་གི་ནད་ཐར་བརྒྱུད་རིམ་ས་དེའི་དངོས་ཡོད་གནས་ཚུལ་ལ་གཞིགས་ནས་ལེགས་སྒྲིག་བྱས་ཆོག

རེའུ་མིག 4–2 འབྲི་གཡག་གི་ནད་ཐར་བརྒྱུད་རིམ།

ནད་ཐར་དུས་ཚོད།	འགོག་སྨན་གྱི་མིང་།	འགོག་སྨན་རྒྱག་ཐབས།	ནད་ཐར་དུས་སྐབས་དང་ཟུར་མཚན།
དཔྱིད་འགོག	ཕྱུགས་ཚ་སྨིག་ཚའི་ནད་ཡམས་ཕྲིན་བྲུང་མའི་འགོག་སྨན།	ཤ་ཁབ།	ཟླ 6རིང་ཚུར་སྣང་ཡོད་སྲིད།
	ཁྲག་རྫོལ་རང་བཞིན་གྱི་ཁྲག་རྒྱུད་ནད་ཀྱི་འགོག་སྨན།	སྐྱི་མོའི་འོག་གམ་ཤ་ཁབ།	ཟླ 12
	རྒྱ་ཚད་འགོག་སྨན།	སྐྱི་མོའི་འོག་གམ་ཤ་ཁབ།	ཟླ 12
	ཤ་དུག་འཕང་སྲིན་གྱུང་གསོད་ཀྱི་འགོག་སྨན།	སྐྱི་མོའི་འོག་གམ་ཤ་ཁབ།	ཟླ 12

ནད་ཐར་དུས་ཚོད།	འགོག་སྨན་གྱི་མིང་།	འགོག་སྨན་རྒྱག་ཐབས།	ནད་ཐར་དུས་སྐབས་དང་ཟུར་མཚན།
སྟོན་འགོག	ཕྱུགས་ཚ་རྫིག་ཚའི་ནད་ཡམས་ཐྲིན་ཟུང་མའི་འགོག་སྨན།	ཤ་ཁབ།	ཟླ 6རིང་ཚུར་སྲུང་ཡོད་སྲིད།
	དུག་མེད་ས་ནད་ཀྱི་འགོག་སྨན།	སྐྱི་མོའི་འོག་གམ་ཤ་ཁབ།	ཟླ 12

ས་བཅད་བདུན་པ། དུས་རྒྱུན་གྱི་བདག་སྐྱོང་།

གཅིག ཕྱུགས་འཚོ།

(གཅིག)འབྲུག་དུས་ཕྱུགས་འཚོ།

འབྲུག་དུས་ཕྱུགས་འཚོ་བྱེད་པའི་ཧོས་འགན་ནི་འབྲི་གཡག་གི་ཤེད་མོ་རྒྱུན་འཛིན་བྱེད་པ་དང་། མོ་ཕྱུགས་མངལ་ཆགས་བདེ་སྲུང་ངམ་བེའུ་བདེ་བཙའ་བྱ་བ་ལེགས་པར་བསྒྲུབ་ནས། བེའུའི་གསོན་ཚད་ཇེ་མཐོར་བཏང་ནས་འབྲི་གཡག་རྣམས་བདེ་འཇགས་ངང་དགུན་སྐྱེལ་དུ་འཇུག་དགོས། འབྲུག་དུས་སུ་འཚོ་རྫི་འཕྲོ་བ་དང་ཕྱིར་ཕྱུགས་རར་འཇུག་སྤྲ་དགོས་ཏེ། ཉིན་གུང་དྲོད་གྲངས་ཅུང་མཐོ་བའི་བར་སྐབས་བེད་སྤྱོད་བྱས་ཏེ་འཚོ་སྐྱོང་བྱེད་དགོས། འཚོ་སྐྱོང་དང་དྲོད་ཁང་། གཟན་སྣོན་བཅས་ཀྱི་གསོ་ཐབས་སྤྱོད་པ་ཡིན། དྲོད་འཛིན་བཟང་བ་དང་རླུང་རྒྱུག་པ། དྲོད་གྲང་རན་པ། ཆ་རྐྱེན་ལེགས་པ། དངུལ་གཏོང་ཉུང་བ། མ་རྩ་ཉུང་བའི་དྲོད་ཁང་བསྐྲུན་ནས། འབྲི་གཡག་གིས་དྲོན་མོའི་ངང་དགུན་སྐྱེལ་བའི་དུས་མཚུངས་སུ་འཚོ་བཅུད་ཀྱི་རིན་ཐང་ཆེ་ལ་རྩི་བཅུད་འཛོམས་པ། ཚད་ཉུང་མ་རྒྱུ་ཕུན་སུམ་ཚོགས་པའི་གཟན་རྩྭ་སྙེར་དགོས། ཉིན་རེར་འཚོ་རྫི་བྱས་ཚར་རྗེས་གཟན་ཆག་ཟུར་སྣོན་བྱས་ནས་ཤེད་མོ་ཤོར་བར་སྔོན་འགོག་བྱེད་

ཅིང་། ཐོ་རྟ་སྐྱེ་དུས་སུ་ཤ་ཤེད་མགྱོགས་མྱུར་གྱིས་རྒྱས་ནས་རྒྱུད་སྤེལ་ནུས་པ་ཇི་…མཐོར་གཏོང་དགོས། ས་བབ་དང་བསྟུན་ནས་གཟན་རྩ་ཐོན་སྐྱེད་བྱེད་གནས་…བཀོད་སྒྲིག་བྱེད་པ་དང་། ཞིང་ལས་ས་ཁུལ་ནས་གཟན་རྩ་ཉོ་སྒྲུབ་བྱེད་དགོས་ཏེ། གསོག་ཉར་བྱས་པའི་གཟན་རྩ་ཅུང་ཕུན་སུམ་ཚོགས་པའི་གནས་ཚུལ་འོག་གཟན་རྩ་ཟུར་སྡོན་བྱས་པ་ཇི་ལྟར་སྤྲན་འབྲི་གཡག་གི་ཤེད་མོ་ཤོར་བ་དེ་ལྟར་དཀལ་བ་ཡིན།

(གཉིས)དྲོད་དུས་ཕྱུགས་འཚོ།

དྲོད་དུས་སུ་ཕྱུགས་ཟོག་སྨོར་ཕུད་སྤྲ་བ་དང་ཕྱིར་བསྒྱུ་འཕྱི་དགོས་ཏེ། འཚོ་རྫིའི་དུས་ཚོད་ཇི་རིང་དུ་བཏང་སྟེ་འབྲི་གཡག་ལ་གཟན་རྩ་མང་པོ་བཟའ་རུ་འཇུག་དགོས། ཕྱུགས་འཚོ་དུས་རི་འདབས་ནས་རི་མགོར་རིམ་གྱིས་འཚོ་བ་དང་། གཟན་རྩའི་ཕྲུས་ཀ་ཞན་པའི་རྩ་ར་ནས་རིམ་གྱིས་གཟན་རྩའི་ཕྲུས་ཀ་ལེགས་པའི་…རྩ་རའི་ཕྱོགས་སུ་འཚོ་དགོས། སྤ་ཉིན་འཚོ་རྫི་བྱེད་ས་ནས་ཡང་བསྐྱར་ཐེངས་…གཅིག་ལ་འཚོས་ནས་གཟན་རྩ་བེད་སྤྱོད་བྱེད་ཚད་ཇི་མང་དུ་གཏོང་དགོས། དེའི་མི་ཚད་གཟན་རྩའི་སྐྱེ་ཚུལ་དང་ཕྱུགས་ཁྱུའི་ཆེ་ཆུང་ལྟར་ཉིན 20~40བར་དུ་རྩ་ར་བརྗེ་སྤོར་ཐེངས་གཅིག་ལ་བྱེད་དགོས། དབྱར་ས་ར་སྤོར་བའི་སྐབས་སུ་ཕྱུགས་…ཁྱུའི་ཉིན་རེའི་འགྲོ་ལམ་དེ་སྤྱི་ལེ 10~15བར་དུ་ཚོད་འཛིན་བྱེད་དགོས་ལ། འཚོ་རྫི་བྱེད་ཞོར་དུ་དམིགས་སར་བགྲོད་དགོས།

སྤྱི་བསྡོམས་ན་ཕྱུགས་ཟོག་སྨོར་ཕུད་སྤྲ་ན་ཕྱིར་བསྒྱུ་འཕྱི་དགོས་པ་དང་། སྟོན་ཁར་མཐོ་ས་དང་དགུན་ཁར་དྲོད་ས། དགུན་ཁ་འཁྱག་དུས་ཐང་བདེ་ས……དང་ཕྱུགས་ཟོག་དལ་སྐྱོད་བྱེད་དུ་འཇུག་པ། རླུང་འཚུབ་ཆེན་པོ་དང་ཁ་བ་ཆེན་པོའི་དུས་སུ་མྱུར་དུ་ཕྱིར་ལོག་པ། རི་མཐོ་སར་ཁ་བ་འབབ་དུས་གནས་སྤོ་བ། དབྱར་ཁ་ཆུ་ལྡུད་ཐེངས་གཉིས་དང་དགུན་ཁར་ཆུ་ལྡུད་གཅིག་ཡིན་པ་བཅས་ཀྱི…ངོ་དམ་ལ་མཉམ་འཛོམ་བྱེད་དགོས།

གཉིས། རྩིད་པ་འབྲེག་པ་དང་ཁུ་ལུ་ལེན་པ།

(གཅིག)རྩིད་པ་འབྲེག་པ།

འབྲི་གཡག་ནི་སྤྱིར་བཏང་དུ་ཟླ་དྲུག་པའི་ཡས་མས་སུ་རྩིད་པ་འབྲེག་པ་དང་། རང་བྱུང་ཁོར་ཡུག་དང་འབྲི་གཡག་གི་ཤ་ཤེད། ངལ་རྩོལ་ནུས་ཤུགས་སོགས་ཀྱི་ཤུགས་རྐྱེན་དང་བསྟུན་ནས་ཅུང་ཟད་སྔ་སྐྱར་དང་ཕྱིར་འགྱངས་བྱས་ཆོག ཕྱུགས་ཁྱུའི་རྩིད་པ་འབྲེག་པའི་གོ་རིམ་ནི་ཐོག་མར་འོག་བཅད་འབྲི་གཡག་དང་དེའི་འཁོར་ཕོ་ཕྱུགས། འཚར་སྐྱེ་འབྲི་གཡག འོ་སྐམ་མོ་ཕྱུགས། འོ་ཐོན་མོ་ཕྱུགས། བེའུ་བཅས་རིམ་བཞིན་འབྲེག་དགོས། ལྤགས་ནད་ཕོག་པའི་འབྲི་གཡག་རྣམས་ཆེས་རྗེས་མར་བཞག་ནས་འབྲེག་དགོས་ཏེ། ནད་རིམས་འབྲི་གཡག་གཞན་ལ་འགོ་བར་སྔོན་འགོག་བྱེད་དགོས། བེའུ་བཙའ་ལ་ཉེ་བའི་མོ་ཕྱུགས་ནི་བེའུ་བཙས་ནས་གཟའ་འཁོར་གཅིག་ནས་གཉིས་འགོར་རྗེས་སུའམ་ལུས་ཁམས་སོས་རྗེས་ད་གཟོད་རྩིད་པ་འབྲེག་དགོས། ཛ་རྩིད་ལོ་གཉིས་ཀྱི་ནང་དུ་ཐེངས་གཅིག་ལ་འབྲེག་པའམ་ལོ་གཉིས་ནས་གསུམ་གྱི་ནང་དུ་བྲེགས་ཚར་དགོས། དེ་ལྟར་བྱས་ན་ཤ་སྲང་གཡུག་པ་དང་མོ་ཕྱུགས་ཀྱི་སྐྱེ་འཕེལ་དབང་པོ་ལ་སྲུང་སྐྱོང་བྱེད་ཐུབ། མོ་ཕྱུགས་ཀྱི་ནུ་མའི་མཐའ་སྐོར་གྱི་སྤུ་ཞུང་ཙམ་བཞག་ནས་ནུ་མ་གྲང་རླུང་གིས་མི་གནོད་པར་བྱེད་པ་དང་འབུ་སྲིན་གྱིས་རྨུགས་པར་སྔོན་འགོག་བྱེད་དགོས། ཤ་ཤེད་ཞན་པའི་འབྲི་གཡག་གི་ཁོག་སྟོད་དང་གསུས་ཁོག་གི་རྩིད་པ་སྐྱུར་འཇོག་བྱས་ནས་གྲང་ངར་ཆེ་དུས་འཁྱགས་ཤིར་མི་འགྲོ་བར་བྱེད་དགོས།

(གཉིས)ཁུ་ལུ་ལེན་པ།

ཁུ་ལུ་ལེན་པའི་དུས་ནི་ཟླ་དྲུག་པའི་ཟླ་དཀྱིལ་ཡས་མས་ཡིན་ཞིང་། དུས་བབ་དང་བསྟུན་ནས་ཁུ་ལུ་ལེན་དགོས། སྤྱིར་བཏང་དུ་སྔོན་ལ་ཁུ་ལུ་ལེན་པ་དང

དེ་ནས་རྩིད་པ་འབྲིག་པའི་བྱེད་ཐབས་སྤྱོད་དགོས། དེ་ལྟར་ཁུ་ལུ་སྟ་མོ་ནས་བླངས་ན་རྩིད་པ་ཡང་བསྐྱར་སྐྱེ་བ་དང་། དེ་ནས་ཡང་བསྐྱར་བྲེགས་ན། གནམ་གཤིས་ལ་གློ་བུར་དུ་འགྱུར་ལྡོག་བྱུང་བའི་གྲང་ངར་སོགས་ཀྱི་གནོད་འཚེ་འགོག་ཐུབ། དུས་མཚུངས་སུ་རྩིད་པ་འབྲིག་པ་ཅུང་འཕྱི་ན། ཆམ་ནད་དང་འཁྲུགས་ཤེ་སོགས་ཀྱི་གནས་ཚུལ་མི་འབྱུང་སྟེ། ཐབས་ཤེས་འདི་བེའུ་དང་ཤེད་མོ་ཞན་པའི་འབྲི་གཡག་ལ་ཏ་ཅང་འཚམ་པ་ཡིན།

གསུམ། ཤ་གཅོད་པ།

འབྲི་གཡག་གི་འཚར་སྐྱེད་ལ་བས་ཤ་གཅོད་པའི་དུས་ཚོད་ཀྱང་སྤྱིར་བཏང་གི་བ་གླང་ལས་ཅུང་དལ་བ་རེད། སྤྱིར་བཏང་དུ་ལོ་གཉིས་ནས་གསུམ་གྱི་སྐབས་སུ་ཤ་བཅད་ན་རན་པ་ཡིན་ཏེ། དེ་མིན་ན་འཚར་སྐྱེ་ལ་ཤུགས་རྐྱེན་ནམ་གནོད་པ་ཐེབས་ངེས།

འབྲི་གཡག་གི་ཤ་གཅོད་རྒྱུ་དེ་ཟླ་དྲུག་པ་ཡས་མས་སུ་སྤེལ་དགོས་ཏེ། སྐབས་དེར་ནམ་ཟླ་དྲོད་པས། རྩ་ཁ་སོས་སླ་བར་མ་ཟད་དྲོད་དུས་འཚོ་རྫིའི་ཚོན་གསོ་བྱེད་པར་རྨང་གཞི་ལེགས་པོ་བཏིངས་ཡོད། ཤ་གཅོད་པའི་གཤགས་བཅོས་སྔར་མོར་བྱེད་དགོས་ཤིང་། འབྲི་གཡག་གཏན་འདོགས་བྱེད་པའི་དུས་ཡུན་རིང་མི་རུང་། གཤགས་བཅོས་བྱས་རྗེས་དལ་མོའི་ངང་འཚོ་རྫི་བྱེད་དགོས་ཏེ། གཟའ་འཁོར་གཅིག་ཡས་མས་སུ་ཉེ་འཁོར་ནས་འཚོ་རྫི་བྱེད་པ་དང་། འགྲུལ་སྐྱོད་དྲག་པོ་བྱེད་དུ་འཇུག་མི་རུང་། ཉིན་རེ་རེར་རྨ་ཁ་བརྟག་དཔྱད་བྱེད་དགོས་ཏེ། གལ་སྲིད་ཁྲག་བཙན་པའམ་རྣག་བསགས་ན་དེ་མ་ཐག་ནད་བཅོས་བྱེད་དགོས།

ཉེ་བའི་ལོ་འགའི་ནང་ས་གནས་ཁ་ཤས་སུ་གཤགས་བཅོས་མིན་པའི་རླིག་འདེགས་ཤ་གཅོད་ཐབས་ཤེས་བཀོལ་བཞིན་ཡོད་དེ། བྱེད་ཐབས་འདི་ནི་ཕོ་ཕྱུགས་གཏན་འདོགས་བྱས་རྗེས། ལག་པས་རླིག་རིལ་ཡར་བཏེགས་ནས་གསུམ

ཁོག་ལ་སྦྱར་བ་དང་། དེ་ནས་ལྷེམ་གཉིས་བཟང་བའི་འགྱིག་ཐིག་གིས་ཀླིག་རིལ་འོག་གི་གསང་སྒྲོ་དམ་པོར་བསྡམས་ནས་ཀླིག་རིལ་མར་མི་ལྷུང་བར་བྱེད་དགོས། ཀླིག་རིལ་གསུམ་ཁོག་ལ་སྦྱར་ན་དྲོད་ཚད་ཧེ་མཐོར་སོང་ནས་ཁམས་དཀར་གསོན་ཐབས་མེད་པར་གྱུར་པས། ལུས་ཁམས་ཀྱི་ཐད་ནས་ཤ་བཅད་པའི་ནུས་པ་ཐོན་ཡོད། དེ་ཡང་ཕོ་རིགས་སྐྱལ་རྒྱུ་སྟར་བཞིན་ཐོན་པས། གཤགས་བཅོས་བྱས་ནས་ཀླིག་རིལ་བླངས་པའི་ཕོ་ཕྱུགས་འཚར་སྐྱེ་མགྱོགས་ལ་ཤའི་ཐོན་ཚད་ཀྱང་མཐོ་བ་རེད།

བཞི། གཅན་གཟན་གྱི་གནོད་འཚེ་སྔོན་འགོག་བྱེད་དགོས།

འབྲི་གཡག་རྣམས་ལོ་རེར་ཤི་རྐྱེན་བྱུང་བ་ལས་མང་ཆེ་ཤོས་ནི་གཅན་གཟན་གྱི་གནོད་འཚེ་ཐེབས་པ་ཡིན། དེའི་ནང་དུ་སྤྱང་ཀིའི་གནོད་འཚེ་ནི་ཆེས་ཆེ་བ་རེད། རྫི་བོས་ས་དེའི་སྤྱང་གནོད་ཐེབས་པའི་ཆོས་ཉིད་བཙལ་ཐོག་འབྲི་གཡག་འཚོ་རྫི་དང་བདག་སྐྱོང་བྱེད་ཤུགས་ཆེ་རུ་གཏོང་དགོས། སྟོན་སླག་དང་ཆར་ཆུའི་དུས་དང་མཚན་མོར་འཚོ་རྫི་བྱེད་དུས། འབྲི་གཡག་ལ་བདག་སྐྱོང་ལེགས་པོ་བྱེད་དགོས་ཏེ། མཐོ་ས་ནས་ཕྱུགས་ཁྲུའི་འགྱུལ་སྐྱོད་ལ་ལྟ་རྟོག་བྱེད་པ་དང་ཕྱིར་ཕྱུགས་རར་བཅུག་རྗེས་ཚང་རྩིས་རྒྱག་དགོས་ཏེ། གལ་སྲིད་འབྲི་གཡག་བོར་བརླག་བྱུང་ན་དུས་ཐོག་ནས་མྱུར་མོར་བཙལ་དགོས། འཁྱག་དུས་སྤྱང་ཀིའི་བཟའ་ཆས་ཇེ་ཉུང་དུ་སོང་རྗེས་ཕྱུགས་རའི་ཉེ་འཁོར་ནས་འགྲོ་འོང་བྱེད་ཅིང་གོ་སྐབས་བཙལ་ནས་འབྲི་གཡག་ལ་གནོད་སྐྱེལ་བ་ཡིན་པས། བདག་སྐྱོང་ཡག་པོ་བྱེད་དགོས་ལ། ཁྱད་པར་དུ་མཚན་མོར་རེས་སྲུང་ལེགས་པོ་བྱེད་དགོས།

ལྔ། སྦྲུམ་མར་བརྟག་དཔྱད།

མོ་ཕྱུགས་སྤྲིག་ནས་སྦྱོར་སྟེབ་བྱས་རྗེས། ཕྱིར་བཏང་དུ་མངལ་ཆགས་ཐུབ་ལ་མངལ་ཤོར་བའི་གནས་ཚུལ་འབྱུང་ཚད་ཉུང་བ་དང་། འབྲི་གཡག་མངལ་

ཆགས་རྗེས་སྨྱིག་པའི་གནས་ཚུལ་ཉུང་བས། སྤྱིར་བཏང་དུ་འབྲི་གཡག་ལ་བརྟག་དཔྱད་བྱེད་མི་དགོས། འབྲོག་མིས་མོ་ཕྱུགས་ལ་མངལ་ཆགས་ཡོད་མེད་བརྟག་པའི་ཚད་གཞི་ནི་འབྲི་གཡག་སྨྱིག་ཡུན་རྗེས་མར་ཡང་བསྐྱར་སྨྱིག་མིན་ལ་བལྟས་པ་ཡིན། གལ་སྲིད་མངལ་ཆགས་ཡོད་མེད་ལ་བརྟག་དཔྱད་བྱེད་ན། མིག་སྔར་གཞང་གི་བརྟག་དཔྱད་དེ་ཆེས་སླ་མོ་དང་ཡང་དག་ཡིན་པ་རེད།

དྲུག བཤས་རར་གཏོང་བའི་ཕྱུགས་གྲངས་འོས་འཚམ་སྒྲོས་སྟོན་པ།

ལོ་གཅིག་གི་དཔྱར་མཇུག་དང་དགུན་སྟོད་ནི་འབྲི་གཡག་ལ་ཤེད་འབུད་ཚད་ཆེས་མཐོ་བའི་སྐབས་སུ་སླེབས་པས། ཤའི་ཡོངས་སུ་སྤྱོད་པའི་འབྲི་གཡག་མ་ཐེ་བའི་ཕྱུགས་ཁྱུ་ལ་བརྟག་དཔྱད་ཞིབ་མོ་བྱེད་དགོས་ཏེ། རྒྱུད་སྤེལ་ཐུབ་པའི་འབྲི་མོ་དང་བུ་ཕྲུ་ཚང་གསོ་བྱེད་པའི་གྲངས་ཀ་ཁག་ཐེག་བྱེད་པའི་རྨང་གཞིའི་སྟེང་དུ། ལོ་འབབ་དང་གཟན་ཆག་ཐོན་སྐྱེད་དང་གསོག་ཉར་བྱེད་པའི་གནས་ཚུལ་ལྟར། ན་རྒས་སྐྱོན་ཅན་དང་རྒྱུད་སྤེལ་ནུས་པ་ཉམས་པའི་འབྲི་གཡག་རྣམས་དུས་དང་རྣམ་པ་ཀུན་ཏུ་གསེས་དོར་བྱེད་དགོས། འཁྱག་དུས་རྩྭ་སའི་སྤུས་ཀ་ཞན་པས། འབྲི་གཡག་ཡོངས་རྫོགས་དགུན་སྐྱོལ་མི་ཐུབ་པའི་གནས་ཚུལ་འོག བཤས་རར་གཏོང་གྲངས་ཇི་མང་དུ་བཏང་ནས། རྩྭ་ཕྱུགས་དོ་མི་མཉམ་པའི་གནད་དོན་ཇི་ཆུང་དུ་གཏོང་དགོས།

ལེའུ་ལྔ་པ། འབྲི་གཡག་ཚོན་གསོ་བྱེད་པའི་ལག་རྩལ།

ས་བཅད་དང་པོ། ཚོན་གསོ་བྱེད་སྟངས་གདམ་གསེས།

འབྲི་གཡག་ཚོན་གསོ་བྱེད་སྟངས་ལ་སྤྱིར་བཏང་དུ་འཚོ་རྩྭའི་ཚོན་གསོ་དང་འཚོ་རྩྭའི་བྱེད་ཞོར་དུ་གཟན་ཆག་ཟུར་སྣོན། ཚང་གསོ། ཚང་གསོ་བྱེད་ཀ་བཅས་རྣམ་པ་བཞི་ཡོད།

གཅིག འཚོ་རྩྭའི་ཚོན་གསོ་བྱེད་སྟངས།

འཚོ་རྩྭའི་ཚོན་གསོ་བྱེད་པ་ནི་བེའུ་བཙས་པ་ནས་བཤས་ར་གཏོང་ཚད་སླེབས་རག་བར་དུ་རྩྭ་ཐང་ནས་འཚོ་རྩྭ་བྱེད་པ་ལས་གཟན་ཆག་ཅི་ཡང་ཟུར་སྣོན་བྱེད་པའི་ཚོན་གསོ་བྱེད་སྟངས་ཡིན་ཞིང་། དེ་ལ་རྩྭ་ཐང་གི་ཕྱུགས་ལས་ཞེས་ཀྱང་འབོད། ཚོན་གསོ་བྱེད་སྟངས་འདི་ནི་མི་གྲངས་ཉུང་ཉུང་ལ་ས་ཞིང་མང་བ། རྩྭ་ས་ཆེ་བ། ཆར་ཆུ་མང་བ། གཟན་རྩྭ་མཐུག་པའི་འབྲོག་ཁུལ་དང་ཞིང་ཕྱུགས་གཉིས་འཛོམས་ཀྱི་ས་ཁུལ་ལ་ལ་ནས་སྤྱོད་ན་འོས་ཤིང་འཚམ་སྟེ། དཔེར་ན། ཞིན་ཞི་ལན་གྱི་བ་གླང་ཚོན་གསོ་བྱེད་སྟངས་ནི་ཕལ་ཆེར་བྱེད་ཐབས་འདི་སྤྱོད་པ་ཡིན་ཏེ། བཙས་པ་ནས་བཟུང་འཚོ་སྐྱོང་བྱས་ཏེ་ཟླ་18ལོན་པ་དང་། ལྗིད་ཚད་སྤྱི་རྒྱ་400ལ་སླེབས་རྗེས་བཤས་རར་བཏང་ཆོག

གལ་སྲིད་རྩྭ་ས་ཆེན་པོ་ཡོད་ལ་གཟན་རྩྭ་བཏབ་ཆོག་ན། དབྱར་ཁ་སྟོ་རྩྭ་སྐྱེ་དུས་སུ་འཚོ་སྐྱོང་བྱེད་པ་ལས་རྩྭ་ས་ཁག་ཅིག་བཞག་ནས་བརྔ་བསྡུ་བྱས་ཏེ་རྩྭ

སྐྱའམ་སྔོ་གཟན་དུ་གསོག་ཉར་བྱས་ནས་དགུན་ཁའི་གཟན་ཆག་ཏུ་སྤྱོད་ཆོག་བྱེད་ཐབས་འདི་ལ་འཚོ་སྐྱོང་ཆོན་གསོ་ཞེས་ཀྱང་འབོད་ལ་ཕན་ཁེའང་ཆེས་ཆེ་བ་ཡིན་མོད། འོན་ཀྱང་གསོ་ཚགས་ཀྱི་དུས་ཡུན་རིང་བ་ཡིན།

གཉིས། འཚོ་རྩི་བྱེད་ཞོར་དུ་གཟན་ཆག་བྲུར་སྣོན་བྱེད་པའི་ཆོན་གསོ་བྱེད་སྟངས།

འཚོ་རྩི་བྱེད་ཞོར་གཟན་ཆག་བྲུར་སྣོན་བྱེད་པ་ནི་སྲོལ་རྒྱུན་གྱི་འཚོ་རྩི་བྱེད་ཐབས་གཙོར་བཟུང་ཞིང་། སྒོ་ཐོག་སྤྱི་མོར་འཚོ་རྩི་མ་དེད་གོང་དང་མཚན་མོ་ཕྱིར་ཐོག་ར་ར་བཅུག་རྗེས་སུ་གཟན་ཆག་བྲུར་སྣོན་བྱེད་པའི་ཆོན་གསོ་བྱེད་སྟངས་ཤིག་ཡིན། འབྲི་གཡག་ཆོན་གསོ་བྱེད་པའི་དུས་ཡུན་ཇེ་ཐུང་དུ་གཏོང་བ་དང་ཤའི་ཐོན་ཚད་ཇེ་མཐོར་གཏོང་ཆེད། གཟན་ཆག་ཆ་རྐྱེན་བཟང་བའི་ས་གནས་སུ་འཚོ་རྩི་བྱེད་ཞོར་དུ་གཟན་ཆག་བྲུར་སྣོན་བྱེད་པའི་ཐབས་ཤེས་སྤྱོད་ཆོག་སྟེ། དཔེར་ན། ཞིན་ཅང་ལྷེ་ཤར་རང་སྐྱོང་ཁུལ་གྱི་གཡག་ཁམ་པོ་རྣམས་གསོ་ཚགས་བདག་སྐྱོང་དང་ཆོན་གསོ་ཐད་དུ་བྱེད་ཐབས་འདི་སྤྱོད་པ་མང་སྟེ། དབྱར་སྟོན་དུས་ཚིགས་སུ་འཚོ་རྩི་བྱེད་ཞོར་གཟན་ཆག་བྲུར་སྣོན་བྱེད་པ་དང་། དགུན་དཔྱིད་དུས་ཚིགས་སུ་འཚོ་རྩི་དུས་ཡུན་ཇེ་ཐུང་དུ་བཏང་ཞིང་གཟན་ཆག་སྣོན་ཚད་ཇེ་མང་དུ་གཏོང་དགོས། གཟན་ཆག་དགྲུས་མ་སྣོན་རྒྱུ་གཙོ་བོ་ནི་རྩྭ་སྐྱ་དང་ལོ་ཏོག་གི་སོག་མ། སྔོ་ཉར་གཟན་ཆག་སོགས་ཡིན་ལ། ཕྲུས་ལེགས་གཟན་ཆག་གཙོ་བོ་ནི་མ་ཇྙོས་ལོ་ཏོག་དང་ཕུབ་མ། ཟས་རིགས་ལས་སྣོན་ཞོར་ཐོན་དངོས་རྫས་དང་འདྲེས་སྦྱོར་གཟན་ཆག་སོགས་ཡོད། ཕྱིར་བཏང་དུ་དབྱར་སྟོན་དུས་ཚིགས་སུ་འབྲི་གཡག་རེ་ལ་ཉིན་རེར་གཟན་ཆག་དགྲུས་མ་སྣེར་ཚད་ནི་སྤྱི་གྲུ 2~3བར་དང་། ཕྲུས་ལེགས་གཟན་ཆག་སྤྱི་གྲུ 1.0~1.5བར། དགུན་དཔྱིད་དུས་ཚིགས་སུ་འབྲི་གཡག་རེ་ལ་ཉིན་རེར་གཟན་ཆག་དགྲུས་མ་སྣེར་ཚད་ནི་སྤྱི་གྲུ

3~5བར་དང་སྤུས་ལེགས་གཟན་ཆག་སྙེར་ཚད་ནི་སྤྱི་རྒྱ 1.5~2བར་ཡིན།

གསུམ། ཚང་གསོའི་ཚོན་གསོ་བྱེད་སྟངས།

འབྲི་གཡག་ཚོན་གསོ་བྱེད་པ་ནས་བཤའ་བའི་བར་དུ་སྟོམ་གསོ་བྱེད་པའི་ཚོན་གསོ་བྱེད་སྟངས་ནི་སྟོམ་གསོའི་ཚོན་གསོ་ཡིན་ཏེ། དེའི་ཁྱད་ཆོས་གཙོ་བོ་ནི་ས་ཞིང་བཀོལ་སྤྱོད་ཆུང་བ་དང་གསོ་ཚགས་ཀྱི་དུས་ཡུན་ཐུང་ལ་ཤ་སྤུས་བཟང་ཞིང་དཔལ་འབྱོར་གྱི་ཕན་འབྲས་མཐོ་བ་དེ་རེད། ཞན་ཆ་ནི་དངུལ་གཏོང་མང་བ་དང་སྤུས་ལེགས་གཟན་ཆག་ཟུང་མང་པོ་མཁོ་བ་དེ་ཡིན། གསོ་སྟངས་འདི་མི་གྲངས་མང་བ་དང་ས་ཞིང་ཆུང་བ། དཔལ་འབྱོར་འཕེལ་རྒྱས་ཟུང་མགྱོགས་པའི་ས་གནས་སུ་སྤྱད་ན་འཚམ།

ཚང་གསོའི་ཚོན་གསོ་བྱེད་སྟངས་ལའང་འདོགས་གསོ་དང་ཁྱུ་གསོ་གཉིས་ཡོད་དེ།

(གཅིག)འདོགས་གསོ།

ཚང་གསོའི་ཚོན་གསོ་བྱེད་པའི་འབྲི་གཡག་མང་བའི་སྐབས་སུ། འབྲི་གཡག་རེ་རེ་བཏགས་ཏེ་གཟན་ཆག་སྙེར་བ་དེ་ལ་འདོགས་གསོ་ཟེར་ཞིང་། དེའི་ཁྱད་ཆོས་ནི་བདག་སྐྱོང་བྱེད་བདེ་བ་དང་། དུས་མཉམ་དུ་ཤེད་འབུད་ཐུབ་པ། ཐོབ་ཆ་མང་བ་བཅས་ཡིན། ཞན་ཆ་ནི་འགུལ་སྐྱོད་ཆུང་བ་དང་འཚར་སྐྱེལ་ཤུགས་རྐྱེན་ཆེ་བ། ཚོན་གསོ་བྱེད་པའི་དུས་ཡུན་རིང་བ་དང་ཤེད་འབུད་པར་གནོད་པ་ཡོད་པ་བཅས་ཡིན། སྤྱིར་བཏང་དུ་གཟན་ཆག་སྙེར་ཚད་འདྲ་མཉམ་ཡིན་དུས་འདོགས་གསོ་བྱས་ན་ཕན་འབྲས་ཆེ།

(གཉིས)ཁྱུ་གསོ།

ཁྱུ་གསོ་ནི་ཕྱུགས་ཁྱུའི་གྲངས་འབོར་གྱི་མང་ཉུང་དང་ཕྱུགས་ཁྱུའི་ཆེ་ཆུང་། གཟན་ཆག་སྙེར་སྟངས། གཟན་ཆག་སྙེར་ཚད་བཅས་ལ་གཞིགས་ནས་གཏན

ཁེལ་བྱེད་དགོས་ཏེ། སྤྱིར་བཏང་དུ་འབྲི་གཡག་དྲུག་ནི་ཁྱུ་གཅིག་སྟེ། འབྲི་གཡག་གཅིག་གིས་ཟིན་པའི་གཞི་ཁྱོན་ནི་སྨིད་གྲུ་བཞི་མ 4ཡིན། ཕྱུགས་ཁྱུའི་འབྲི་གཡག་འཛིང་རེས་བྱེད་རྒྱུར་སྔོན་འགོག་བྱ་ཆེད། ཆོན་གསོ་བྱེད་པའི་དུས་འགོར་འབྲི་གཡག་ཉུང་མང་ན་ཆོག་ལ། དེ་ནས་རིམ་བཞིན་ཇེ་ཉུང་དུ་གཏོང་དགོས། ཡང་ན་གཟན་ཆག་སྟེར་བའི་སྐབས་སུ་ལྷུགས་ཐག་གིས་སྡོམ་དགོས། གལ་སྲིད་གཟན་ཆག་བཟའ་དུས་མི་སྡོམ་ན། ཕྱུགས་ར་བསྐྱུན་ནས་འབྲི་གཡག་སོ་སོར་བཀར་ནས་གཟན་ཆག་སྟེར་དགོས། གལ་སྲིད་གཟན་ཆག་བཟའ་བའི་གྲལ་ནས་ཕྱིར་ཕུད་པའི་འབྲི་གཡག་ཡོད་ན་ཆས་གཞོང་ཟུར་དུ་བཞག་ནས་ལོགས་སུ་སྟེར་དགོས།

ཁྱུ་གསོ་བྱེད་པའི་བཟང་ཆ་ནི་ངལ་རྩོལ་ནུས་ཤུགས་གྲོན་ཆུང་བྱེད་ཐུབ་ལ། འབྲི་གཡག་ལ་བཀག་སྡོམ་བྱས་མེད་པས་འཚར་སྐྱེ་ལ་ཕན་པ་བཅས་ཡིན། ཞན་ཆ་ནི་གལ་སྲིད་ཕྱུགས་ཁྱུས་བཟའ་ཆས་འཕྲོག་རེས་བྱས་ན། ཤེད་རྒྱས་ཚད་དོ་མཉམ་མིན་པ་རེད། གཟན་ཆག་འདང་ཞིང་འབྲི་གཡག་གིས་རང་མོས་ལྟར་བཟའ་ཐུབ་ན་ཁྱུ་གསོ་བྱེད་ན་ཕན་འབྲས་ཆེ་བ་རེད།

བཞི། ཚང་གསོ་བྱེད་ཀའི་ཆོན་གསོ་བྱེད་སྟངས།

དབྱར་དུས་སྔོ་རྩྭ་སྐྱེ་དུས་འབྲི་གཡག་འཚོ་སྐྱོང་བྱེད་པ་དང་། དགུན་དུས་སྔོ་རྩྭ་སྐམ་པའི་སྐབས་སུ་ཕྱུགས་ཁྱུ་ཕྱུགས་རར་བཅུག་ནས་ཚང་གསོ་བྱེད་པའམ། ཡང་ན་དགུན་དུས་སུ་ཉིན་ཕྱེད་ལ་འཚོ་སྐྱོང་དང་ཉིན་ཕྱེད་ལ་ཚང་གསོ་བྱེད་པའི་ཐབས་ཤེས་འདི་ནི་ཚང་གསོ་བྱེད་ཀའི་ཆོན་གསོ་བྱེད་སྟངས་ཡིན།

བེའུ་ཆོན་གསོ་བྱེད་ན། ཚང་གསོ་བྱེད་ཀའི་བྱེད་སྟངས་འདི་སྤྱོད་དགོས་ལ། འབྲི་མོས་དབྱར་དུས་གཟན་རྩྭ་མ་སྐྱེ་གོང་དུ་ཕྱུགས་ཕྲུག་བཙའ་དགོས་ཤིང་། བེའུ་བཙས་རྗེས་བེའུ་འབྲི་མོ་དང་མཉམ་དུ་འཚོ་སྐྱོང་བྱས་ནས་ནུ་མ་ནུ་རུ་འཇུག

དགོས། དབྱར་དུས་སུ་སྔོ་རྩྭ་ཧ་ཅང་ལེགས་པས་འོ་མ་འབབ་ཚད་འདང་བ་དང་། བེའུའི་འཚར་སྐྱེ་ལ་ཕན། བེའུ་བཙས་ནས་ཟླ་6ལོན་དུས། ལྷིད་ཚད་ཀྱང་སྤྱི་གྲ100~150ལ་སླེབས་ཡོད་པས། དེའི་འཕྲོར་ཚང་གསོ་བྱེད་དགོས་ཤིང་། དེ་ནས་བཤུས་རར་གཏོང་བའི་ཚད་གཞིར་ཐོན་རྗེས་བཤུས་རར་གཏོང་ཆོག

ས་བཅད་གཉིས་པ། འབྲི་གཡག་ཚོན་གསོ་བྱེད་པར་ཐུགས་རྐྱེན་ཐེབས་པའི་རྒྱུ་རྐྱེན།

གཅིག འབྲི་གཡག་ཚོན་གསོ་བྱེད་པའི་ཁོར་ཡུག

རྩྭ་ཐང་ངམ་ཞིང་ལས་ས་ཁུལ་ནས་འབྲི་གཡག་ཚོན་གསོ་བྱེད་པའི་མཐུན་རྐྱེན་འགའ་ཡོད་དེ། གཅིག་ནི་འབྲི་གཡག་གིས་རང་བྱུང་གི་གཟན་རྩྭ་དང་ཞིང་སྡེའི་རང་ཐོན་གཟན་ཆག་འཕོར་ཆེན་བེད་སྤྱོད་བྱེད་ཐུབ་པས། གཟན་ཆག་དཀུས་མའི་བེད་སྤྱོད་བྱེད་ཚད་ཇེ་ཆེར་གཏོང་ཐུབ། ཁྱད་པར་དུ་ཞིང་སྡེ་ཙ་འབྲོག་ཁུལ་གྱི་འབྲི་གཡག་ཚོན་གསོ་བྱེད་ན། སོག་རྐང་དང་ལོ་ཏོག་ཐོན་སྐྱེད་ཀྱི་འཕོར་ལས་ཉུང་མཐར་ཡང་15%ཡི་ཕུབ་མ་དང་སྦང་མ་སོགས་བེད་སྤྱོད་གཏང་ལེགས་བྱས་ནས་ཕྱུགས་ལས་ཐོན་རྫས་སུ་གཏོང་ཐུབ། གཉིས་ནི་འབྲོག་ཁུལ་དུ་སྟོད་དུས་ཀྱི་གཟན་རྩྭ་གྱ་ནོམ་པ་བེད་སྤྱོད་བྱེད་པའི་ཐོག་ཏུ་གཟན་ཆག་ཟུར་སྣོན་བྱས་ཏེ་འབྲི་གཡག་ཚོན་གསོ་བྱས་ན། དེ་ལ་མགྱོ་བའི་ངལ་ནུས་དང་གསོ་ཚགས་ཉུང་བ་རེད། གསུམ་ནི་འབྲི་གཡག་ཚོན་གསོ་བྱེད་པའི་ཁང་བ་དང་སྒྲིག་ཆས་ཉུང་བ། བཞི་ནི་འབྲི་གཡག་ལ་ནད་འབྱུང་ཚད་ཉུང་ཞིང་ཤི་བའི་ཉེན་ཁ་ཆུང་བ།

ཆ་རྐྱེན་ངེས་ཅན་འོག་ཏུ་འབྲི་གཡག་ཚོན་གསོ་བྱེད་ན་འགག་རྐྱེན་ཡང་འགའ་ཡོད་དེ། གཅིག་ནི་བེའུ་འཚར་སྐྱེ་དལ་བ་དང་གཟན་ཆག་ཐོབ་ཆ་དམའ་

པ། གཉིས་ནི་ལག་རྩལ་དང་ཚོང་རའི་རིན་གོང་དང་མ་རྩའི་འགྱུར་ལྡོག་དལ་བས་མ་རྩའི་འཁོར་རྒྱུག་དལ་བ་རེད། གསུམ་ནི་འགོས་ནད་གང་རུང་འབྱུང་ཉེན་ཆེ་བ། བཞི་ནི་སྐྱེལ་འདྲེན་དང་འབྲི་གཡག་ཉོ་ཚོང་བྱེད་དུས་རྒྱ་མ་ཇེ་ཡང་དུ་མང་པོ་འགྲོ་བ་སོགས་སོ། །

གཉིས། ཚོན་གསོ་བྱེད་པའི་འབྲི་གཡག་གི་ལོ་ཚོད།

(གཅིག)བེའུ།

སྤྱིར་བཏང་དུ་འབྲི་གཡག་ལོ་གཅིག་གི་ནང་འཚར་སྐྱེ་མགྱོགས་པ་དང་། ལོ་ཚོད་དང་བསྟུན་ནས་ཤ་ཤེད་རྒྱས་ཚད་ཇེ་དལ་དུ་འགྲོ་བ་རེད། བེའུ་ཡི་གཟན་ཆག་བཟའ་ཚད་དེ་འབྲི་གཡག་དར་མ་ལས་ཉུང་བས། འཚོ་རྫིའི་ཚོན་གསོ་བྱེད་དུས་ཤེད་བུད་ཚད་ཀྱང་འབྲི་གཡག་དར་མ་ལས་དལ་བ་རེད། དེའི་རྐྱེན་གྱིས་བེའུ་འཚར་སྐྱེ་སྐབས་སུ་འཚོ་སྐྱོང་བྱེད་པའམ་འཚར་སྐྱེ་ལ་མཁོ་བའི་ཉེན་ཆས་སྟེར་དགོས། དེའི་རྗེས་སུ་ཕྱུགས་རར་བཅུག་ནས་ཚང་གསོ་བྱས་ན་བཟང་། དེ་ཡང་འཚོ་རྫི་བྱེད་ཞོར་དུ་གཟན་ཆག་བསྣན་ཡང་ཆོག་པ་དང་། འཚར་སྐྱེ་དང་ཚོན་གསོ་དུས་གཅིག་ཏུ་བྱས་ཀྱང་ཆོག ལོ་གཅིག་གི་འབྲི་གཡག་ཉོ་སྒྲུབ་བྱས་ན་མ་རྩ་ཉུང་བ་དང་། དགུན་དུས་སུ་གཟན་ཆག་དགུས་མ་མང་ཙམ་སྟེར་བ་དང་དྲོད་འཛིན་པའི་ཕྱུགས་ར་མཁོ་འདོན་བྱས་ཏེ། ཕྱི་ལོར་དྲོད་དུས་སུ་ཚོན་གསོ་བྱས་ནས་ཕྱིར་བཙོང་ན་དཔལ་འབྱོར་གྱི་ཕན་འབྲས་ཆེ་རུ་གཏོང་ཐུབ།

(གཉིས)འབྲི་གཡག་དར་མ།

འདིར་གསེས་འདོར་བྱས་པའི་འབྲི་གཡག་དང་རྒྱུད་སྤེལ་མི་ཐུབ་པའི་ཕོ་ཕྱུགས་སོགས་འདུས་ལ། འབྲི་གཡག་གི་ལོ་ཚོད་ཇེ་ལྷར་མཐོ་ན། སྤྱི་རྒྱུ་རེ་རེ་ཇེ་ལྡིད་དུ་འགྲོ་བར་མཁོ་བའི་གཟན་ཆག་དེ་བས་མང་བས། མ་རྩའང་དེ་བཞིན་མཐོ་བ་རེད། གལ་སྲིད་ཤ་བཅད་པའི་འབྲི་གཡག་དར་མ་ཟླ་གསུམ་ལ་ཚོན་གསོ

བྱས་ནས། ལྗིད་ཚད་དེ་སྤྱི་གྲུ 450~540ལ་འཕར་དུས། ཇེ་ལྗིད་དུ་སོང་བའི་ཆ་ནི་ཞག་ཆོལ་ཡིན་པའམ། ཡང་ན་ཇེ་ལྗིད་དུ་སོང་བའི་ཆ་ནི་ཞག་ཆོལ་ཇེ་མང་དུ་འགྲོ་རྒྱུ་གཙོར་བཟུང་ཡོད། ཐྣན་ཆུ་འདྲེས་སྦྱོར་ཕུན་སུམ་ཚོགས་པ་འདུས་པའི་གཟན་ཆག་ཡོད་པའི་ཆ་རྐྱེན་འོག་ཏུ། དུས་ཡུན་ཐུང་ངུ་ལ་ཚོན་གསོ་བྱས་པའི་ཁར་དུས་ཐོག་ཏུ་ཕྱིར་བཙོང་ན་དཔལ་འབྱོར་གྱི་ཕན་འབྲས་མཐོ་བ་རེད། རྒྱུ་མཚན་ནི་འབྲི་གཡག་དར་མའི་ཡི་ག་ཆེ་ལ་གཟན་ཆག་དཀྲུས་མ་བཟའ་ཐུབ་པས། གཟན་ཆག་གི་དགོས་མཁོ་དེ་བེའུ་ལ་མི་དོ་བས་བེའུ་ལས་ཤེད་འབུད་སླ་བ་རེད།

གསུམ། ཚོན་གསོ་བྱེད་པའི་འབྲི་གཡག་གི་ལུས་རྟེན།

ལོ་ཚོད་གཅིག་པའི་ཕོ་ཕྱུགས་དང་མོ་ཕྱུགས་གཉིས་བསྡུར་ན། མོ་ཕྱུགས་ཀྱི་ཤེད་འབུད་ཚད་དེ་ཕོ་ཕྱུགས་ལས་དལ་བ་དང་མ་རྩ་ཅུང་མཐོ་བས། མོ་ཕྱུགས་རྣམས་དུས་ཡུན་ཐུང་ངུར་ཚོན་གསོ་བྱས་ན་བཟང་སྟེ། ཁྱད་པར་དུ་གསེས་འདོར་བྱས་པའི་མོ་ཕྱུགས་ཟླ་གཉིས་ནས་གསུམ་ཙམ་ལ་ཚོན་གསོ་བྱས་ནས་ཤེད་ངེས་ཅན་བུད་རྗེས་དུས་ཐོག་ཏུ་ཕྱི་རུ་བཙོང་ན་ཕན་ཆེ། ཁྱད་པར་འདི་ཉིད་ཚོན་གསོ་བྱེད་པའི་དུས་འགོར་ཧ་ཅང་མངོན་གསལ་ཡིན་ལ། ཚོན་གསོ་བྱེད་པའི་ཚད་གཞི་ངེས་ཅན་ལ་སླེབས་རྗེས་དེ་འདྲའི་མངོན་གསལ་མིན།

སྔོན་ཆད་ཀྱི་ལྟ་ཚུལ་ནི་ཕོ་ཕྱུགས་ཀྱི་འོག་ཤ་བཅད་རྗེས་ཚོན་གསོ་བྱས་ན་ཤའི་ཐོན་ཚད་མཐོ་བར་འདོད་ཡོད་མོད། འོན་ཀྱང་ཉེ་བའི་ལོ་འགར་ཞིབ་འཇུག་བྱས་པར་བལྟས་ན། ཕོ་ཕྱུགས་ཚོན་གསོ་བྱེད་རྒྱུ་དེ་ལོ་ཚོད་གཅིག་ལ་འོག་ཤ་བཅད་པའི་ཕོ་ཕྱུགས་ལས་འཚར་སྐྱེ་མགྱོགས་པ་དང་། སྤྱི་གྲུ་གཅིག་གི་ཇེ་ལྗིད་དུ་སོང་བར་མཁོ་བའི་གཟན་ཆག་དེ་འོག་ཤ་བཅད་པའི་ཕོ་ཕྱུགས་ལས 12%ཀྱི་ཉུང་བ་རེད། དེ་མིན་བཤས་ཚད་མཐོ་ལ་ཤ་སྣུམ་མང་། མིག་སྔར་རྒྱལ་ཁབ་ཕྱི་ནང་དུ་ཕོ་ཕྱུགས་ཀྱི་ཤ་ཇེ་མང་དུ་འགྲོ་བའི་འཕེལ་ཕྱོགས་མངོན་ཡོད།

བཞི། ཆོན་གསོ་བྱེད་པའི་འབྲི་གཡག་གི་གསོ་ཚགས་ཆུ་ཚད།

གསོ་ཚགས་ནི་ཆོན་གསོ་བྱེད་པའི་ཕན་འབྲས་ཇེ་མཐོར་གཏོང་བའི་རྒྱུ་རྐྱེན་གཙོ་བོ་ཡིན་ལ། གསོ་ཚགས་ཀྱི་ཆུ་ཚད་མཐོ་ཞིང་། ཆོན་གསོ་དུས་ཡུན་ཇེ་ཐུང་དུ་བཏང་ཆོག་ལ་ཤེད་འབུད་པར་མཁོ་བའི་གཟན་ཆག་གི་མ་རྩ་ཉུང་བ་རེད།

བེའུ་ཆོན་གསོ་བྱེད་པའི་བརྒྱུད་རིམ་ཁྲོད། ཤ་ཤེད་རྒྱས་པ་དང་རུས་པ་སྐྱེ་བའི་དུས་མཚུངས་སུ་ཞག་ཚིལ་ཡང་ངེས་ཅན་ཞིག་གསོག་ཡོད་པས། བེའུ་ཆོན་གསོ་བྱེད་དུས། སྣན་ཆུ་འདྲེས་སྦྱོར་དངོས་རྫས་འདུས་པའི་གཟན་ཆག་གྱ་ནོམ་པ་ཞིག་སྟེར་དགོས་པ་ལས་གཞན་ད་དུང་འབྲི་གཡག་དར་མ་ལས་མང་བའི་སྤྲི་དཀར་བཅུད་འདུས་གཟན་ཆག་སྟེར་དགོས། གལ་སྲིད་ཉིན་ཆས་ཁྲོད་དུ་ནུས་ཚད་ཅུང་མཐོ་ལ་སྤྲི་དཀར་འཚོ་བཅུད་མ་འདང་ཚེ། བེའུའི་འཚར་སྐྱེ་མགྱོགས་པོ་ཡོང་མི་ཐུབ།

འབྲི་གཡག་དར་མ་ཆོན་གསོ་བྱེད་པའི་བརྒྱུད་རིམ་ཁྲོད། ཞག་ཚིལ་གསོག་རྒྱུ་གཙོ་བོ་བཟུང་བས་སྤྲི་དཀར་འཚོ་བཅུད་གསོག་པ་ཉུང་། དེ་བས་ཉིན་ཆས་ཁྲོད་དུ་སྣན་ཆུ་འདྲེས་སྦྱོར་དངོས་རྫས་ཡོད་དགོས།

དེ་མིན་སྒྲིམ་ལོངས་འབྲི་གཡག་ཉོ་སྐྱབ་བྱས་པའི་ལུས་ཚད་དང་གནམ་གཤིས་སོགས་ཀྱང་ཆོན་གསོ་བྱེད་པར་ཤུགས་རྐྱེན་ཅུང་ཆེན་པོ་ཐེབས་ངེས་ཡིན།

ས་བཅད་གསུམ་པ། ཚོན་གསོ་མ་བྱས་གོང་གི་འཛུགས་སྐྲུན་སྒྲིག་ཆས།

གཅིག ཚོན་གསོ་ར་བ་འཛུགས་སྐྲུན།

(གཅིག)ཚོན་གསོ་ར་བ་འཛུགས་སྐྲུན།

1.ཚོན་གསོ་ར་བ་འཛུགས་སྐྲུན་བྱེད་ན། རྒྱལ་ཁབ་ཀྱི་རྩ་ཐང་དང་ཁོར་ཡུག་སྲུང་སྐྱོབ་སོགས་ཀྱི་ཁྲིམས་སྲོལ་དང་མཐུན་དགོས་ཏེ། བཅའ་ཁྲིམས་དང་ཁྲིམས་སྲོལ་གྱི་གཏན་འབེབས་གསལ་པོ་བྱས་པའི་ཕྱུགས་བཀག་ས་ཁུལ་ནང་དུ་འཛུགས་སྐྲུན་བྱས་མི་ཆོག་པ་དང་། ས་དེ་གའི་ས་ཞིང་བེད་སྤྱོད་ཀྱི་འཕེལ་རྒྱས་འཆར་འགོད་དང་མཐུན་དགོས་ཤིང་། ཞིང་ཕྱུགས་ལས་ཀྱི་འཕེལ་རྒྱས་འཆར་འགོད་དང་ཞིང་སྤྱོད་གཞི་རྩའི་འཛུགས་སྐྲུན་གྱི་འཆར་འགོད་སོགས་དང་ཟུང་དུ་འབྲེལ་དགོས། ས་བབ་མཐོ་ཞིང་ཉིན་ཕྱོགས་སུ་འཁོར་བ་དང་། ས་འོག་གི་ཆུ་མཚམས་དམའ་ལ་ཆུ་འབུད་བཟང་བ། མཁའ་དབུགས་རྒྱུག་ཐུབ་པ། ས་རྫོས་ཞུང་གཤེག་པ་དང་སྤྱི་ཡོངས་ནས་ཐང་བདེ་དགོས།

2.ཆུའི་འདང་བ་དང་གཙང་མ་ཡིན་དགོས་ལ། ཆུ་འདྲེན་སྟབས་བདེ་ཡིན་ཞིང་ཐོན་སྐྱེད་དང་འཚོ་བའི་མཁོ་ཆུ་ཁག་ཐེག་བྱེད་དགོས། འགྲིམ་འགྲུལ་སྟབས་བདེ་དང་ནད་འགོག་བྱེད་སླ་བ། ཚོན་གསོ་ར་བར་ཐོན་རྫས་དང་གཟན་ཆག་སྐྱེལ་འདྲེན་བྱེད་ཐུབ་དགོས། འཛུགས་སྐྲུན་ཚགས་དམ་པ་སྟེ། ས་ཞིང་དང་རྩ་ར་གྲོན་ཆུང་བྱེད་པའི་རྨང་གཞིའི་སྟེང་དུ་མིག་སྔར་ཐོན་སྐྱེད་ཀྱི་དགོས་མཁོ་སྐོང་དགོས་པར་མ་ཟད། རྒྱས་སྐྲུན་དང་སྐྱར་སྐྲུན་བྱེད་པ་ལའང་བསམ་བློ་གཏོང་དགོས།

3.ཆོན་གསོ་ཕྲུགས་ར་དེ་ལྷོ་བྱང་ཕྱོགས་སུ་འཁོར་ན་བཟང་སྟེ། གལ་སྲིད་ས་བབ་ཀྱི་བཀག་རྒྱ་ཐེབས་ན་ཤར་ལྷོ་ཕྱོགས་སུ་འཁོར་ཆོག ཆོན་གསོ་ར་བ་སྣ་ལས་བྱེད་དགོས་ཏེ། ཆོན་གསོ་བྱེད་པའི་འབྲི་གཡག་50མན་ཡོད་དུས་གྲལ་རྐྱང་སྒྲིག་པས་ཆོག་ལ། ཕྲུགས་རའི་ཞེང་ལ་སྨིད་4.0~4.5དང་། ཕྲུགས་ཁྲིའི་ཞེང་ལ་སྨིད་1.0~1.1བར། ཕྲུགས་ཁྲིའི་རིང་ཐུང་ལ་སྨིད་1.3~1.5བར། ཆག་གཞོང་གི་ཞེང་ལ་སྨིད་0.4~0.5བར། ཆག་གཞོང་གི་མདུན་དུ་སྨིད་1.5ཅན་གྱི་བགྲོད་ལམ་དང་གཞུག་ན་སྒྲོམ་སྐྱོར་ཡོད་དགོས། གལ་ཏེ་ཆོན་གསོ་ར་བ་སྐབས་བདེ་ཅན་ཡིན་ན། ཕྲུགས་ར་ཉིན་ཕྱོགས་འཁོར་ས་བྱེ་བ་དང་། འཁྱགས་དུས་སུ་འགྱིག་ཤོག་བཀབ་ནས་དྲོད་འཛིན་དགོས། དེ་མིན་པའི་ཕྱོགས་གསུམ་པོར་གྱང་བརྩིགས་དགོས་ལ་སྒེའུ་ཁུང་ཡོད་མི་རུང་། གལ་སྲིད་ཚད་ལྡན་གྱི་ཆོན་གསོ་ཕྲུགས་ར་ཡིན་ན། ཕྲུགས་རའི་ཉིན་ཁར་ཆོན་ལེབ་ཀྱིས་འགེབས་པ་དང་དེ་མིན་པའི་གཞོགས་གསུམ་པོ་སྒེའུ་ཁུང་4~6བར་འཛུགས་དགོས། ཆོན་གསོ་བྱེད་པའི་འབྲི་གཡག་50ཡན་ཡོད་ན་གྲལ་གཉིས་སྒྲིག་དགོས་ཏེ། ཕྲུགས་རའི་ཞེང་ལ་སྨིད་8~9བར་དང་། གཞོགས་གཉིས་སུ་འབུད་སྒོ་འཛུགས་པ་དང་། དཀྱིལ་ནས་བར་འཁྱམ་དང་ཆག་གཞོང་འཛུགས་དགོས་ཤིང་། བར་འཁྱམ་གྱི་ཞེང་ལ་སྨིད་1.5ཡིན་དགོས། ཕྲུགས་རའི་ཉིན་ཕྱོགས་ས་ཆོན་ལེབ་ཀྱིས་འགེབས་པ་དང་། རྒྱབ་མདུན་དུ་སྒེའུ་ཁུང་8~10འཛུགས་དགོས་ཏེ། ཕྲུགས་རའི་ནང་དུ་རླུང་རྒྱུག་ཐུབ་པར་བྱེད་དགོས།

4.ཕྲུགས་རའི་བརྩིགས་གྱང་སྲ་བརྟན་དང་ཡོམ་འགོག མེ་སྐྱོན་དང་ཆུ་ལོག་སོགས་འགོག་ཐུབ་པ་དང་། དྲོད་འཛིན་ཐུབ་པའི་བྱེད་ནུས་ལྡན་དགོས་པས། མང་ཆེ་ཤོས་སོ་ཕག་གིས་གྱང་བརྩིགས་པ་དང་དེའི་སྟེང་དུ་རྡོ་ཐལ་བྱུག་དགོས། དྲོད་འཛིན་པའི་ཆེད་དུ་སྒོ་དང་སྒེའུ་ཁུང་ཆུང་དགོས་པ་དང་། ས་རྡོས་

སྲ་ཞིང་མཁྲེགས་པོ་དང་ལྡེམ་གཤིས་ཡོད་དགོས་ལ་གཙང་བཀྲུ་དུག་སེལ་བྱེད་པར་སྟབས་བདེ་ཡིན་དགོས། ལུད་འདོར་བཅོག་སེལ་བྱེད་པའི་སྒྲིག་ཆས་བཟང་པོ་སྒྲིག་སྦྱོར་བྱེད་དགོས་ལ། ཆོན་གསོའི་གཞི་ཁྱོན་དང་བསྟུན་པའི་གཟན་རྩྭ་གསོག་ཉར་ཁང་བསྐྲུན་དགོས་ཏེ། གཟན་རྩྭར་ཁངས་ཆར་དང་བྱི་ནད་སོགས་ཐེབས་ནས་ཕྱོང་གུན་བཟོ་བར་སྔོན་འགོག་བྱེད་དགོས།

(གཉིས)ཆོན་གསོ་ར་བ་གྲ་སྒྲིག

སྟོམ་གསོ་བྱེད་ན། འབྲི་གཡག་མ་ཉོས་གོང་གི་གཟའ་འཁོར་གཅིག་གི་ནང་དུ་ཕྱུགས་རའི་ནང་གི་ལྷི་གཅིན་གཙང་སེལ་བྱེད་དགོས་ཏེ། ཆུས་གཙང་མ་བཀྲུས་རྗེས 2%ཀྱི་བུལ་ཧོག་བཞུ་ཁུ་ཕྱུགས་རའི་ས་ངོས་དང་གྱང་ངོས་སུ་གཏོར་ནས་དུག་སེལ་བྱེད་པ་དང་། ཀའོ་མིན་སྨན་རྩ་བཞུ་ཁུ 0.1%ཡིས་ཡོ་བྱད་ལ་དུག་སེལ་བྱེད་དགོས། མཇུག་མཐར་ཆུ་གཙང་མས་ཡང་བསྐྱར་ཐེངས་གཅིག་ལ་བཀྲུ་དགོས། གལ་སྲིད་ཕྱུགས་རའི་ཁྱད་བཀབ་མེད་ན། དགུན་དུས་སུ་འཁྱག་ཤོག་བཀབ་ནས་དྲོད་འཛིན་པ་དང་། དབྱར་དུས་སུ་སྐྱིལ་བུ་གཡོགས་ནས་ཚ་བ་སྒྲིབ་པ་དང་རླུང་རྒྱུག་ཐུབ་པར་བྱས་ནས་དྲོད་གྲངས 5℃ལས་མི་དམའ་བར་བྱེད་དགོས།

གཉིས། གཟན་རྩྭ་གསོག་ཉར།

གཟན་རྩྭ་ནི་རབ་ཡིན་ན་རང་ས་ནས་བཟ་བསྡུ་བྱས་ནས་ཆོན་གསོའི་མ་རྩ་ཇེ་ཉུང་དུ་གཏོང་དགོས་ལ། ཆོན་གསོ་མ་བྱས་གོང་དུ་ཆོན་གསོ་བྱེད་པའི་འབྲི་གཡག་གི་གྲངས་འབོར་དང་ཆོན་གསོའི་འཆར་གཞི་སོགས་ལ་གཞིར་བཟུང་སྟེ་གཟན་རྩྭ་མཁོ་ཚད་ཀྱི་འཆར་གཞི་བཟོ་དགོས་ཤིང་། ས་དེ་གའམ་ཉེ་འཁོར་ས་ཁུལ་གྱི་གཟན་རྩྭའི་ཐོན་ཁུངས། ཚོང་རའི་རིན་གོང་། གཟན་རྩྭའི་ཁ་འཕྲོད་རང་བཞིན་སོགས་དང་སྦྲེལ་ཏེ་སྔ་མོ་ནས་གཟན་རྩྭ་གྲ་སྒྲིག་བྱེད་དགོས། རྩྭ་ཆས་ཀྱི་སྣ

ཁའི་ཐད་ནས་སྣ་མང་རང་བཞིན་དང་འཚོ་བཅུད་འཇོམ་མིན་ལ་དོ་སྣང་བྱེད་དགོས། སྒྲིམ་ལོངས་འབྲི་གཡག་ཚོན་གསོ་བྱེད་པའི་གཟན་ཆག་གི་ཕྲུས་ཀ་ལེགས་དགོས་ཏེ། ཕྲུས་ཀ་ལེགས་པའི་རྩྭ་སྐྱེ་དང་སྤྲི་དཀར་བཅུད་བཟང་ཕུན་སུམ་ཚོགས་པོ་འདུས་པའི་ཕྲུས་ལེགས་གཟན་ཆག་མང་པོ་གྲ་སྒྲིག་བྱེད་དགོས། འབྲི་གཡག་དར་མར་སོག་མ་དང་སྦང་མ། དེ་མིན་ཐན་ཆུ་འདྲེས་སྦྱོར་དངོས་རྫས་རྣམས་འདུས་པའི་གཟན་ཆག་མང་པོ་གྲ་སྒྲིག་བྱེད་དགོས།

གཟན་ཆག་གི་གྲུབ་ཆའམ་འཚོ་བཅུད་ཀྱི་རིན་ཐང་ཕལ་ཆེར་འདྲ་ནའང་། ཚོང་རའི་རིན་གོང་གི་ཁྱད་པར་ཅུང་ཆེ་དུས། གོང་བདེ་ལ་ཉིན་ཆས་ཀྱི་ཚབ་བྱེད་ནུས་པའི་གཟན་ཆག་གདམ་ཚོག་སྟེ། གསོ་ཚོགས་མ་དངུལ་ཇེ་ཉུང་དུ་གཏོང་དགོས།

འཚོ་སྐྱོང་ཚོན་གསོ་བྱེད་དུས་སུ་རྩྭ་ཐང་དུ་སྐོར་འཚོ་བྱེད་པའི་གོ་རིམ་ལ་ཐ་མོ་ནས་བཀོད་སྒྲིག་བྱས་ཐོག འཆར་གཞི་ཡོད་པའི་སྒོ་ནས་རེས་སྐོར་འཚོ་སྐྱོང་བྱེད་དགོས་ཏེ། རྩྭ་ས་གཅིག་ནས་ཡུན་རིང་ལ་འཚོ་རྫི་བྱས་ན་རྩྭ་ཁེབས་ལ་གཏོར་བརླག་ཐེབས་ནས་སླར་གསོ་བྱེད་དཀའ། དུས་མཚུངས་སུ་བཏུང་ཆུའི་སྒྲིག་ཆས་དང་སྐོར་ར། ཕྱུགས་ལམ། ཆས་གཞོང་སོགས་ལ་ཆག་གསོ་བྱེད་དགོས།

གསུམ། ཚོན་གསོ་བྱེད་པའི་འབྲི་གཡག་གདམ་གསེས་དང་གྲ་སྒྲིག

(གཅིག)ཚོན་གསོ་བྱེད་པའི་འབྲི་གཡག་གདམ་གསེས།

ཚོན་གསོ་བྱེད་པའི་འབྲི་གཡག་སམ་སྒྲིམ་ལོངས་འབྲི་གཡག་ཉོ་སྒྲུབ་བྱེད་པའི་བརྒྱུད་རིམ་ཁྲོད། གདམ་གསེས་ནོར་འཁྲུལ་བྱུང་ན་ཚོན་གསོ་ར་བར་དཔལ་འབྱོར་གྱི་གྱོང་གུན་ཅུང་ཚབས་ཆེ་བ་བཟོ་ངེས་ཡིན། དེར་བརྟེན། ཚོང་ར་ནས་འབྲི་གཡག་ཉོ་དུས་ལྟ་དཔྱད་དང་ཐུག་རེག འདྲི་ཞིབ། འདེགས་འཇལ་སོགས་ཀྱི་བྱེད་ཐབས་བརྒྱུད་ནས་གདམ་གསེས་ནན་མོ་བྱེད་དགོས།

1.བདེ་ཐང་ནད་མེད། ལོ་ཚོད་དང་མཐུན་ཞིང་འཚར་སྐྱེ་བཟང་བའི་འབྲི་གཡག་འདེམ་དགོས་ཏེ། ཤ་ཤེད་བཟང་བའི་འབྲི་གཡག་ནི་བདེ་ཐང་སྟོབས་ལྡན་དང་ཡི་ག་བཟང་བ། སྣ་ཁུང་རློན་པ་ཆུ་ཐིགས་ཡོད་པ། ལྕེ་གཙིན་རྒྱུན་སྲོལ་དང་མཐུན་པ། གསུས་ཁོག་མི་སྦོམ་པ། མིག་མདངས་བཀྲ་བ། མིག་ནད་མེད་པ་སོགས་ཡིན་དགོས།

2.གཟུགས་གཞི་ལེགས་པ། གཟུགས་སྟོབས་ཆེ་ལ་ཆ་སྙོམས་པ། གསུས་ཁོག་ཆེ་ལ་ཐུར་འཕྱང་མེད་པ། བྲང་ཞེང་ཆེ་བ། སུག་ལག་སྦོམ་ཞིང་དྲང་བ། སྐྱེ་མོ་སྲབ་པ། སྐེ་མོ་ལྡེམ་གཉིས་ཡོད་དགོས།

3.ཚོང་རའི་རིན་གོང་འོས་འཚམ། འབྲི་གཡག་ཉོ་མཁན་ལ་ཚེད་ལས་ཀྱི་ཤེས་བྱ་དང་ཕུན་སུམ་ཚོགས་པའི་ཟོག་ཉོའི་ཉམས་མྱོང་ཡོད་པ་ལས་གཞན་ད་དུང་ཚོང་རར་ཚོད་དཔག་བྱེད་པའི་ནུས་པ་ངེས་ཅན་ལྡན་དགོས། གལ་སྲིད་ཚོང་རའི་ཟོག་གོང་མཐོ་བའི་དུས་སྐབས་གཡོལ་བ་དང་། ཚོན་གསོ་བྱེད་པའི་འབྲི་གཡག་དེ་ཚོན་གསོ་བྱེད་པའི་མ་རྩའམ་གཟན་ཆག་གི་རིན་གོང་ལས་དམའ་བའི་སྐབས་སུ་ཉོས་ན། གྱོང་གུན་ཐེབས་པར་སྔོན་འགོག་བྱེད་ཐུབ།

(གཉིས)འབྲི་གཡག་ཚོན་གསོ་མ་བྱས་གོང་གི་གྲ་སྒྲིག

འཚོ་འདེད་བྱས་པའམ་སྐྱེལ་འདྲེན་བྱས་ནས་ཕྱུགས་རར་བཙུག་པའི་ཚོན་གསོ་འབྲི་གཡག་ལ་ཐོག་མར་ཆུ་ལྡུད་པ་དང་གཟན་ཆག་དཀྱུས་མ་མཁོ་འདོན་བྱས་ཏེ་རང་མོས་ལྟར་བཟའ་རུ་འཇུག་པ་དང་། ཕྱུས་ལེགས་གཟན་ཆག་ཉུང་ངུ་རེ་སྟེར་དགོས་ལ། དེ་ནས་རིམ་གྱིས་གཟན་ཆག་སྟེར་ཚད་ཇེ་མང་དུ་གཏོང་དགོས། གལ་སྲིད་ད་ལྟ་སྟེར་བའི་གཟན་ཆག་དང་སྔར་གནས་ཀྱི་གཟན་ཆག་བར་ཁྱད་པར་ཆུང་ཆེ་དུས། སྔར་གནས་ཀྱི་གཟན་ཆག་འགའ་གྲ་སྒྲིག་བྱས་ནས་གཟན་ཆག་བརྗེས་ཚད་སྔུར་དྲགས་པས་མི་བདེ་བ་སོགས་ཀྱི་གནས་ཚུལ་འབྱུང་བར

སྟོན་འགོག་བྱེད་དགོས།

1.དངོས་སུ་ཚོན་གསོ་མ་བྱས་གོང་། སྤྱིར་བཏང་དུ་ཉིན་10~15བར་གྱི་གསོ་གྲབས་དུས་སྐབས་ཤིག་ཡོད་དགོས་ཏེ། དུས་སྐབས་དེའི་ནང་དུ་འབྲི་གཡག་ལ་ནད་ཡོད་མེད་སོགས་ལ་ལྟ་དཔྱད་བྱེད་དགོས། གལ་སྲིད་འབྲི་གཡག་ལ་ནད་ཡོད་པ་ཤེས་ན་དེ་མ་ཐག་ལོགས་སུ་བཀར་ནས་གསོ་བཅོས་བྱེད་དགོས་པར་མ་ཟད། འབུ་གསོད་དང་། འགོག་སྨན་རྒྱག་པ། ཡིག་ཚགས་བཟོ་བ་སོགས་བྱེད་དགོས།

2.འབྲི་གཡག་གི་ལོ་ཚོད་དང་གཟུགས་པོ་ཆེ་ཆུང་། སྟོབས་ཤུགས་དྲག་ཞན་སོགས་ལ་གཞིགས་ནས་ཁྱུ་ཚོགས་དགར་བའམ་ཚས་གཞོང་གཏན་ཁེལ་བྱས་ནས་ཚང་གསོ་བྱེད་དགོས། ཕྱུགས་ཁྱུའི་ཁྲོད་རྣ་ཅོ་རིང་ཞིང་རྣ་འཛིང་བྱེད་རྒྱུར་དགའ་བའི་འབྲི་གཡག་གི་རྣ་ཅོ་ལེན་ཐབས་བྱེད་པའམ་འདོགས་གསོ་བྱེད་དགོས།

3.ཚོན་གསོ་བྱེད་པའི་འབྲི་གཡག་ཚོན་གསོ་ཕྱུགས་རར་བཙུག་རྗེས་སྔར་དུ་འབུ་གསོད་བྱེད་དགོས་ཏེ། རྒྱུན་སྤྱོད་ཀྱི་གོང་ཕུའུ་འབུ་གསོད་སྨན་རྫས་ནང་དུ་ཨུ་ཟི་ཕིན་མེ་ཙོ་ག་བ་དང་ཙོའུ་ཞོན་མེ་ཙོ་སོགས་འདུས་པས། ཁོག་སྟོང་ཡིན་པའི་སྐབས་སུ་སྨན་བྱིན་ན་སྨན་རྫས་འཇུ་བར་ཕན་པ་ཆེ། ཁོག་འབུ་བསད་རྗེས་ལོགས་སུ་བཀར་ནས་གཟའ་འཁོར་གཉིས་ཙམ་ལ་གསོ་དགོས་པ་དང་། དེ་དག་གི་ལྕི་གཅིན་དུག་སེལ་བྱས་རྗེས་གནོད་མེད་གཙང་སེལ་བྱེད་དགོས།

4.ཡི་ག་ཕྱི་ཆེད་དུ་འཇུ་བྱེད་དབང་པོའི་ནུས་པ་ལེགས་བཅོས་བྱེད་དགོས། ཁོག་འབུ་བསད་ནས་ཉིན་གསུམ་འགོར་རྗེས་ཕོ་གསོ་ཐེངས་གཅིག་ལ་བྱེད་དགོས་ཏེ། རྒྱུན་སྤྱོད་ཀྱི་ཕོ་གསོ་སྨན་རྫས་ནི་མིས་བཟོས་ཚྭ་ཡིན་ཞིང་། འབྲི་གཡག་གཅིག་གི་ཐེངས་རེའི་འཐུང་ཚད་ནི་ཁེ 60~100བར་ཡིན།

གསོ་གྲབས་དུས་སྐབས་མཇུག་རྫོགས་པ་དང་བསྟུན་ནས། འབྲི་གཡག

སྡོད་སའི་ཁོར་ཡུག་དང་གཟན་ཆག་ལ་ཙུང་ཙམ་ཡོབས་ཤིང་། སྙེར་གསོ་བྱེད་པའི་ཉེན་ཆས་ཀྱང་ཆོན་གསོ་བྱེད་སྐབས་ཀྱི་སྙེར་ཚད་དང་འདྲ་མཚུངས་སུ་གྱུར་ཡོད་པས། སྐབས་དེར་འབྲི་གཡག་ལ་རྒྱ་མ་འཇལ་ནས་ཐོ་འགོད་བྱེད་པ་དང་། ཁྲུ་བཀར་ནས་དངོས་སུ་ཆོན་གསོ་བྱེད་དགོས།

ས་བཅད་བཞི་པ། འཚོ་སྐྱོང་ཆོན་གསོ་བྱེད་པའི་ལག་རྩལ།

འཚོ་སྐྱོང་ཆོན་གསོ་བྱེད་པ་ནི་འབྲོག་ཁུལ་གྱི་སྲོལ་རྒྱུན་གྱི་ཆོན་གསོ་བྱེད་ཐབས་ཤིག་སྟེ། འཚོ་སྐྱོང་རྐྱང་རྐྱང་གི་ཆོན་གསོ་བྱེད་པ་དང་། འཚོ་སྐྱོང་དང་གཟན་ཆག་གཉིས་ཀས་ཆོན་གསོ་བྱེད་པའི་བྱེད་ཐབས་གཉིས་སུ་དགར་ཆོག་ལ། བྱེད་ཐབས་འདི་གཉིས་ལས་གཙོ་བོ་ནི་འཚོ་སྐྱོང་གི་ཆོན་གསོ་བྱེད་ཐབས་འདི་ཡིན། འབྲི་གཡག་གིས་གཟན་རྩྭ་ཕྲུས་ལེགས་ཟོས་ན་འཚོ་བཅུད་ཆེ་ལ། དེ་དག་གི་ལྷེ་གཅིན་ཐད་ཀར་དུ་རྩྭ་ཐང་དུ་བུད་ན་སྐྱེ་ལྡན་ལུད་རྫས་ཡིན་པས། གཟན་རྩྭའི་འཚར་སྐྱེ་ལ་ཕན་ཞིང་ཁོར་ཡུག་སྲུང་སྐྱོབ་ཐད་ལའང་ཕན་ནུས་ཆེ།

གཅིག འཚོ་སྐྱོང་རྐྱང་རྐྱང་གི་ཆོན་གསོ་བྱེད་ཐབས།

འཚོ་སྐྱོང་རྐྱང་རྐྱང་གི་ཆོན་གསོ་བྱེད་ཐབས་ནི་ཆོན་གསོ་བྱེད་ཡུན་རིང་ཞིང་། ཤེད་བུད་པ་དལ་མོད། འོན་ཀྱང་རྩྭ་ཐང་གི་ཐོན་ཁུངས་བེད་སྤྱོད་གང་ལེགས་བྱེད་ནུས་པས། གཟན་རྩྭ་བཟ་བསྡུ་དང་སྐྱེལ་འདྲེན། ལས་སྣོན་སོགས་བྱེད་པའི་ངལ་ནུས་གྲོན་ཆུང་བྱས་པར་མ་ཟད། ཕྲུས་ལེགས་གཟན་ཆག་སྙེར་མི་དགོས་པས། ཆོན་གསོ་བྱེད་པའི་མ་རྩ་ཙུང་དམའ་བ་ཡིན།

(གཅིག)འཚོ་སྐྱོང་བྱེད་ཐབས།

འཚོ་སྐྱོང་བྱེད་ཐབས་ལ་རང་འདོད་ལྟར་འཚོ་སྐྱོང་བྱེད་པ་དང་སྐོར་འཚོ་

བྱེད་གནས་དགར་བའི་འཚོ་སྐྱོང་བྱེད་ཐབས་གཉིས་སྤྱད་ཆོག་ཀྱང་། རྐྱང་གཞི་སྒྲིག་ཆས་ཀྱི་ཆ་རྐྱེན་ཙུང་བཟང་བའི་ས་གནས་སུ་ས་མཚམས་བཀར་ནས་སྐོར་འཚོ་བྱས་ཏེ་རྟ་སའི་ཐོན་ཁུངས་བེད་སྤྱོད་འོས་འཚམ་བྱེད་ཆོག

(གཉིས)འཚོ་སྐྱོང་ཆོན་གསོའི་དུས་ཚོད།

ནམ་ཟླ་ཐོད་དུས་གཟན་རྟ་རྒྱས་པ་དང་འཚོ་བཅུད་ལེགས་པའི་ཁྲིད་ཆོས་ལ་དམིགས་ཏེ། ཉིན 150~180སྟེ་ཟླ་ལྔ་པ་ནས་ཟླ་བཅུ་པའི་བར་དུ་འཚོ་སྐྱོང་བྱེད་དགོས་ཏེ། ཉིན་རེའི་ཞོགས་པའི་ཆུ་ཚོད་བདུན་ནས་འབྲི་གཡག་ཕྱིར་དེད་པ་ནས། ཉིན་གུང་གི་སྐབས་སུ་རྟ་རའི་ནང་ནས་ངལ་གསོ་བ་དང་། དགོང་མོའི་ཆུ་ཚོད་བདུན་ཡས་མས་སུ་ཕྱིར་ཕྱུགས་རར་ལོག་དགོས་ལ། ཉིན་རེར་འཚོ་སྐྱོང་དུས་ཡུན་ནི་ཆུ་ཚོད 12ཡན་ལོང་དགོས།

(གསུམ)འཚོ་སྐྱོང་བྱེད་པའི་རྟ་སའི་གདམ་གསེས།

འཚོ་སྐྱོང་བྱེད་དུས་སུ་གཟན་རྟའི་ཕྱུས་ཀ་ལེགས་ཤིང་རྟ་ཆུ་གཉིས་འཛོམས་ཀྱི་རྟ་ས་བདམས་ནས་འབྲི་གཡག་ལ་མང་བཟའ་མང་འཐུང་བྱེད་དུ་བཅུག་ནས། མགྱོགས་པོའི་ངང་ཤེད་འབུད་དུ་འཇུག་དགོས།

(བཞི)འཚོ་སྐྱོང་བྱེད་པའི་འབྲི་གཡག་བདག་སྐྱོང་།

འཚོ་སྐྱོང་བྱེད་པའི་འབྲི་གཡག་ལ་ཆོད་འཛིན་བྱེད་དགོས་ཏེ། འགྲོ་སྐྱོད་བྱེད་པའི་དུས་ཡུན་ཇེ་ཐུང་དུ་བཏང་ཞིང་། འཚོ་སྐྱོང་གི་བར་ཐག་སྤྱི་ལེ་ལྔའི་ཚུན་ནས་ཆོད་འཛིན་བྱེད་དགོས་པ་དང་ཚད་ཤུང་མ་རྒྱུ་བྲུར་སྟོན་བྱེད་དགོས།

གཉིས། འཚོ་སྐྱོང་དང་གཟན་ཆག་གཉིས་ཀས་ཆོན་གསོ་བྱེད་ཐབས།

འཚོ་སྐྱོང་དང་གཟན་ཆག་གཉིས་ཀས་ཆོན་གསོ་བྱེད་ཐབས་འདི་ནི་འཚོ་སྐྱོང་རྐྱང་རྐྱང་བྱེད་པ་ལས་ཆོན་གསོ་བྱེད་ཡུན་ཐུང་ལ་ཤེད་འབུད་པའི་དུས་ཡུན་མགྱོགས་པ་ཡིན་ཏེ། འཚོ་སྐྱོང་བྱེད་པའི་བརྒྱུད་རིམ་ཁྲོད་དུ་གཟན་ཆག་བྲུར་སྟོན་

བྱས་ན་འཚོ་སྐྱོང་གི་དུས་ཡུན་རྗེ་ཐུང་དུ་གཏོང་ཐུབ་པར་མ་ཟད། རྩྭ་རའི་ཐོན་ཁུངས་འོས་འཚམ་གྱིས་བེད་སྤྱོད་བྱེད་ཐུབ་ལ། རྩྭ་ཐང་དུ་ཕྱུགས་ཟོག་རྗེ་ཉུང་དང་སྐྱེ་དངོས་སླར་གསོ་བྱེད་ཐུབ་པར་མ་ཟད། ཚོན་གསོ་བྱེད་པའི་ཕྱུགས་ར་སྟབས་བདེ་དང་མ་རྩ་ཉུང་བ་ཡིན། འཚོ་སྐྱོང་བྱེད་ཞོར་དུ་གཟན་ཆག་བསྣན་ན་གཟན་ཆག་འཇུ་ཚད་དང་ཚོན་གསོ་སྐབས་སུ་ཤེད་འབུད་པར་ཤུགས་རྐྱེན་མངོན་གསལ་ཡོད།

(གཅིག)འཚོ་སྐྱོང་བྱེད་ཐབས།

འཚོ་སྐྱོང་རྒྱང་རྒྱང་ལ་བརྟེན་ནས་ཚོན་གསོ་བྱེད་པ་འདི་རང་འདོད་ཀྱིས་འཚོ་སྐྱོང་བྱེད་པ་དང་ས་གནས་ངེས་ཅན་སྐོར་འཚོ་བྱེད་པའི་ཐབས་ཤེས་སྤྱོད་ཆོག

(གཉིས)གཟན་ཆག་ཟུར་སྣོན་དུས་ཚོད།

དགུན་དུས་སུ་གཟན་ཆག་ཟུར་སྣོན་བྱས་ཤིང་ཤ་ཤེད་ཅུང་བཟང་བའི་འབྲི་གཡག་ལ། ཇོད་དུས་སུ་མཐུད་དུ་གཟན་ཆག་ཟུར་སྣོན་བྱས་ཆོག་ལ། དགུན་སྐྱོལ་རྗེས་ཤ་ཤེད་ཅུང་ཞན་པའི་འབྲི་གཡག་ལ་ཇོད་དུས་གཟན་རྩྭ་ཆེས་བཟང་བའི་དུས་སྐབས་བདའ་རྗེས་གཟན་ཆག་ཟུར་སྣོན་བྱས་ཆོག་སྟེ། བཤུས་རར་གཏོང་ཆོག་པའི་ཚད་གཞིར་སླེབས་རག་བར་དུ་གཟན་ཆག་བྱིན་ཆོག

ཇོད་དུས་གཟན་རྩྭ་ཆེས་བཟང་བའི་སྐབས་སུ། གཟན་རྩྭ་སྐྱེ་བའི་གནས་ཚུལ་ལ་བལྟས་ནས་འཚོ་སྐྱོང་བྱེད་ཡུན་རྗེ་རིང་དུ་བཏང་ནས་གཟན་ཆག་གྲོན་ཆུང་བྱེད་དགོས་ཏེ། ཉིན་རེར་གཟན་ཆག་སྟེར་ཚད་ནི་ནངས་དགོང་ཐེངས་གཉིས་སམ་ཡང་ན་མཚན་མོར་ཕྱུགས་རའི་སྒོ་བརྒྱབ་རྗེས་ཐེངས་གཅིག་ལ་བྱིན་ཆོག་པ་དང་། ཉིན་གཅིག་གི་འཚོ་སྐྱོང་བྱེད་ཡུན་ཆུ་ཚོད་བརྒྱད་ལས་ཐུང་མི་རུང་། དགུན་དུས་གཟན་རྩྭའི་སྤུས་ཀ་ཞན་པ་དང་གནམ་གཤིས་མི་ལེགས་པའི་སྐབས་སུ་འཚོ་སྐྱོང་དུས་ཡུན་རྗེ་ཐུང་དུ་བཏང་ནས་གཟན་ཆག་སྟེར་ཚད་རྗེ་མང་དུ

བཏང་ཚོག་སྟེ། ཉིན་རེར་འཚོ་རྫིའི་དུས་ཡུན་ཆུ་ཚོད་ལྔ་ནས་དྲུག་བྱས་ན་ཆོག་པ་དང་། དེའི་རྗེས་སུ་ཚོན་གསོ་ཕྱུགས་རར་བཅུག་ནས་གཟན་ཆག་སྟེར་གསོ་བྱེད་དགོས།

(གསུམ)ཟུར་སྣོན་གཟན་ཆག་དང་ཟུར་སྣོན་གྱི་གྲངས་ཚད།

ཐོག་མར་སྐྱེས་པའི་གཟན་རྩྭར་སྤྱི་དཀར་འཚོ་བཅུད་མང་བས། ཐྣན་ཆུ་འདྲེས་སྦྱོར་དངོས་རྫས་ལྡན་སུམ་ཚོགས་པའི་གཟན་ཆག་ཟུར་སྣོན་བྱེད་དགོས་ལ། གཟན་རྩྭ་སྐྱེ་ཚར་བའམ་རྩྭ་སྐམ་རྗེས། སྤྱི་དཀར་འཚོ་བཅུད་ཀྱི་འདུས་ཚད་ཇེ་ཉུང་དུ་སོང་བས། སྤྱི་དཀར་འཚོ་བཅུད་ལྡན་སུམ་ཚོགས་པའི་གཟན་ཆག་ཟུར་སྣོན་བྱེད་དགོས། འཚོ་སྐྱོང་བྱེད་ཞོར་དུ་གཟན་ཆག་སྣོན་པའི་བྱེད་ཐབས་འདིས་འབྲི་གཡག་སྤྱི་མོ་ནས་བཤས་རར་གཏོང་ཐུབ་ལ། དེའི་ཤ་ཕྲུས་ཀྱང་གཟན་ཆག་མ་བསྣན་པའི་འབྲི་གཡག་ལས་བཟང་སྲིད། འོན་ཀྱང་ཚོན་གསོའི་མ་རྩ་འང་དེར་བསྟུན་གྱི་ཇེ་མང་སོང་ཡོད། དེར་བརྟེན། གཟན་ཆག་སྟེར་ཚད་དང་ཚོན་གསོའི་གྲངས་ཚད་དེ་རང་བྱུང་གཟན་རྩྭའི་ཕྲུས་ཀར་བསམ་བློ་གཏོང་དགོས་པ་ལས། ད་དུང་ཤའི་རིན་གོང་དང་འབྲི་གཡག་གི་གནས་ཚུལ་སོགས་ལ་བརྟག་ནས་ཐག་གཅོད་བྱེད་དགོས།

སྤྱིར་བཏང་གི་གཟན་ཆག་སྟེར་ཚད་ནི། ཐོད་དུས་ཀྱི་བེའུ་ལ་ཉིན་རེར་གཟན་ཆག་སྟེར་ཚད་ནི་བེའུ་རེར་རྩྭ་སྐྱ་སྤྱི་ཀྲ 1.0~1.5 བར་སྟེར་བ་དང་། གཟན་ཆག་སྤྱི་ཀྲ 0.5~0.8 བར་སྟེར་དགོས། འབྲི་གཡག་དར་མ་རེ་ལ་རྩྭ་སྐྱ་སྟེར་ཚད་ནི་སྤྱི་ཀྲ 2~3 བར་སྟེར་དགོས་པ་དང་། གཟན་ཆག་སྤྱི་ཀྲ 1.0~1.5 བར་སྟེར་དགོས། འབྲུག་དུས་སུ་བཙས་པའི་བེའུ་ལ་ཉིན་རེར་གཟན་ཆག་སྟེར་ཚད་ནི་བེའུ་རེར་རྩྭ་སྐྱ་སྤྱི་ཀྲ 1.5~2.0 བར་སྟེར་བ་དང་། གཟན་ཆག་སྤྱི་ཀྲ 1.0~1.5 བར་སྟེར་དགོས། འབྲི་གཡག་དར་མ་རེ་ལ་རྩྭ་སྐྱ་སྤྱི་ཀྲ 3~5 བར་སྟེར་བ་དང་།

གཟན་ཆག་སྤྱི་ཚ 2.0~3.0བར་སྟེར་དགོས།

(བཞི)འཚོ་སྐྱོང་བྱེད་པའི་འབྲི་གཡག་བདག་སྐྱོང་།

འཚོ་སྐྱོང་བྱེད་པའི་འབྲི་གཡག་ལ་བདག་སྐྱོང་བྱེད་ཚུལ་ནི་འཚོ་སྐྱོང་རྒྱང་རྒྱང་བྱེད་པའི་ཚོན་གསོ་བྱེད་ཐབས་དང་འདྲ་མོད། འོན་ཀྱང་གཟན་ཆག་སྟེར་བའི་སྤུགས་ཁྲུས་ཆུ་འཐུང་ཚད་ཁག་ཐེག་བྱེད་དགོས་ཏེ། རབ་ཡིན་ན་ཆུ་འཐུང་ས་འཛུགས་དགོས་པར་མ་ཟད་བཏུང་ཆུ་དྲོན་མོ་བྱེད་དགོས། དེ་དང་ཆབས་ཅིག་ཏུ་ཚྭ་ཡང་སྟོན་དགོས་ཏེ། གཏེར་རྫུ་དང་ཚྭ་བཟའ་ཚད་ཀྱང་ཁག་ཐེག་བྱེད་དགོས།

ས་བཅད་ལྔ་པ། ཚང་གསོའི་ཚོན་གསོ་ལག་རྩལ།

གཅིག ཚང་གསོ་རྒྱང་རྒྱང་གི་ཚོན་གསོ་བྱེད་ཐབས།

(གཅིག)སྒྲོམ་ལོངས་འབྲི་གཡག་ཚང་གསོ་རྒྱང་རྒྱང་གི་ཚོན་གསོ་བྱེད་པ།

སྒྲོམ་ལོངས་འབྲི་གཡག་ལ་ཚོན་གསོ་བྱེད་ཡུལ་མང་ཆེ་ཤོས་ནི་འཚར་སྐྱེ་བཟང་བའི་ལོ་གཉིས་མན་གྱི་འབྲི་གཡག་ཡིན་ཏེ། བེའུ་ལོ་གཅིག་ལ་འཚར་ལོངས་བྱུང་རྗེས། འོ་མཚམས་བཞག་པར་མ་ཟད་རང་དགར་གྱིས་བཟའ་ཆས་བཙལ་ཐུབ་ལ་དབང་བོ་སོ་སོའང་འཚར་ལོངས་ངེས་ཅན་བྱུང་ཡོད་སྐབས། གཅིག་བསྡུས་སྟེར་གསོ་བྱེད་པའི་གསོ་ཚགས་ཁོར་ཡུག་ལ་འགྲོད་པ་ཡིན། སྒྲོམ་ལོངས་འབྲི་གཡག་ཚོན་གསོ་བྱེད་པའི་དུས་ཚོད་སྤྱིར་བཏང་དུ་ཟླ 8~10བར་ཏེ་ཉིན 200~300དང་། སྒྲོམ་ལོངས་འབྲི་གཡག་གི་ལོ་ཚད་ནི་ཟླ 13~18བར་དུ་ཡིན་ན་རབ་ཡིན། ཚོན་གསོ་བྱེད་པའི་དུས་སྐབས་ཧྲིལ་པོའི་ཉིན་རེའི་ལྗིད་ཚད་འཕར་གྲངས་སྤྱི་ཚ 0.8~1.0བར་ལ་སླེབ་དགོས།

1.ཚོན་གསོ་བྱེད་སྐབས་ཀྱི་གསོ་ཚགས་བྱེད་ཐབས།

(1)ཚོན་གསོ་བྱེད་པའི་དུས་མགོ་ནི་ཟླ 2~3བར་ཡིན་ཏེ། ཚོན་གསོ་བྱེད་པའི་དུས་འགོར་གཟན་ཆག་དཀྱུས་མ་མང་པོ་སྟེར་དགོས་ལ། སྤྲུས་ལེགས་གཟན་ཆག་སམ་སྤྱི་དཀར་འཚོ་བཅུད་ལྡན་སུམ་ཚོགས་པོ་འདུས་པའི་སྤྲུས་ལེགས་གཟན་ཆག་སྟེར་ཚད་ཀྱང་འོས་འཚམ་སློས་ཇེ་མང་དུ་གཏོང་དགོས། སྤྲུས་ལེགས་གཟན་ཆག་ཁྲོད་སྤྱི་དཀར་འཚོ་བཅུད་ཀྱི་འདུས་ཚད 12%ལས་ཉུང་མི་རུང་སྟེ། ཤ་ཤེད་ནོ་མཉམ་དང་རྒྱས་སུ་འཇུག་པར་མ་ཟད། དུས་མཚུག་གི་ཚོན་གསོ་དང་ཤའི་ཚད་རིམ་ཇེ་མཐོར་གཏོང་བར་རྨང་གཞི་བཟང་པོ་འདིང་དགོས། སྒྲིམ་ཡོངས་འབྲི་གཡག་ཚོན་གསོ་ཕྱུགས་རའི་ནང་དུ་བཙུག་རྗེས། ཚོན་གསོ་བྱེད་པའི་ཉིན་ཆས་བཟའ་རྒྱུའི་ཁྲོད་སྔོན་བྱུས་ནས་བཟའ་ཚད་རིམ་གྱིས་ཇེ་མང་དུ་གཏོང་དགོས། ཉིན་ཆས་ཁྲོད་སྤྲུས་ལེགས་གཟན་ཆག་སྟེར་ཚད་དེ་འབྲི་གཡག་ལྗིད་ཚད་ཀྱི 0.6%ཟིན་དགོས་ལ། རང་དགར་གྱིས་སྤྲུས་ལེགས་གཟན་ཆག་དཀྱུས་མ་བཟའ་བ་དང་། གཙོ་བོ་སྔོ་རྩྭ་བཟའ་དགོས། ཉིན་ཆས་ཁྲོད་སྤྱི་དཀར་འཚོ་བཅུད་འདུས་ཚད་ནི 13%~14%བར་ནས་ཚོད་འཛིན་བྱེད་དགོས་ཤིང་། ཀའེ་ཡི་འདུས་ཚད 0.5%དང་། ལིན་གྱི་འདུས་ཚད 0.25%ཙམ་ནས་ཚོད་འཛིན་བྱེད་དགོས།

(2)ཚོན་གསོ་བྱེད་པའི་དུས་དཀྱིལ་ནི་ཟླ 4~5ཡིན། ཚོན་གསོ་བྱེད་པ་དང་བསྟུན་ནས་སྤྲུས་ལེགས་གཟན་ཆག་སྟེར་ཚད་ཀྱང་རིམ་གྱིས་ཇེ་མང་དུ་གཏོང་དགོས་ཏེ། སྐབས་དེར་སྤྲུས་ལེགས་གཟན་ཆག་སྟེར་ཚད་དེ་ལྗིད་ཚད་ཀྱི 0.8%~1.0%བར་ཟིན་དགོས་ལ། རང་དགར་གྱིས་སྤྲུས་ཀ་བཟང་བའི་གཟན་ཆག་དཀྱུས་མ་བཟའ་ཐུབ་དགོས། ཉིན་ཆས་ཁྲོད་ཀྱི་ནུས་ཚད་རིམ་གྱིས་ཇེ་མཐོར་སོང་ཞིང་། སྤྱི་དཀར་འཚོ་བཅུད་འདུས་ཚད་ནི 11%~12%བར་དང་། ཀའེ་

འདུས་ཚད 0.4% ལིན་འདུས་ཚད 0.25%བཅས་ཡིན་པར་ཚོད་འཛིན་བྱེད་དགོས།

(3)ཚོན་གསོ་བྱེད་པའི་དུས་མཛུག་ནི་ཟླ 1~2ཡིན། གཙོ་བོ་འབྲི་གཡག་འགྲུལ་སྐྱོད་ཇེ་ཉུང་དུ་བཏང་ཞིང་། ཚ་ནུས་ཟད་གྲོན་ཇེ་ཆུང་དུ་བཏང་སྟེ། འབྲི་གཡག་ཤེད་འབུད་པར་སྐྱུལ་བ་དང་ཤ་སྤུས་ཇེ་ལེགས་སུ་གཏོང་དགོས། ཉིན་ཆས་ཁྲིད་དུ་སྤུས་ལེགས་གཟན་ཆག་བཟའ་ཚད་རིམ་བཞིན་ཇེ་མང་དུ་གཏོང་དགོས་ཏེ་ལྡིད་ཚད་ཀྱི 1.0%ནས་ཇེ་མང་དུ་བཏང་སྟེ 1.5%ཡན་ཟིན་ལ། གཟན་ཆག་དཀྱུས་མ་རིམ་བཞིན་ཇེ་ཉུང་དུ་སོང་ཡོད་དེ། གལ་སྲིད་ཉིན་ཆས་ཁྲིད་ཀྱི་སྤུས་ལེགས་གཟན་ཆག་གི་ལྡིད་ཚད་ནི 1.2%~1.3%བར་ཇེ་མང་དུ་སོང་ན། གཟན་ཆག་དཀྱུས་མ་ཏ་ལམ 2/3ཇེ་ཉུང་དུ་འགྲོ་ངེས། སྐབས་དེར་ཉིན་ཆས་ཁྲིད་དུ་ནུས་ཚད་སྔར་ལས་ཇེ་མང་དུ་གཏོང་བ་དང་། སྤྲི་དཀར་འཚོ་བཅུད་འདུས་ཚད 9%~10%དང་། གའི་འདུས་ཚད 0.3% ལིན་འདུས་ཚད 0.27%བཅས་སུ་ལྷུང་བར་བྱེད་དགོས།

2.ནམ་རྒྱུན་གྱི་བདག་སྐྱོང་།

(1)སྙེར་གསོ། སྙེར་གསོ་བྱེད་པའི་སྣ་ཁ་ཇེ་མང་དུ་གཏོང་བ་དང་། གཟན་ཆག་དཀྱུས་མ་ཐུག་ཐུག་ཏུ་གཏུབ་དགོས་ལ། རྡུལ་བ་དང་དར་ཆགས་པ། རྫ་སེག་ཡོད་པའི་གཟན་ཆག་སྙེར་མི་རུང་། ཉིན་རེར་ཐེངས 2~3ལ་གཟན་ཆག་སྙེར་དགོས་ཤིང་། སྔོན་ལ་གཟན་ཆག་དཀྱུས་མ་དང་རྗེས་ནས་གཟན་ཆག་སྤུས་ལེགས་སྙེར་དགོས་པ་དང་འཕྲུང་ཆུ་འདང་ངེས་ཤིག་མཁོ་འདོན་བྱེད་དགོས།

(2)འགྲུལ་སྐྱོད་ཚད་བཀག འབྲི་གཡག་ཚོན་གསོ་བྱེད་པའི་ཁོར་ཡུག་ལྷིང་འཇགས་ཡིན་དགོས་ལ། ཕྱུགས་རར་བཅུག་ནས་ཚོན་གསོ་བྱེད་སྟངས་འདི་ལ་དུས་ཚོད་ངེས་གཏན་བྱས་ཐོག་འགྲུལ་སྐྱོད་བྱེད་སར་ཁྲིད་ནས་འགྲུལ་སྐྱོད

འོས་འཚམ་བྱེད་པའམ་ངལ་གསོ་བྱེད་དུ་འཇུག་དགོས། འགྲུལ་སྐྱོད་ཀྱི་དུས་ཚོད་ནི་དབྱར་དུས་སུ་ནངས་དགོང་དང་དགུན་དུས་སུ་ཉིན་གུང་ཡིན་དགོས།

(3)འབྲི་གཡག་གི་ལུས་པོ་འབྲད་ཕྱིས་བྱེད་པ། ཆ་རྐྱེན་འཛོམས་པའི་ཚོན་གསོ་ར་བ་ནས་ཉིན་རེར་འབྲི་གཡག་གི་ལུས་པོར་འབྲད་ཕྱིས་བྱས་ན། ཁྲག་ཞུ་འཁོར་རྒྱུག་ལ་ཕན་ཞིང་། རྙིང་ཚབ་གསར་བྱེད་ཀྱི་ཚུ་ཚད་ཇེ་མཐོ་དང་འབྲི་གཡག་གི་རྒྱ་མ་ཇེ་ལྡིད་འགྲོ་བར་ཕན་ཏེ། ཕྱིར་བཏང་དུ་ཉིན་རེར་ཐུ་ཤད་དམ་ལྕགས་ཤད་ཀྱིས་ཐེངས་གཅིག་ནས་གཉིས་བར་ལ་ཤད་དགོས་པ་དང་། ཤད་འབྲད་བྱེད་པའི་གོ་རིམ་ནི་མགོ་ནས་ཛ་མ་དང་ཐོག་ནས་འོག་བར་ཡིན།

(4)དུས་བཅད་ལྟར་ལྡིད་ཚད་འཇལ་བར་མ་ཟད། ཇེ་ལྡིད་སོང་བའི་གནས་ཚུལ་ལྟར་ཉིན་ཆས་ཀྱི་ཟས་སྦྱོར་ལེགས་སྒྲིག་བྱེད་དགོས། གསོ་སྐྱོང་མི་སྣས་འབྲི་གཡག་གི་རྣམ་རིག་དང་ཡི་ག ལྕི་གཅིན་སོགས་ཀྱི་གནས་ཚུལ་ལ་ཞིབ་མོར་བརྟག་དགོས་ཏེ། གལ་སྲིད་རྒྱུན་ལྡན་དང་མི་འདྲ་བའི་གནས་ཚུལ་བྱུང་ན་དུས་ཐོག་ཏུ་ཡར་ཞུ་དང་ཐབ་གཅོད་བྱེད་དགོས། ཐོན་སྐྱེད་བདག་སྐྱོང་ལམ་ལུགས་ནན་མོ་འཛུགས་པ་དང་ཐོན་སྐྱེད་ཟིན་ཐོར་འགོད་དགོས།

(5)བཤས་རར་གཏོང་བ། སྒྲོམ་ལོངས་འབྲི་གཡག་ཕྱིར་བཏང་དུ་ཟླ་6~8ལ་ཚོན་གསོ་བྱས་རྗེས། ཡི་ག་ཆད་པ་དང་འགྲུལ་སྐྱོད་བྱེད་མི་འདོད་པའི་སྐབས་སུ་མྱུར་དུ་བཤས་རར་གཏོང་དགོས།

3.ཉིན་ཆས་སྡེབ་སྦྱོར། མཚོ་སྔོན་ཞིང་ཆེན་གྱི་སྒྲོམ་ལོངས་འབྲི་གཡག་ཚོན་གསོ་བྱེད་པའི་ཉིན་ཆས་གཙོ་བོ་ནི་སྔོ་རྩྭའམ་སྦང་མ། མངར་ཚལ་གྱི་ཧྲུལ་མ་སོགས་ལས་སྔོན་ཞོར་ཐོན་དངོས་རྫས་ཡིན་ལ། སྲུས་ལེགས་གཟན་ཆག་འོས་འཚམ་སྣོམ་སྟེར་དགོས། གཟན་ཆག་དཀྱུས་མ་དང་སྲུས་ལེགས་གཉིས་ཀའི་བསྡུར་ཚད་ནི 1:1.2~1.5ཡིན་ཞིང་། ཉིན་རེར་བཟའ་ཆས་སྐམ་པོ་བཟའ་ཚད་

ནི་ཞྫིད་ཚད་ཀྱི 2.5%~3.0%བར་ཡིན།

(གཉིས)འབྲི་གཡག་དར་མ་ཕྱུགས་རར་བཙུག་ནས་ཚོན་གསོ་བྱེད་པ།

འབྲི་གཡག་དར་མ་ཚོན་གསོ་བྱེད་ན། ཚོན་གསོ་བྱེད་རིན་ཡོད་ལ་གསེས་འདོར་བྱས་པའི་འབྲི་གཡག་འདེམ་དགོས་ཏེ། ཟས་འཇུ་སྟོབས་བཟང་བ་དང་གཞན་བརྟེན་སྲིན་འབུ་ནད་དང་འཇུ་ལམ་གྱི་ནད་སོགས་ཡོད་མི་རུང་། འབྲི་གཡག་འདིའི་རིགས་དུས་ཡུན་རིང་པོར་སྣབས་བདེ་གསོ་ཚགས་བྱས་པའི་རྐྱེན་གྱིས་འཚོ་བཅུད་མི་འདང་བ་དང་ཤ་ཤེད་མི་བཟང་མོད། འོན་ཀྱང་གཟུགས་གཞི་ཆེ་ཞིང་ཤ་རྒྱས་ལ་བཤས་ཚད་ཧུང་བ་དང་ཤ་སྲུས་ཞན་པ་སོགས་ཀྱི་ཞན་ཆ་ཡོད་པ་རེད། དེའི་རྐྱེན་གྱིས་ཚོན་གསོ་བྱེད་རིན་ཡོད་ཅིང་གསེས་འདོར་བྱས་པའི་འབྲི་གཡག་མ་བཤས་གོང་དུ་ཟླ་གསུམ་ཙམ་ལ་ཚོན་གསོ་བྱས་ནས་ཤའི་ཐོན་ཚད་ཇེ་མཐོར་བཏང་སྟེ་དཔལ་འབྱོར་གྱི་ཁེ་ཕན་ཐོབ་ལས་མང་པོ་བླངས་ན་འོས་ཤིང་འཚམ། འབྲི་གཡག་དར་མ་ཕྱུགས་རར་བཙུག་ནས་ཚོན་གསོ་བྱེད་ན་མང་ཆེ་ཤོས་ཚང་གསོ་བྱེད་པ་དང་། འགྲུལ་སྐྱོད་བྱེད་ཚད་ཚོད་འཛིན་ནན་མོ་བྱས་ཐོག གོང་བདེ་བའི་སོག་སྙིགས་སོགས་ཀྱི་གཟན་ཆག་གིས་འདྲེས་སྦྱོར་སྲུས་ལེགས་གཟན་ཆག་ཁ་ཤས་ཀྱི་ཚབ་བྱས་ནས་ཚོན་གསོ་བྱས་ནས་མ་རྩ་ཇེ་ཧུང་དུ་གཏོང་ཐུབ།

1.སྔང་མས་ཚོན་གསོ་བྱེད་ཐབས། ཚོན་གསོ་བྱེད་ཡུན་ནི་ཉིན 80 ~90 བར་ཡིན་ལ། ཚོན་གསོ་བྱེད་པའི་དུས་མགོར་གཙོ་བོ་རྩྭ་སྐྱ་སོགས་ཀྱི་གཟན་ཆག་དཀྲུས་མའི་རིགས་བྱིན་ནས་བཟའ་ཟུས་སྦྱོང་བརྡར་བྱས་ཏེ་ཉིན 10 ~15འགོར་རྗེས། རིམ་གྱིས་སྔང་མ་སྙེར་ཚད་ཇེ་མང་དུ་གཏོང་བ་དང་རྩྭ་སྐྱ་སྙེར་ཚད་ཇེ་ཧུང་དུ་གཏོང་དགོས།

འབྲི་གཡག་དར་མ་ལ་ཉིན་རེར་སྔང་མ་སྙེར་ཚད་ནི་སྤྱི་རྒྱ 30~40བར་ཡིན་ཞིང་། སྲུས་ལེགས་གཟན་ཆག་ཧུང་དུ་དང་ཁ་འཐོར་པའི་རྩྭ་སྐྱ་ཧུང་དུ་སྟེར་

དགོས། ཁྱད་པར་དུ་རྫ་སྐྱ་བྱིན་ནས་ཆོན་གསོ་བྱེད་པའི་འབྲི་གཡག་གི་ཡི་ག་བྱེ་དགོས། གཞི་རྩའི་ཉིན་ཆས་སྟེབ་ཚུལ་ནི། སྤང་མ་སྤྱི་རྒྱ་30~40བར་དང་། རྫ་སྐྱ་སྤྱི་རྒྱ་5~8བར། སྲུས་ལེགས་གཟན་ཆག་བསྲེས་མ་སྤྱི་རྒྱ་1.0~1.5བར་ཡིན། རྫ་སྐྱ་སོགས་གཟན་ཆག་དགུན་མའི་རིགས་གཏུབ་དགོས་ཤིང་། སྤང་མ་རྫ་སྐྱའི་ཁྲོད་དུ་བསྲེས་ནས་འབྲི་གཡག་ལ་བཟའ་རུ་འཇུག་དགོས། ཉིན་རེར་བཟའ་ཆས་ཐེངས་གཉིས་དང་ཆུ་ཐེངས་གསུམ་ལ་ལྡུད་དགོས། ཆོན་གསོ་བྱེད་པའི་འབྲི་གཡག་བཏགས་ནས་བདག་ཚགས་བྱེད་པ་དང་། ཆོན་གསོ་བྱེད་པའི་དུས་དཀྱིལ་ལམ་དུས་མཇུག་ཏུ་འདོགས་ཐག་རྗེ་ཐུང་དུ་བཏང་ནས་འགུལ་སྐྱོད་བྱེད་པར་ཚོད་འཛིན་བྱེད་དགོས།

2. སྔོ་གཟན་གྱིས་ཆོན་གསོ་བྱེད་ཐབས། སྔོ་གཟན་མང་པོ་དང་སྲུས་ལེགས་གཟན་ཆག་ཉུང་ཤས་ཀྱིས་འབྲི་གཡག་ཆོན་གསོ་བྱས་ན། སྲུས་ལེགས་གཟན་ཆག་རྗེ་ཉུང་དང་མ་རྩ་རྗེ་ཉུང་དུ་གཏོང་ཐུབ། ཆོན་གསོ་བྱེད་པའི་དུས་ཡུན་ནང་སྔོ་གཟན་སྟེར་ཚུལ་ནི་སྤང་མ་དང་འདྲ་ལ། ཆོན་གསོ་བྱེད་པའི་དུས་འགོར་འབྲི་གཡག་སྔོ་གཟན་ལ་མི་ལོབས་པའི་སྐབས་སུ་སྟེར་ཚད་རྗེ་མང་དུ་བཏང་ནས་ལོབས་སུ་འཇུག་དགོས།

འབྲི་གཡག་དར་མར་ཉིན་རེར་སྔོ་གཟན་སྟེར་ཚད་ནི་སྤྱི་རྒྱ་25~30ཡིན་པར་མ་ཟད། སོག་མའམ་རྫ་སྐྱ་ཉུང་ངུར་སྟེབ་དགོས་པ་དང་། སྲུས་ལེགས་གཟན་ཆག་དང་ཚྭ་ངེས་ཅན་ཡང་སྟོན་དགོས། གལ་སྲིད་སྔོ་གཟན་གྱི་སྲུས་ཀ་ལེགས་ན། སྲུས་ལེགས་གཟན་ཆག་སྟེར་ཚད་རྗེ་ཉུང་དུ་བཏང་ཆོག་ལ། ཆོན་གསོ་བྱེད་པའི་དུས་མཇུག་ཏུ་སྲུས་ལེགས་གཟན་ཆག་སྟེར་ཚད་རྗེ་མང་དང་སྔོ་གཟན་རྗེ་ཉུང་དུ་གཏོང་དགོས། ཉིན་ཆས་ཀྱི་གཞི་རྩའི་སྟེབ་ཚུལ་ནི། སྔོ་གཟན་སྤྱི་རྒྱ་25~30བར་དང་། རྫ་སྐྱ་སྤྱི་རྒྱ་3~5བར། སྲུས་ལེགས་གཟན་ཆག་བསྲེས་མ་སྤྱི་རྒྱ

1.5 ~2.0 ཚ་ཁེ 50ཡིན། ཉིན་རེར་གཟན་ཆག་ཐེངས་གཉིས་དང་ཆུ་ཐེངས་གསུམ་ལ་ལྟུད་དགོས།

གཉིས། ཚང་གསོ་ཕྱིད་ཀའི་བྱེད་ཐབས།

ཚང་གསོ་ཕྱིད་ཀའི་བྱེད་ཐབས་ནི་ཕྲད་དུས་རིན་གོང་དམའ་བའི་རྟ་སའི་སྙིང་དུ་འཚོ་སྐྱོང་བྱེད་པ་དང་། འཁྲུག་དུས་ཚང་གསོ་དང་དུས་ཐུང་འཚོ་སྐྱོང་བྱས་ན། གཟན་ཆག་གི་ཟད་གྲོན་ཇེ་ཉུང་དང་ཚོན་གསོའི་ཕན་འབྲས་མཐོ་བ། ཤ་སྦྱུས་བཟང་བའི་དམིགས་ཡུལ་མངོན་འགྱུར་བྱེད་ཐུབ་ལ། འབྲི་གཡག་ཁ་ཤས་ཚང་གསོ་བྱས་ན་རྟ་ཐང་གི་ཕྱུགས་གྲངས་ཇེ་ཉུང་དང་། ཐོན་སྐྱེད་བྱེད་ནུས་པའི་འབྲི་གཡག་འཚོ་སྐྱོང་བྱེད་པར་རྟ་ཐང་འཛོམ་པོ་མཁོ་འདོན་བྱེད་ཐུབ།

(གཅིག)འཚོ་སྐྱོང་བྱས་ནས་ཚོན་གསོ་དང་བདག་སྐྱོང་བྱེད་པ།

ཕྱིད་སྡོམ་ཚང་གསོ་བྱེད་ཅིང་ཕྲད་དུས་སུ་འཚོ་སྐྱོང་བྱེད་ཡུན་ནི་ཟླ 6ཡིན་ལ། འཚོ་སྐྱོང་བྱེད་སྟངས་ནི་ཡོངས་སུ་འཚོ་སྐྱོང་བྱེད་པའི་རྣམ་པ་དང་མཐུན་ཞིང་། རང་མོས་འཚོ་སྐྱོང་དང་ཁག་བགོས་ནས་རེས་སྐོར་འཚོ་སྐྱོང་བྱེད་པའི་ཐབས་ཤེས་སྤྱད་ཆོག ཉིན་རེའི་འཚོ་ཟ་བྱེད་ཡུན་ནི་ཆུ་ཚོད 10ཡན་དང་། གཟན་རྩྭའི་སྦྱུས་ཀ་ལེགས་ཤིང་རྩྭ་ཆུ་འཛོམས་པའི་རྟ་ས་བདམས་ནས་འཚོ་སྐྱོང་བྱེད་པ་དང་། འཚོ་སྐྱོང་གི་ཕྱུགས་གྲངས་ཚོད་འཛིན་བྱེད་དགོས་པར་མ་ཟད། འགུལ་སྐྱོད་བྱེད་ཡུན་ཇེ་ཐུང་དུ་གཏོང་དགོས། དུས་མཚུངས་སུ་ཚད་ཉུང་མ་རྒྱུ་ཟུར་སྣོན་སོགས་བྱེད་དགོས།

(གཉིས)ཚང་གསོ་བྱས་ནས་ཚོན་གསོ་དང་བདག་སྐྱོང་བྱེད་པ།

འཁྲུག་དུས་ཚང་གསོ་བྱེད་ཡུན་ནི་ཟླ 6ཡིན་ལ། ཚང་གསོ་ཕྱིད་ཀ་བྱེད་པའམ་ཚང་གསོ་བྱེད་ཞོར་དུ་འཚོ་སྐྱོང་བྱེད་པའི་ཐབས་ཤེས་སྤྱད་ཆོག རྟ་ས་དང་བར་ཐག་ཅུང་ཉེ་བའི་ཚོན་གསོ་ར་བ་ཡིན་ན། འཚོ་སྐྱོང་བྱེད་པའི་བར་ཐག་སྤྱི་ལེ

3གྱི་ཚུན་དུ་ཡོད་དུས། སྣོམ་གསོ་བྱེད་ཞོར་དུ་འཚོ་ཟས་བྱེད་དགོས། གལ་སྲིད་རྩྭ་ར་དང་བར་ཐག་ཉུང་རིང་བའམ་གཟན་རྩྭའི་ཆ་རྐྱེན་ལེགས་པའི་ཚོན་གསོ་ར་བ་ཡིན་ན་ཚང་གསོ་རྒྱུང་རྒྱུང་གི་ཚོན་གསོ་བྱེད་ཐབས་སྤྱོད་དགོས། དགུན་དུས་གཟན་རྩྭའི་ཕྲུས་ཀ་ཞན་པ་དང་གནམ་གཤིས་མི་ལེགས་པའི་སྐབས་སུ་འཚོ་སྐྱོང་དུས་ཡུན་ཇེ་ཐུང་དུ་གཏོང་དགོས་ཏེ། འཚོ་ཟས་བྱེད་ཡུན་ཆུ་ཚོད 3 ~5བར་ཏེ། སྔ་སྔོའི་ཆུ་ཚོད 11ནས་ཕྱི་དྲོའི་ཆུ་ཚོད 3བར་ལ་འཚོ་ཟས་བྱེད་ཅིང་། དེ་མིན་པའི་དུས་ཚོད་ལ་ཕྱུགས་རར་བཅུག་ནས་ཚང་གསོ་བྱེད་དགོས། དེ་དང་ཆབས་ཅིག་འགྱུལ་སྐྱོད་ཇེ་ཉུང་དང་ངལ་གསོ་དུས་ཚོད་ཇེ་མང་དུ་གཏོང་དགོས།

ལེའུ་དྲུག་པ། གཟན་ཆག་ལས་སྣོན་དང་བསྲེས་སྦྱོར་ལག་རྩལ།

ས་བཅད་དང་པོ། གཟན་ཆག་སྦྲུས་ལེགས་དང་དཀྲུས་མ་སྡེབ་ཚུལ།

གཅིག གཟན་ཆག་དཀྲུས་མ།

གཟན་ཆག་དཀྲུས་མ་ནི་གཟན་ཆག་ཁྲོད་ཆེ་སྣ་རྩིང་པོ་འདུས་ཚད་18%ཡན་ཡོད་པའི་གཟན་ཆག་ལ་ཟེར་ཞིང་། མཚོ་སྔོན་ས་ཁུལ་གྱི་རྩྭ་གཟན་སྒོ་ཟོག་ལ་སྤྲེར་བའི་གཟན་ཆག་དཀྲུས་མ་ལ་ལོ་ཏོག་གི་སོག་མ་དང་བྲུར་སྔོན་གཟན་རྩྭ་སྦྲུས་ལེགས། དགུན་དུས་ཀྱི་གཟན་རྩྭ་སོགས་སྣ་མང་ཡོད་ལ། གཟན་ཆག་དཀྲུས་མའི་ཁྲོད་རྩྭ་སྐྱུ་དང་ཞིང་ཞོར་ཐོན་རྫས་ཀྱི་རིགས། སྡོང་སྣམ་གྱི་ལོ་མ་སོགས་འདུས། གཟན་ཆག་དཀྲུས་མའི་ཁྱད་ཆོས་ནི་པོངས་ཚད་ཆེ་ལ་འཇུ་དཀའ་བ། འཚོ་བཅུད་ཉུང་བ་སོགས་ཡིན་མོད། འོན་ཀྱང་གཟན་ཆག་དཀྲུས་མའི་འབྱུང་ཁུངས་རྒྱ་ཆེ་ཞིང་རིགས་མང་བ་རེད།

གཉིས། གཟན་ཆག་སྦྲུས་ལེགས།

གཟན་ཆག་སྦྲུས་ལེགས་ནི་རྫས་གཞི་རེའི་པོངས་ཚད་དམ་ལྗིད་ཚད་ནང་དུ་འདུས་པའི་འཚོ་བཅུད་ཕུན་སུམ་ཚོགས་པ་དང་ཆེ་སྣ་རྩིང་པོ་འདུས་ཚད་ཉུང་བ་དང་འཇུ་ཚད་མཐོ་བའི་གཟན་ཆག་གི་རིགས་ཡིན།

གསུམ། གཟན་ཆག་དཀྲུས་མ་དང་ཕྲུས་ལེགས་སྦེབ་བསྲེས།

འབྲི་གཡག་ནི་ལྷོད་རྒྱུག་སྲོག་ཆགས་ཡིན་པས། ཚོ་སྣ་རྩིང་པོ་འཛུ་ཐུབ་པ་སྟེ། ཉིན་ཆས་སྟེར་དུས་གཟན་ཆག་དཀྲུས་མ་གཙོར་བྱས་ཆོག་མོད། འོན་ཀྱང་གཟན་ཆག་དཀྲུས་མའི་བསྡུར་ཚད་མང་དྲགས་ན། འཚོ་བཅུད་མེད་པ་དང་ཁ་ལ་འཕྲོད་དཀའ་བས་ཞེད་མོ་ཉོར་བ་དང་འཚོ་བཅུད་དོ་མཉམ་མིན་པ་སོགས་སུ་འགྱུར་ཉེན་ཆེ། དེར་བརྟེན། སྟེར་གསོ་བྱེད་པའི་བརྒྱུད་རིམ་ཁྲོད་གཟན་ཆག་དཀྲུས་མ་འདང་དགོས་པ་ལས། ད་དུང་གཉེར་རྒྱུ་དང་ཚད་ལྡང་མ་རྒྱུ་འདུས་པའི་ཕྲུས་ལེགས་གཟན་ཆག་སོགས་ཀྱང་སྟོན་ཏེ། འཚོ་བཅུད་དོ་མཉམ་པར་བྱེད་དགོས། འབྲི་གཡག་གི་ཉིན་ཆས་ཁྲོད་གཟན་ཆག་དཀྲུས་མ་གཙོར་བཟུང་ཞིང་ནུས་ཚད་དང་སྤྲི་དཀར་བཅུད། གཉེར་རྒྱུ་སོགས་ཀྱི་འཚོ་བཅུད་མི་འདང་ན་ད་གཟོད་ཕྲུས་ལེགས་གཟན་ཆག་སྟེར་དགོས། སྟེར་གསོ་བྱེད་སྟངས་ཀྱང་སྔོན་ལ་གཟན་ཆག་དཀྲུས་མ་དང་རྗེས་ནས་གཟན་ཆག་ཕྲུས་ལེགས་སམ་ཡང་ན་གཟན་ཆག་ཕྲུས་ལེགས་དང་དཀྲུས་མ་སྦེབ་བསྲེས་བྱེད་དགོས་ལ། ཕྲུས་ལེགས་གཟན་ཆག་སྟེར་ཚད་ལྡང་ལ་སྟེར་ཐེངས་མང་པོ་བྱེད་དགོས། ཆ་རྐྱེན་ལོངས་པའི་གནས་ཚུལ་འོག་སྣ་ཁ་མང་ཞིང་འཚོ་བཅུད་འཛོམས་པའི་ཕྲུས་ལེགས་གཟན་ཆག་སྟོན་དགོས། ཐོན་སྐྱེད་བྱེད་པའི་ལག་ལེན་ཁྲོད་དུ་ཐོན་སྐྱེད་ཀྱི་དུས་རིམ་དང་ཐོན་སྐྱེད་ཀྱི་དམིགས་ཡུལ་མི་འདྲ་བར་བལྟོས་ནས་འབྲི་གཡག་གི་ཉིན་ཆས་ཁྲོད་སྦེབ་བསྲེས་བྱེད་པའི་གཟན་ཆག་ཕྲུས་ལེགས་དང་དཀྲུས་མའི་བསྡུར་ཚད་ལེགས་སྒྲིག་བྱེད་དགོས། དཔེར་ན་འབྲི་གཡག་ཆོན་གསོ་བྱེད་པའི་སྐབས་སུ། ཉིན་རེའི་ལྡིད་ཚད་ཇི་མཐོར་གཏོང་ཆེད། གཟན་ཆག་དཀྲུས་མ་སྟེར་བའི་དུས་མཚུངས་སུ་ནུས་ཚད་མཐོ་བའི་འབྲུ་རིགས་དང་སྤྲི་དཀར་འཚོ་བཅུད་འདུས་པའི་གཟན་ཆག་སྟེར་དགོས། དུས་མགོར་སྟེར་བའི་གཟན་ཆག་ཁྲོད་དུ་སྤྲི་དཀར་འཚོ་བཅུད་མང་པོ

འདུས་དགོས་ལ། དུས་དཀྱིལ་ལམ་དུས་མཇུག་གི་སྐབས་སུ་ནུས་ཚད་ཅན་གྱི་གཟན་ཆག་སྟེར་དགོས་ཤིང་སྦུས་ལེགས་གཟན་ཆག་ཀྱང་རིམ་གྱིས་ཇེ་མང་དུ་གཏོང་དགོས། དུས་མགོའི་ཡི་ག་ནི་ལྷིད་ཚད་ཀྱི 0.6%ཡིན་པ་དང་། དུས་དཀྱིལ་ནི 0.8% དུས་མཇུག་ནི 1.2%~1.3%བར་ཡིན་དགོས།

ས་བཅད་གཉིས་པ། གཟན་ཆག་སྦུས་ལེགས་ཀྱི་རིགས་དང་བེད་སྤྱོད།

གཅིག གཟན་ཆག་སྦུས་ལེགས་ཀྱི་རིགས།

གཟན་ཆག་སྦུས་ལེགས་ལ་གཙོ་བོ་ནུས་ཚད་ཅན་གྱི་གཟན་ཆག་དང་སྤྱི་དཀར་བཅུད་འདུས་གཟན་ཆག་གཉིས་ཡོད་དེ། དཔེར་ན། འབྲུ་རིགས་དང་། སྨན་རིགས། བཟོ་ལས་ཤོར་ཐོན་དངོས་རྫས། ཚོང་རྫས་གཟན་ཆག་སོགས་ལྟ་བུའོ། །

(གཅིག)ནུས་ཚད་ཅན་གྱི་གཟན་ཆག

འབྲུ་རིགས་དང་དེའི་ཤོར་ཐོན་དངོས་རྫས་ཏེ་དཔེར་ན་ཕུབ་མ་ལ་སོགས་པ་ནི་ནུས་ཚད་ཅན་གྱི་གཟན་ཆག་གི་རིགས་སུ་གཏོགས། ནུས་ཚད་ཅན་གྱི་གཟན་ཆག་ཁྲོད་ཚི་སྣ་སྙིང་པོ་འདུས་ཚད 18%མན་དང་། སྤྱི་དཀར་སྙིང་པོ་འདུས་ཚད 15%མན། ཏན་མེད་སྤང་རྫས 67%~80%བར་ཟིན་དགོས། གཟན་ཆག་འདིའི་རིགས་ཕྲུག་ཕྲུག་ཡིན་པ་དང་འཚོ་བཅུད་མང་བ། འཇུ་ཚད་མཐོ་བ་ཞིག་ཡིན་ཏེ། དཔེར་ན། མ་སྨོས་ལོ་ཏོག་ཁྲོད་ཀྱི་ཏན་མེད་སྤང་རྫས་དེ་འབྲི་གཡག་གིས་འཇུ་ཚད་ནི 90%ཡིན་པས། འབྲི་གཡག་གིས་ཟོས་རྗེས་ཚིལ་མང་པོ་གསོག་ཐུབ། གཟན་ཆག་འདིའི་རིགས་ཀྱི་ཞན་ཆ་ནི་སྤྱི་དཀར་སྙིང་པོ་འདུས་ཚད་དང་གཀའི་འདུས་ཚད་ཉུང་ཞིང་ལིན་འདུས་ཚད་མང་བ་ཡིན།

(གཉིས)སྤྲི་དཀར་བཙུད་འདུས་གཟན་ཆག

སྲན་མ་དང་སྨུམ་རྫས་ལོ་ཏོག་གི་འབྲུ་གུ་སོགས་ཀྱི་ཁྲོད་དུ་སྤྲི་དཀར་རྙིང་པོ་འདུས་ཚད་ནི 20%ཡན་ཡིན་པ་དང་། ཚི་སྣ་རྙིང་པོ་འདུས་ཚད་ནི 18%མན་ཡིན་ན་སྤྲི་དཀར་བཙུད་འདུས་གཟན་ཆག་ཟེར་ཞིང་། གཟན་ཆག་འདིའི་རིགས་ཀྱི་ཁྲོད་དུ་སྤྲི་དཀར་བཙུད་འདུས་ཚད་མཐོ་ལ་འཇུ་ཚད་ཀྱང་མཐོ་བས། གཟན་ཆག་གཞན་པའི་ཁྲོད་དུ་སྤྲི་དཀར་འཚོ་བཙུད་མི་འདང་བ་ཁ་གསབ་བྱེད་ཐུབ་པས། འབྲི་གཡག་གི་འཚོ་བཙུད་དོ་མཉམ་པར་བྱེད་ཐུབ།

(གསུམ)གཟན་ཆག་བསྲེས་མ།

གཟན་ཆག་བསྲེས་མ་ནི་སྒོ་ཟོག་གི་ལུས་ཁམས་གནས་ཚུལ་དང་ཐོན་སྐྱེད་བྱེད་ནུས་ལ་དམིགས་ནས་འཚོ་བཙུད་ཀྱི་དགོས་མཁོ་གང་དག་ཡོད་པ་གཏན་ཁེལ་བྱས་རྗེས། གཟན་ཆག་སྣ་ཚོགས་སྦྱེབ་བསྲེས་བྱས་ཏེ་གྲུབ་པའི་གཟན་ཆག་བསྲེས་མ་ཡིན་ལ། དེ་ནི་གཟན་ཆག་ལས་སྣོན་ཁེ་ལས་ཀྱིས་ཆེད་དུ་ཐོན་སྐྱེད་བྱེད་པ་ཡིན།

1.སྦྱོར་རྒྱུའི་གཟན་ཆག་བསྲེས་མ། འཚོ་བཙུད་ལྡན་པའི་དངོས་རྫས་ཀྱི་སྦྱོར་རྒྱ་དང་འཚོ་བཙུད་མེད་པའི་དངོས་རྫས་ཀྱི་སྦྱོར་རྒྱ། འབྲུ་ཕྱེ་སོགས་བསྡུར་ཚད་ངེས་ཅན་ལྟར་བསྲེས་པ་ཞིག་ཡིན།

2.དོ་མཉམ་གཟན་ཆག་བསྲེས་མ། སྤྲི་དཀར་བཙུད་འདུས་གཟན་ཆག་དང་གཏེར་རྫུའི་གཟན་ཆག སྦྱོར་རྒྱུའི་གཟན་ཆག་བསྲེས་མ་བཅས་སྒོ་ཟོག་ལ་མཁོ་བའི་འཚོ་བཙུད་ལྟར་ལས་སྣོན་བྱས་ནས་གྲུབ་པ་ཞིག་ཡིན།

3.སྨུས་ལེགས་གཟན་ཆག་བསྲེས་མ། དོ་མཉམ་གཟན་ཆག་བསྲེས་མ་དང་སྨུས་ལེགས་གཟན་ཆག་གིས་ལས་སྣོན་བྱས་ནས་གྲུབ་པ་ཡིན་ལ། མང་ཆེ་ཤོས་ནི་འབྲི་གཡག་ལ་ལས་སྣོན་བྱས་པའི་སྨུས་ལེགས་གཟན་ཆག་ཡིན། བེད་སྤྱོད་བྱེད་

དུས་གསལ་བཤད་ཡི་གེའི་སྟེང་གི་མཚན་འགྲེལ་བྱས་པའི་ཕྱུགས་ལེགས་གཟན་ཆག་སྤེལ་བསྐྱེད་ཀྱི་ཚད་གཞི་ལྟར་སྟེར་དགོས།

(བཞི)རྒྱུན་སྤྱོད་ཀྱི་ཕྱུགས་ལེགས་གཟན་ཆག་གི་རྒྱུ་ཆ།

1.མ་རྨོས་ལོ་ཏོག་ནི། འདུ་སླ་ཞིང་ཏན་མེད་སྦྱང་རྫས་འདུ་ཚད་དེ 90%ཡན་ལ་སླེབས་པ་དང་། སྤྲི་དཀར་འཚོ་བཅུད་འདུས་ཚད 7%~9%བར་ཡིན། མ་རྨོས་ལོ་ཏོག་གི་སྤྲི་དཀར་འཚོ་བཅུད་ནང་དུ་ལའི་ཨན་སྐྱུར་དང་སྨོང་ཨན་སྐྱུར། སེ་ཨན་སྐྱུར་སོགས་མེད་པས། འཚོ་བཅུད་མི་འདོམས་པའི་ནུས་མཐོ་གཟན་ཆག་རིགས་ཤིག་ཡིན་ལ། བེད་སྤྱོད་བྱེད་དུས་སྤྲི་དཀར་བཅུད་ལྡན་གཟན་ཆག་སྤེལ་དགོས་པར་མ་ཟད་ཚྭ་དང་བཅུད་རྫི་འགའ་ཡང་ཁ་གསབ་བྱེད་དགོས།

2.ནས་ནི། སྤྲི་དཀར་འཚོ་བཅུད་འདུས་ཚད་ཅུང་མཐོ་སྟེ། ཆེས་མཐོ་ན 14.81%སླེབས་པར་མ་ཟད། ལའི་ཨན་སྐྱུར་མང་པོ་འདུས་པས་གཟན་སྤྱོད་ཀྱི་རིན་ཐང་ཆེན་པོ་ལྡན། ནས་རྡོག་ནི་ཏ་ཅང་བཟང་བའི་ཕྱུགས་ལེགས་གཟན་ཆག་ཡིན་ཞིང་། དེའི་སོག་མ་ནི་གཟན་རྩྭ་བཟང་པོ་ཡིན་ཏེ། སྤྲི་དཀར་འཚོ་བཅུད 4% འདུས་པ་དང་འཚོ་བཅུད་ལེགས་ཤིང་ཁ་ལ་འགྲོད་པས། མཐོ་སྒང་ས་ཁུལ་གྱི་སྔོ་ཐོག་གི་དགུན་དུས་ཀྱི་གཟན་རྩྭ་གཙོ་བོ་ཡིན།

3.འབའ་ཆ་ནི། སྤྲི་དཀར་འཚོ་བཅུད 35%~36%འདུས་ཤིང་། དེའི་ནང་དུ་འདུ་ཐུབ་པའི་སྤྲི་དཀར་འཚོ་བཅུད 27.79%འདུས་པ་ཡིན། ཚལ་སོན་སྤྲི་དཀར་འཚོ་བཅུད་ཀྱི་ཁྲོད་དུ་ཨན་གཞི་སྐྱུར་དང་ལེའོ་འདུས་ཨན་གཞི་སྐྱུར་……འབོར་ཆེན་ཡོད་ལ། ཨན་གཞི་སྐྱུར་གྱི་བསྡུར་ཚད་འོས་འཚམ་ཡིན་པས། སྤུན་ཆེན་ཁྲོད་ཀྱི་སྤྲི་དཀར་དང་ཕལ་ཆེར་གཅིག་མཚུངས་ཡིན། དེའི་མི་ཚད་འབའ་ཆའི་ཁྲོད་ད་དུང་གའི་དང་ལེན། མའི་སོགས་ཀྱི་གཞི་རྒྱུ་དང་བཅུད་རྫི་སྣ་ཚོགས་འདུས་པས། ཏ་ཅང་ལེགས་པའི་གཟན་ཆག་གི་འབྱུང་ཁུངས་ཡིན།

4.ཕུབ་མ་ནི། གྲོ་ཕྱེ་ལས་སྣོན་བྱས་རྗེས་ཀྱི་ཞོར་ཐོན་དངོས་རྫས་ཡིན་ལ། དེའི་འཚོ་བཅུད་ཀྱི་རིན་ཐང་ནི་ལས་སྣོན་བྱས་པ་ཞིབ་ཚགས་ཡིན་མིན་ལྟར་ཁྱད་པར་ཆེ། སྤུས་ལེགས་གྲོ་ཕྱེ་ཕུབ་མའི་འཚོ་བཅུད་རིན་ཐང་ཅུང་ཆེ་ལ། གྲོ་ཕྱེ་ཞན་གྲས་ཀྱི་ཕུབ་མའི་འཚོ་བཅུད་རིན་ཐང་ཅུང་དམའ། ཕུབ་མའི་ཁྲོད་དུ་རྩི་བཅུད B ཕུན་སུམ་ཚོགས་པོ་འདུས་པ་དང་། སྤྲི་དཀར་འཚོ་བཅུད་ཀྱི་འདུས་ཚད 12% ~17%བར་ཡིན་ཞིང་ཁ་ལ་འཕྲོད་པས། བཤལ་རྒྱུ་ཇུང་བ་དང་བཅུད་སྦྱོར་ལུས་གསོའི་ནུས་པ་ལྡན་ལ་གེའི་འདུས་ཚད་ཇུང་བ་དང་ལིན་མང་བ་རེད།

གཉིས། སྤུས་ལེགས་གཟན་ཆག་བེད་སྤྱོད།

ས་ཆ་སོ་སོས་འབྲི་གཡག་དང་རྟོལ་ལ་སྟེར་བའི་སྤུས་ལེགས་གཟན་ཆག་གཙོ་བོར་ནས་དང་གྲོ། འབའ་ཆ། ཕུབ་མ། གཅིན་རྒྱུ་སོགས་ཡིན་ལ། སྤུས་ལེགས་གཟན་ཆག་འདི་འབྲོག་ཁུལ་ནས་གཙོ་བོ་གྲང་ངར་ཆེ་དུས་གཟན་རྩྭ་དཀོན་པ་དང་ཚོན་གསོ་བྱེད་པའི་སྐབས་སུ་བེད་སྤྱོད་བྱེད་པ་ཅུང་མང་སྟེ། གྲང་ངར་ཆེ་དུས་འབྲི་གཡག་ནུས་ཚད་དང་སྤྲི་དཀར་བཅུད། གཏེར་རྒྱུ་སོགས་ཀྱི་འཚོ་བཅུད་ཁག་ཐེག་བྱེད་པའམ་ཚོན་གསོ་བྱེད་པའི་ཕན་འབྲས་ཆེ་རུ་གཏོང་དགོས། གྲང་ངར་ཆེ་བའི་དུས་སུ་སྤུས་ལེགས་གཟན་ཆག་ཟུར་སྣོན་བྱེད་ཚད་དེ་རྩྭ་རའི་གནས་ཚུལ་ལྟར་གཏན་འབེབས་བྱེད་དགོས། འཚོ་སྐྱོང་བྱེད་ཞོར་གཟན་ཆག་ཟུར་སྣོན་བྱེད་དུས། རྩྭ་རའི་ཐོན་ཁུངས་བཟང་བའི་ཆ་རྐྱེན་འོག་ཏུ་སྤུས་ལེགས་གཟན་ཆག་སྟེར་ཚད་དེ་འབྲི་གཡག་གི་ལྗིད་ཚད་ཀྱི 1%ཙམ་ནས་ཚོད་འཛིན་བྱེད་དགོས། སྟོམ་གསོ་བྱེད་དུས་སུ་སྤུས་ལེགས་གཟན་ཆག་སྟེར་ཚད་རིམ་བཞིན་ཇེ་མང་དུ་བཏང་ཆོག་ལ། དུས་མགོ་དང་དུས་དཀྱིལ། དུས་མཇུག་གི་སྐབས་སུ་ཉིན་ཆས་ཁྲོད་དུ་སྤུས་ལེགས་གཟན་ཆག་ཟིན་ཚད་ནི 40%དང 60% 65%བཅས་ཡིན་ལ། གཤམ་གསལ་ནི་འབྲི་གཡག་ཚོན་གསོ་བྱེད་པའི་སྤུས་ལེགས་གཟན་ཆག་སྦྱེབ་

ཚུལ་གཉིས་ཡིན།

1.སྡེབ་ཚུལ་དང་པོ།

དུས་མགོ་དང་དུས་དཀྱིལ་ལ(%)ནས 70དང་། འབའ་སློགས་རིགས 24 སྤྱུར་རྫ 3 ཚ 1 ལིན་སྤྱུར་ཆེན་ཀའི 2བཅས་ཡིན། དུས་མཇུག་ལ(%) ནས 90 འབའ་སློགས་རིགས 6 སྤྱུར་རྫ 2 ཚ 1 ལིན་སྤྱུར་ཆེན་ཀའི 1 བཅས་སྡེབ་དགོས།

2.སྡེབ་ཚུལ་གཉིས་པ།

དུས་མགོ་དང་དུས་དཀྱིལ་ལ(%) མ་སྨོས་ལོ་ཏོག 50 སྣུན་ཆེན 20 ཕུབ་མ 10 གྲོ་ཕྱེ 19 ཚ 1བཅས་དང་། དུས་མཇུག་ལ(%) མ་སྨོས་ལོ་ཏོག 60 སྣུན་ཆེན 15 ཕུབ་མ 10 གྲོ་ཕྱེ 14 ཚ 1བཅས་སྡེབ་དགོས།

ས་བཅད་གསུམ་པ། རྩྭ་སྐྱའི་རིགས་དང་བེད་སྤྱོད།

གཅིག རྩྭ་སྐྱའི་རིགས།

དེ་ནི་རང་བྱུང་རྩྭ་སའི་སྔོ་རྩྭའམ་བཏབ་རྩྭ་བྲེགས་རྗེས། རང་བྱུང་ངམ་མིས་ཐབས་ལ་བརྟེན་ནས་སྐམ་པ་ཞིག་ཡིན་ལ། སྤུས་ལེགས་རྩྭ་སྐྱ་དེ་མདོག་སྔོ་ལྗང་དང་ལོ་མ་མང་ཞིང་སླ་མོ། དྲི་མ་ཞིམ་པ་ཞིག་སྟེ། རྩྭ་སྐྱའི་ཁྲོད་དུ་སྤྲི་དཀར་བཅུད་རྩིང་པོ་འདུས་ཚད་ཉུང་མཐོ་སྙེ་ཏ་ལས 8.3%དང་། ཚི་སྣ་རྩིང་པོ་འདུས་ཚད་ནི་ཏ་ལས 33.7 ད་དུང་བཅུད་རྩི་དང་གཏེར་རྫུ་ཉུང་མང་པོ་འདུས་ཤིང་ཁ་ལ་འཕྲོད་པས། སྒོ་ཐྲོག་གིས་དགུན་སྐྱེལ་བའི་གཟན་ཆག་བཟང་པོ་ཡིན། རྩྭ་སྐྱའི་རིགས་ལ་མིག་སྔར་ད་དུང་གཅིག་གྱུར་གྱི་རིགས་དཀར་ཚུལ་ཞིག་མེད་པས། སྤྱིར་བཏང་དུ་རིགས་དཀར་ཚུལ་མི་འདྲ་བ་ལ་བརྟེན་ནས

རིགས་མང་པོར་དབྱེ་ཆོག

(གཅིག)གཟན་རྩྭའི་རིགས་སམ་རྩེ་ཞིང་རིག་པའི་དབྱེ་སྟངས།

རྒྱུན་མཐོང་གི་དབྱེ་སྟངས་ལ་སྐྱེ་མ་ཅན་གྱི་སྐྱེ་དངོས་དང་སྤྲན་རིགས། ལུག་མིག་གི་རིགས། འདབ་མ་བཞི་ལྡན་གྱི་མེ་ཏོག་གི་རིགས་སོགས་ཡོད་ལ། རིགས་སོ་སོར་ཡང་གཟན་རྩྭ་རིགས་ཀྱི་མིང་ལྟར་རྩྭ་སྐྱའི་མིང་བཏགས་ཆོག་སྟེ། དཔེར་ན་འབུ་སུ་ཏང་གི་རྩྭ་སྐྱ་ནི་སྤྲན་རིགས་རྩྭ་སྐྱ་ཡིན་པ་དང་། གྲོ་ནག་རྩྭ་སྐྱ་ནི་སྐྱེ་མ་ཅན་གྱི་སྐྱེ་དངོས་རྩྭ་སྐྱ་ཡིན་པ་སོགས་ལྟ་བུ།

1.སྤྲན་རིགས་རྩྭ་སྐྱ་ལ་འབུ་སུ་ཏང་རྩྭ་སྐྱ་དང་། རྩྭ་འདབ་གསུམ་མ། སྤྲན་ཆེན་གྱི་རྩྭ་སྐྱ་སོགས་འདུས་ལ། རྩྭ་སྐྱ་འདིའི་རིགས་སྤྲི་དཀར་འཚོ་བཅུད་དང་ཀའི། གུང་ལ་ཕུག་གི་བཅུད་སོགས་ཕུན་སུམ་ཚོགས་པོ་འདུས་པས་འཚོ་བཅུད་ཀྱི་རིན་ཐང་ཅུང་ཆེ་བ་ཡིན། རྩྭ་གཟན་སྒོ་ཟོག་ལ་སྟེར་གསོ་བྱེད་དུས་གཟན་ཆག་ཁྲོད་ཀྱི་སྤྲི་དཀར་འཚོ་བཅུད་ཁ་གསབ་བྱས་ཆོག་པ་རེད།

2.སྐྱེ་མ་ཅན་གྱི་སྐྱེ་དངོས་རིགས་ཀྱི་རྩྭ་སྐྱ་ལ་ལུག་རྩྭ་དང་འཁྲུགས་རྩྭ། གྲོ་ནག་རྩྭ། སུའུ་ཏན་རྩྭ་སོགས་འདུས་ལ། རྩྭ་སྐྱ་འདིའི་རིགས་ཀྱི་འབྱུང་ཁུངས་རྒྱ་ཆེ་ཞིང་མང་བ་དང་ཁ་ལ་འགྲོད་པས། རང་བྱུང་རྩྭ་ས་རུ་མང་ཆེ་ཤོས་ནི་སྐྱེ་མ་ཅན་གྱི་གཟན་རྩྭ་ཡིན་པ་དང་། དེ་ནི་འབྲོག་ཁུལ་དང་ཞིང་ཕྱོགས་གཉིས་འཛོམས་ས་ཁུལ་གྱི་གཟན་རྩྭ་གཙོ་བོ་ཡིན།

3.འབྲུ་རིགས་རྩྭ་སྐྱ་ལ་མ་སྨོས་ལོ་ཏོག་གི་སོག་ཧང་དང་གྲོའི་སོག་མ། ཡུག་པོའི་སོག་མ། ཁྲི་སོག་སོགས་འདུས་ལ། སྐྱེ་མ་ཐོན་པ་དང་འབྲུ་ཤ་རྒྱས་པའི་སྐབས་སུ་བྲེགས་ནས་སྡེབ་པ་ཞིག་ཡིན། རྩྭ་སྐྱ་འདིའི་རིགས་ཁྲོད་ཚོ་སྣ་རྩེང་པོ་ཅུང་མང་པོ་འདུས་པས། ཞིང་ལས་ས་ཁུལ་ནས་སྒོ་ཟོག་ལ་སྟེར་བའི་གཟན་རྩྭ་གཙོ་བོ་ཡིན།

4.རྩ་སྐྱ་གཞན་རིགས་ནི་སྔོང་ལོ་དང་སྔོ་ཚལ། ཐང་སྐྱེ་རྩའི་རིགས་དང་སྔོ་ཚལ་སོགས་བསྡེབས་ནས་གྲུབ་པ་ཞིག་ཡིན།

(གཉིས)འདེབས་གསོ་བྱེད་སྟངས་ལྟར་དབྱེ་བ།

སྔོ་རྩ་འདེབས་གསོ་བྱེད་སྟངས་དང་འབྱུང་ཁུངས་ལྟར་སྣ་ཁ་གཅིག་གི་རྩ་སྐྱ་དང་། བསྲེས་འདེབས་བྱེད་པའི་རྩ་སྐྱ། ཐང་སྐྱེ་རྩ་སྐྱ་བཅས་སུ་དབྱེ་ཆོག་སྟེ། དཔེར་ན་འབུ་སུ་ཧྲང་གི་རྩ་སྐྱ་ནི་སྣ་ཁ་གཅིག་གི་རྩ་སྐྱ་དང་། འདབ་གསུམ་དང་གྲོ་ནག་རྩ་ནི་བསྲེས་འདེབས་བྱས་པའི་རྩ་སྐྱ་ཡིན། རྩ་ཐང་དུ་བྲིགས་པའི་ཐང་སྐྱེ་སྔོ་རྩ་སྐམ་པ་ནི་ཐང་སྐྱེ་རྩ་སྐྱ་ཡིན།

(གསུམ)སྐམ་ཐབས་ལྟར་དབྱེ་བ།

རྩ་སྐྱ་སྡེབ་བསྲེས་བྱེད་དུས་ཀྱི་སྐམ་ཐབས་ལྟར་ཉི་སྐམ་རྩ་སྐྱ་དང་གྲིབ་སྐམ་རྩ་སྐྱ་རིགས་གཉིས་སུ་དགར་ཆོག་ལ། རིགས་དགར་ཐབས་འདིས་འཛད་སྤྱོད་པར་རྩ་སྐྱའི་ཕྲུས་ཚད་གསལ་སྟོན་བྱེད་ཐུབ། ཕྱིར་བཏང་དུ་གྲིབ་སྐམ་བྱས་པའི་རྩ་སྐྱའི་ཕྲུས་ཚད་དེ་ཉི་མར་སྐམ་པའི་རྩ་སྐྱ་ལས་བཟང་བ་དང་། དེ་ནི་རྩ་ཕྱེ་དང་རྩ་རྫོག་ལས་སྟོན་བྱེད་པའི་རྒྱུ་ཆ་ཡིན།

གཉིས། རྩ་སྐྱ་སྡེབ་བསྲེས་དང་བེད་སྤྱོད།

རྩ་སྐྱ་སྡེབ་བསྲེས་བྱེད་ཐབས་ལ་གཙོ་བོ་རང་བྱུང་གི་སྐམ་ཐབས་དང་མིས་ཐབས་ཀྱིས་སྐམ་ཐབས་གཉིས་ཡོད།

(གཅིག)རང་བྱུང་གི་སྐམ་ཐབས།

རང་བྱུང་གི་སྐམ་ཐབས་འདི་ལ་སྒྲིག་ཆས་དམིགས་བསལ་ཞིག་མི་དགོས་ལ། མིག་སྔར་རྒྱལ་ནང་དུ་རྒྱུན་སྤྱོད་ཀྱི་སྐམ་ཐབས་ཤིག་ཡིན། རང་བྱུང་གི་སྐམ་ཐབས་ལའང་ས་ངོས་ཀྱི་སྐམ་ཐབས་དང་རྩ་སྒྲོམ་གྱི་སྐམ་ཐབས་བཅས་རིགས……གཉིས་སུ་དབྱེ་ཆོག

1.ས་ངོས་ཀྱི་སྐམ་ཐབས་ནི། གཟན་རྩྭ་བྲེགས་རྗེས་སུ་ས་ངོས་ནས་ཆུ་ཚོད་6~7བར་ལ་སྐམ་སྟེ། ཆུའི་འདུས་ཚད་40%~50%ལ་ལྷུང་རྗེས། རྩྭ་རུག་འཁྱིལ་འཁོར་གྱིས་གཅིག་ཏུ་རུག་ནས་སྤུ་མཐུད་དུ་ཆུ་ཚོད་4~5ལ་སྐམ་དགོས་པར་མ་ཟད། གནམ་གཤིས་ཀྱི་གནས་ཚུལ་དང་གཟན་རྩྭའི་ཆུ་འདུས་ཚད་གཞི་ལྟར་ཁ་ལོག་བརྗེས་ནས་ཉི་མར་སྐམ་ནས། ལྷན་ཚད་35%~40%བར་ལ་ལྷུང་དུས། གཟན་རྩྭའི་ལོ་མ་ལྷུང་མགོ་བརྩམས་པས། འཚོ་བཅུད་ཀྱི་རིན་ཐང་ཅུང་ཆེ་བའི་ལོ་མ་གསོག་ཉར་བྱེད་ཐུབ། རྩྭ་རུག་བྱེད་ན་གཟན་རྩྭར་བརྟན་ཆུའི་འདུས་ཚད་35%~40%ལས་མི་དམའ་བའི་སྐབས་སུ་སྒྲུབ་དགོས། སྐམ་ས་ནས་རྩྭ་སྐྱི་སྡེབ་བསྡེབས་བྱེད་དུས། དྲོད་གྲངས་ཅུང་མཐོ་བ་དང་མཁའ་དབུགས་སྐམ་པས། གཟན་རྩྭ་སྐམ་ན་མགྱོགས་པ་དང་། རྩྭ་འབྲེག་པ་དང་རུག་རྒྱུ་མཉམ་གཅིག་ཏུ་སྤེལ་ཆོག

2.རྩྭ་སྒྲོམ་སྐམ་ཐབས། གཟན་རྩྭ་འབྲེག་དུས། ཆར་ཆུ་མང་བའམ་མཁའ་དབུགས་བརྟན་ཆེ་བའི་སྐབས་སུ། ཆེད་དུ་བཟོས་པའི་རྩྭ་སྐམ་སྒྲོམ་བུ་སྤྱད་ནས་བསིལ་སྐམ་བྱེད་དགོས། རྩྭ་སྐམ་གཞི་སྒྲོམ་ལ་གཙོ་བོ་གདུང་སྒྲོམ་དང་ཟུར་གསུམ་སྒྲོམ་བུ། ལྕགས་སྐུད་སྒྲོམ་བུ་སོགས་ཡོད་ལ། ཐབས་ཤེས་ནི་གཟན་རྩྭ་བྲེགས་རྗེས་སུ་ས་ངོས་ནས་ཉིན0.5~1ལ་བསྐམས་རྗེས་རྩྭ་སྒྲོམ་སྟེང་དུ་འཇོག་དགོས་ཤིང་། གལ་སྲིད་ཆར་བབས་ན་ཐད་ཀར་དུ་རྩྭ་སྒྲོམ་སྟེང་དུ་བཞག་ནས་སྐམ་ཆོག རྩྭ་སྐམ་གཞི་སྒྲོམ་གྱི་སྟེང་དུ་བཞག་ནས་གཟན་རྩྭ་སྐམ་ཐབས་བྱེད་པ་འདི་ལ་ཡོ་བྱད་མང་ཙམ་མཁོ་མོད། འོན་ཀྱང་དེ་ལྟར་སྐམ་པའི་རྩྭ་སྐྱའི་སྤུས་ཀ་ཅུང་བཟང་བ་དང་འཚོ་བཅུད་ཀྱི་གྱོང་གུན་དེ་ས་ངོས་ནས་སྐམ་པ་ལས5%~10%ཡི་རྗེ་ཉུང་དུ་གཏོང་ཐུབ།

(གཉིས)མིས་ཐབས་ཀྱིས་སྐམ་པ།

མིས་ཐབས་ཀྱིས་སྐམ་པའི་ཁྱད་ཆོས་ནི་གཟན་རྩྭ་རང་བྱུང་གནམ་གཤིས་ལ་བརྟེན་ནས་སྐམ་པའི་བརྒྱུད་རིམ་ཁྲོད་འཚོ་བཅུད་ཤོར་བ་ཇེ་ཉུང་དུ་བཏང་ན་གཟན་རྩྭའི་འཚོ་བཅུད་ཅུང་མང་པོ་སྲུང་འཛིན་བྱེད་ཐུབ། མིས་ཐབས་ཀྱིས་སྐམ་སྟངས་གཙོ་བོ་ལ་གློག་སྒྲུད་ཀྱིས་སྐམ་ཐབས་དང་ཚ་ཚད་མཐོ་བས་སྐམ་ཐབས་གཉིས་ཡོད།

1.གློག་སྒྲུད་ཀྱི་སྐམ་ཐབས། ཐབས་ཤེས་འདིས་གཟན་རྩྭ་མགྱོགས་མྱུར་གྱིས་སྐམ་ཐུབ་སྟེ། རྩྭ་སྤུང་ར་བ་དང་རྩྭ་ཁང་ནང་དུ་གློག་སྒྲུད་འཕྲུལ་འཁོར་བཙུགས་ཤིང་། གློག་སྒྲུད་འཕྲུལ་འཁོར་གྱིས་གློག་རླུང་བཏང་བ་བརྒྱུད་ནས་རྩྭ་སྐམ་པ་ཡིན།

2.ཚ་ཚད་མཐོ་བས་སྐམ་ཐབས། གཟན་རྩྭ་གཏུབ་ནས་སྲོ་སྐམ་འཕྲུལ་འཁོར་ནང་དུ་བཞག་ཅིང་། ཚ་རླུང་གིས་གཟན་རྩྭ་མྱུར་དུ་སྐམ་པའི་ཐབས་ཤེས་ཤིག་ཡིན། སྐམ་ཡུན་གྱི་རིང་ཐུང་དེ་སྲོ་སྐམ་འཕྲུལ་འཁོར་བཟོ་དབྱིབས་དང་གཟན་རྩྭའི་བརླན་ཚད་ལ་གཞིགས་ནས་གཏན་ཁེལ་བྱེད་པ་ཡིན་ཏེ། སྲོ་སྐམ་འཕྲུལ་འཁོར་ལ་ལའི་ནང་འཇུག་དྲོད་གྲངས་75℃~260℃དང་། ཕྱིར་ལེན་དྲོད་གྲངས་ནི་60℃~260℃ཡིན། སྲོ་སྐམ་འཕྲུལ་འཁོར་གྱི་དྲོད་གྲངས་ཧ་ཅང་མཐོ་ན་ཡང་། གཟན་རྩྭ་སྲོ་སྐམ་འཕྲུལ་འཁོར་ནང་དུ་བཞག་རྗེས་སུ་དྲོད་གྲངས་30℃~35℃ལས་བརྒལ་བ་ཧ་ཅང་ཉུང་། སྐམ་ཐབས་འདིས་འཚོ་བཅུད་ཤོར་བ་ཧ་ཅང་ཉུང་སྟེ། དཔེར་ན་དུས་མགོར་བྲེགས་པའི་འབུ་སུ་ཧང་སྐམ་པའི་རྩྭ་སྐྱུའི་ཁྲོད་སྤྲི་དཀར་སྙིང་པོ་འདུས་ཚད་ནི་20%ཡིན། གུང་ལ་ཕྱུག་གི་བཅུད་འདུས་ཚད་ན་སྤྱི་རྒྱ་རེ་ལ་ཧའོ་ཁེ200~400དང་ཆོ་སྣ24%མན་འདུས།

(གསུམ)རྩྭ་ཁྲིས་བཟོ་ཐབས།

གཟན་རྩྭ་བསྐམས་ནས་ཚད་ངེས་ཅན་ཞིག་ལ་སྙོན་རྗེས་དོ་རྒྱག་འཕྲུལ་

ཆས་ཀྱིས་ཁྲིས་པོ་བཟོས་ནས་སྐྱེལ་འདྲེན་དང་གསོག་ཉར་བྱེད་པར་སྟབས་བདེ་བཟོ་དགོས་པར་མ་ཟད། རྩྭ་སྐམ་གྱི་འདྲི་མ་དང་ཆོན་མདངས་ཀྱང་སྲུང་འཛིན་བྱེད་ཐུབ། དོ་རྒྱུག་འཕྲུལ་ཆས་ཀྱི་སྣ་ཁ་མི་འདྲ་བ་ལ་བརྟེན་ནས་ཁྲིས་དབྱིབས་གྲུ་བཞི་དང་ཟླུམ་པོ་གཉིས་ཡོད། རྩྭ་ཁྲིས་གྲུ་བཞི་ཅན་ལ་གྲུ་བཞི་ནར་མོ་ཆེ་བ་དང་ཆུང་ངུ་གཉིས་ཡོད་དེ། ཆུང་ངུ་སྐྱེལ་འདྲེན་བྱེད་སླ་བ་དང་ལྗིད་ཚད་ལ་སྤྱི་གྲམ 14~68 བར་ཡོད། གྲུ་བཞི་ནར་མོ་ཆེ་རིགས་ཀྱི་ལྗིད་ཚད་ལ་ཏོན 0.82~0.91ཡོད། རྩྭ་ཁྲིས་ཟླུམ་པོ་ལ་ཀ་ཟླུམ་དབྱིབས་ཅན་གྱི་དོ་རྒྱུག་འཕྲུལ་ཆས་ཀྱིས་སྤྱི་གྲམ 600~800 ཡི་རྩྭ་ཁྲིས་བཟོ་བ་དང་། རྩྭ་ཁྲིས་ཀྱི་རིང་ཐུང་ལ་སྨིད 1.0~0.7བར་དང་། ཚངས་ཐིག་ལ་སྨིད 1.0 ~1.8བར་ཡིན། ཞིང་ཁུག་ནས་སྤུངས་ན་ཡུན་རིང་དུ་འཇོག་ཐུབ་ལ། ཡང་ན་ཆུ་འབུད་བདེ་ས་ནས་གྲལ་ལྟར་སྒྲིག་ན་འང་ཆོག་མོད། འོན་ཀྱང་མཐོན་པོར་བརྩེགས་མི་རུང་སྟེ། སྤྱིར་བཏང་དུ་རྩྭ་ཁྲིས་གསུམ་གྱི་མཐོ་ཚད་ལས་བརྒལ་མི་རུང་། ཀ་ཟླུམ་ཅན་གྱི་རྩྭ་ཁྲིས་ཞིང་ཁུག་ནས་སྒོ་ཟོག་ལ་བྱིན་ཆོག་ཅིང་། ཕྱུགས་ར་ནས་བྱིན་ཡང་ཆོག་པ་རེད།

རྩྭ་སྐམ་གྱི་སྤུས་ཚད་ཁག་སྲུང་བྱེད་ཆེད། ཁྲིས་པོ་བཟོ་དུས་ངེས་པར་དུ་རྩྭ་བཟ་བསྡུ་བྱེད་སྐབས་ཀྱི་བརླན་ཚད་ཚོད་འཛིན་བྱེད་དགོས་ཏེ། གསོག་ཉར་བྱེད་དུས་མི་རུལ་བར་སྔོན་འགོག་བྱེད་དགོས། སྤྱིར་བཏང་དུ་ཁྲིས་པོ་བཟོ་དུས་སུ་གཟན་རྩྭའི་ཆུ་འདུས་ཚད་དེ 15%~20%བར་ཡིན་དགོས། རུལ་འགོག་རྫས་སྐྱུར་ག་པ་གཏོར་དུས་སུ་རྩྭ་ཁྲིས་ཀྱི་བརླན་ཚད་དེ 30%ལ་སླེབས་ཐུབ་པས། ལོ་མ་དང་མེ་ཏོག་གི་བང་རིམ་སོགས་ཆད་ནས་འཕྲུལ་ཆས་གཏོར་སྐྱོན་བཟོ་བར་སྔོན་འགོག་བྱེད་ཐུབ།

(བཞི)རྩྭ་སྐམ་གསོག་ཉར།

རྩྭ་སྐམ་གསོག་ཉར་བྱེད་དུས་ངེས་པར་དུ་བྱེད་ཐབས་ཡང་དག་སྤྱད་ན། ད

གཟོད་འཚོ་བཅུད་ཀྱི་རིགས་ཤོར་ཚད་ཇེ་ཞུང་དུ་གཏོང་ཐུབ། གལ་སྲིད་གསོག་ཉར་བྱེད་ཐབས་ཐོས་འཚམ་མིན་ན་རྩྭ་སྐྱ་རུལ་འགྲོ་བས། གཟན་ཆག་གི་སྤྱོད་པའི་རིན་ཐང་ཇེ་ཆུང་དུ་འགྲོ་བའི་དུས་མཚུངས་སུ་དུང་དུང་མེ་སྐྱོན་ཡང་འབྱུང་ཉེན་ཆེ།

1.རྩྭ་སྐྱ་སྤུངས་གསོག

རྩྭ་སྐྱའི་བརླན་ཆུ་འདུས་ཚད 15%~18%ལ་སླེབ་དུས་གསོག་ཉར་བྱས་ཆོག་སྟེ། རྩྭ་སྐྱའི་ཕུང་པོ་ཆེ་བས་ཕྱི་རོལ་ནས་སྤུངས་པའི་གསོག་ཐབས་སྤྱད་པ་མང་ལ་རྩྭ་ལྡོག་གི་དབྱིབས་ཟླུམ་པོའམ་གྲུ་བཞི་ནར་མོ་ལྟར་སྤུངས་ཆོག་ལ། རྩྭ་ལྡོག་གི་ཆེ་ཆུང་དེ་རྩྭ་སྐྱའི་གྲངས་འབོར་ལྟར་གཏན་འབེབས་བྱེད་པ་ཡིན། རྩྭ་ལྡོག་སྤུང་དུས་ས་བབ་མཐོ་ལ་སྐམ་པོ་ཡིན་པའི་ས་གནས་འདེམ་དགོས་ལ། རྩྭ་ལྡོག་གི་འོག་ཏུ་སྡོང་རྐང་ངམ་སོག་མ་སོགས་འདིང་དགོས་ཤིང་། སྲབ་མཐུག་ལ་ལིས་སྨིད 25ལས་ཞུང་མི་རུང་བ་དང་། རྩྭ་སྐྱ་ས་ངོས་ལ་ཐུག་མི་རུང་བར་མ་ཟད་རྩྭ་ལྡོག་གི་མཐའ་སྐོར་དུ་ཆུ་རྐ་བཀོ་དགོས། རྩྭ་སྤུངས་པའི་སྐབས་སུ་རིམ་པ་རེ་རེ་བཞིན་དམ་པོར་གནོན་དགོས་ལ། ཁྱད་པར་དུ་རྩྭ་ལྡོག་གི་དཀྱིལ་ལམ་སྟེང་དུ་མནན་ནས་དམ་པོ་དང་བརྟན་པོ་བྱེད་དགོས།

རྩྭ་སྐྱ་སྤུངས་གསོག་བྱེད་ཐབས་འདི་སྟབས་བདེ་ཡིན་ནའང་། ཉི་མ་དང་ཆར་ཆུ། རླུང་སོགས་ཀྱི་ཤུགས་རྐྱེན་ཐེབས་སླ་བས། འཚོ་བཅུད་ཤོར་བར་མ་ཟད། ད་དུང་རུལ་ཉེན་ཡང་ཆེ་སྟེ། རྩྭ་སྐྱ་ཕྱི་རོལ་ནས་སྤུངས་ན། འཚོ་བཅུད་ཤོར་ཚད་དེ 23%~30%ལ་སླེབས་པ་དང་། གྲུང་ལ་ཕྲུག་གི་བཅུད་ཤོར་ཚད 30%ཡན་ལ་སླེབས་པ་ཡིན། རྩྭ་ལྡོག་སྐམ་པོ་ལོ་གཅིག་ལ་ཉར་རྗེས། རྩྭ་ལྡོག་ཟུར་ངོས་རུལ་བའི་མཐུག་ཚད་ལིས་སྨིད 10ལ་སླེབས་པ་དང་། རྩྭ་ལྡོག་གི་རྩེ་སྣེ་རུལ་བའི་མཐུག་ཚད་ལིས་སྨིད 25 ཞབས་ཀྱི་རྩྭ་ལྡོག་རུལ་བའི་མཐུག་ཚད་ལིས་སྨིད

50ལ་སླེབས་ངེས་པས། རྩྭ་ལྗོག་ཧེ་མཐོར་བཏང་ན་རྩྭ་སྐྱ་སྲུངས་པའི་གཟན་རྩྭའི་གྲོང་གུན་ཧེ་ཉུང་དུ་གཏོང་ཐུབ།

2.རྩྭ་ཁྲེས་གསོག་ཉར། རྩྭ་ཁྲེས་ཀྱི་ཕུང་པོ་ཆུང་ལ་ལྷིད་པས། སྐྱེལ་འདྲེན་བྱེད་བདེ་བ་དང་གསོག་ཉར་ཡང་བྱེད་བདེ་ལ། རྩྭ་ལྗོག་གི་ཆེ་ཆུང་དེ་རྩྭ་སྐྱའི་མང་ཉུང་ལ་དམིགས་ནས་གཏན་ཁེལ་བྱེད་པ་ཡིན། ཕྱི་རོལ་ནས་སྲུངས་གསོག་བྱས་ཚོག་པ་ལས་ད་དུང་ཆེད་སྤྱོད་ཀྱི་མཛོད་ཁང་ངམ་རྩྭ་ཁང་ནང་དུ་གསོག་ཉར་བྱས་ཚོག རྩྭ་ཁང་སྟབས་བདེ་ཅན་ལ་ཀ་དང་ཀླད་ཙམ་ལས་ཕྱོགས་བཞི་པོར་གྱང་མེད་པས། མ་རྩ་ཉུང་བ་དང་། རྩྭ་སྐྱ་རྩྭ་ཁང་དུ་གསོག་ཉར་བྱས་ན་གྲོང་གུན་ཆུང་སྟེ། འཚོ་བཅུད་ཤོར་ཚད 1% ~2%བར་དང་། གུང་ལ་ཕུག་གི་བཅུད་ཤོར་ཚད 18%~19%བར་ཡིན། རྩྭ་སྐྱ་ཕྱུགས་རའི་ཉེ་འཁོར་དུ་གསོག་ཉར་བྱས་ན་འབྲི་གཡག་ལ་སྟེར་གསོ་བྱེད་པར་སྟབས་བདེ་ཡིན།

(ལྔ)རྩྭ་སྐྱ་སྟེར་གསོ།

སོ་རྩྭ་སྐམ་པོ་ནི་དགུན་དཔྱིད་དུས་སུ་རྩྭ་གཟན་སྒོ་ཟོག་གི་གཟན་ཆག་གཙོ་བོ་ཡིན་ཏེ། རྩྭ་སྐྱ་བཟང་ཤོས་ནང་དུ་འདུས་པའི་འཚོ་བཅུད་ཀྱི་འབྲི་གཡག་ལ་མཁོ་བའི་འཚོ་བཅུད་འདང་བར་མ་ཟད་ཤེད་ཀྱང་འབུད་ཐུབ་མོད། འོན་ཀྱང་ཐོན་སྐྱེད་བྱེད་པའི་སྐབས་སུ་རྩྭ་སྐྱ་རྐྱང་རྐྱང་གཟན་ཆག་གི་གྲུབ་པ་མ་ཡིན་པར། སྤྱིར་བཏང་དུ་སོག་མའམ་སོ་རྩྭ་ཙུང་ཙམ་བསྲེས་ནས་རྩྭ་སྐྱའི་ཚབ་བྱེད་པ་དང་། དེ་ནས་སྲུས་ལེགས་གཟན་ཆག་ཙུང་ཙམ་ཡང་ཟུར་དུ་བསྣན་ནས་གཟན་ཆག་གི་མ་རྩ་ཧེ་ཉུང་དུ་བཏང་བ་ཡིན། ལྟོ་གཅིན་གྱི་འབག་བཙོག་དང་འཕྲོ་བརླག་མི་བྱེད་པའི་ཆེད་དུ། རྩྭ་སྐྱ་སྤྱིར་བཏང་དུ་རྩྭ་སྒྲོམ་སྟེང་དུ་བཞག་ནས་སྒོ་ཟོག་ལ་རང་མོས་ལྟར་བཟའ་རུ་འཇུག་པ་ཡིན། མིག་སྔར་རྒྱུན་སྤྱོད་ཀྱི་ཐབས་ཤེས་ནི་རྩྭ་སྐྱ་ལིས་རྨིད་གསུམ་ཡས་མས་སུ་གཏུབ་པའམ་རྩྭ་ཕྱེ་རུ་འཐག་རྗེས་སྒོ་ཟོག་ལ་བྱིན

ནས་རྩྭ་སྐྱ་བེད་སྤྱོད་བྱེད་ཚད་དང་བཟའ་ཚད་ཇེ་ཆེར་བཏང་བ་ཡིན། རྩྭ་ཕྱེ་འབྲི་གཡག་ལ་སྟེར་ན། རྩྭ་ཕྱེ་དེ་འདྲ་ཧྲུག་ཧྲུག་ཏུ་གཏོང་མི་རུང་བར་མ་ཟད་རྩྭ་རིང་ངེས་ཅན་ཞིག་ནང་དུ་བསྲེས་ནས་སྟེར་དགོས་ཏེ། འབྲི་གཡག་གིས་རྒྱུན་ལྡན་ལྟར་སྐྱུག་ལྡད་ཐུབ་པར་བྱ་དགོས།

ས་བཅད་བཞི་པ། འཚོ་བཅུད་ལྷག་སྤྱད་རྫོག་བུ་བེད་སྤྱོད།

གཅིག འཚོ་བཅུད་ལྷག་སྤྱད་རྫོག་བུའི་བྱེད་ནུས།

འཚོ་བཅུད་ལྷག་སྤྱད་རྫོག་བུ་ནི་ནོར་ལུག་ལ་མཁོ་བའི་འཚོ་བཅུད་ཚན་རིག་གི་སྦེབ་ཚུལ་ལྟར་རྫོག་བུར་བཟོས་ནས་ནོར་ལུག་ལ་ལྷག་ཏུ་འཇུག་པའི་གཟན་ཆག་གི་རིགས་ཤིག་ཡིན། དེ་ནི་སྐྱུག་ལྡད་སྒྲིག་ཆགས་རྣམས་ལྷག་རྒྱུར་དགའ་བའི་གོམས་གཤིས་ལ་གཞིགས་ནས་ཧུས་འགོད་ཐོན་སྐྱེད་བྱས་པ་ཡིན་ལ། ལྷག་སྤྱད་དེའི་ནང་དུ་སྐྱུག་ལྡན་སྒྲིག་ཆགས་ལ་རྒྱུན་ལྡན་དུ་མཁོ་བའི་གཏེར་རྒྱུ་དང་བཅུད་རྫ་སོགས་ཚད་ཞུང་མ་རྒྱུ་བསྟན་ཡོད་པས། རྫོག་བུ་ཅན་གྱི་མཉམ་འདུས་སྦྱོར་རྫ་ཞེས་ཀྱང་འབོད་ལ། རྒྱུན་ལྡན་དུ་ལྷག་སྤྱད་རྫོག་བུ་ཞེས་འབོད་པ་རེད། ལྷག་སྤྱད་ཀྱི་དབྱིབས་མི་འདྲ་བ་ཡོད་དེ། ག་ཟླུམ་ཅན་དང་གྲུ་བཞི་ནར་མོ། གྲུ་བཞི་མ་ཅན་སོགས་ཡོད། སྤྱིར་བཏང་དུ་ལྷག་སྤྱད་ནང་དུ་འདུས་པའི་གྲུབ་ཆའི་བསྡུར་ཚད་ལྟར་མིང་འདོགས་པ་ཡིན་ཏེ། ལྷག་སྤྱད་ནང་དུ་གཏེར་རྒྱུ་གཙོ་བོ་ཡིན་ན་འདྲེས་སྦྱོར་གཏེར་རྒྱུའི་ལྷག་སྤྱད་རྫོག་བུ་ཞེས་འབོད་པ་དང་། གཅིན་རྒྱུ་གཙོ་བོ་ཡིན་ན་གཅིན་རྒྱུའི་འཚོ་བཅུད་ལྷག་སྤྱད་རྫོག་བུ། མངར་རྒྱུ་གཙོ་བོ་ཡིན་ན་མངར་རྒྱུའི་འཚོ་བཅུད་ལྷག་སྤྱད་རྫོག་བུ། མངར་རྒྱུ་དང་གཅིན་རྒྱུ་གཙོ་བོ་ཡིན་ན་མངར་གཅིན་རྒྱུའི་འཚོ་བཅུད་ལྷག་སྤྱད་རྫོག་བུ། གཅིན་རྒྱུ་དང་མངར་རྒྱུ་གཙོ་

པོ་ཡིན་ན་གཅིན་མངར་རྒྱུའི་འཚོ་བཅུད་ལྷག་སྤྱོད་རྟོག་བུ་ཞེས་འབོད་པ་རེད།

འཚོ་བཅུད་ལྷག་སྤྱོད་རྟོག་བུས་འབྲི་གཡག་གི་གློག་འཕྲེད་རྫས་དོ་མཉམ་པར་བྱེད་ཅིང་གཉེར་རྒྱུའི་འཚོ་བཅུད་མི་འདང་བའི་གནས་ཚུལ་འགོག་བཅོས་བྱེད་ཐུབ་ལ། གཉེར་རྒྱུའི་འཚོ་བཅུད་ཁ་གསབ་དང་སློམ་སྒྲིག་བྱ་རྒྱུ་གཙོར་བཟུང་སྟེ། འབྲི་གཡག་ལ་གཉེར་རྒྱུའི་འཚོ་བཅུད་མ་འདང་བའམ་དོ་མ་མཉམ་པར་རྫིག་པ་ཙལ་ནད་དང་ཤ་ནད་དཀར་པོ། ཕྱུགས་ཕྲུག་སྐྱོད་སྒྲུར་ནད། འཚོ་བཅུད་རང་བཞིན་གྱི་བྲུངས་ཁྲག་ཉམས་པ་སོགས་བྱུང་བ་རེད། གཞན་ལུས་ཁམས་ཀྱི་བརྗེ་ཚབ་སློམ་སྒྲིག་བྱེད་ཐུབ་པས། འཚོ་བཅུད་ཀྱི་ཁམས་སྲུང་ནུས་པ་ལྡན་པ་རེད།

འཚོ་སྐྱོང་དང་སྡོམ་གསོ་བྱེད་པའི་བརྒྱུད་རིམ་ཁྲོད། ལྷག་པར་དུ་དགུན་དུས་དང་དཔྱིད་འགོར་ནམ་ཟླ་འཁྱགས་པའི་སྐབས་སུ། གཟན་རྩྭ་བསྐམས་པ་དང་སོག་མ་རྙིང་འགྱུར་བྱུང་བའི་དུས་ཚིགས་ནང་དུ། འཚོ་བཅུད་ལྷག་སྤྱོད་རྟོག་བུ་ཡིས་འབྲི་གཡག་ལ་གཉེར་རྒྱུ་དང་ཞུ་བའི་མངར་རྒྱུ་སོགས་ཀྱི་འཚོ་བཅུད་ཁ་གསབ་བྱེད་ཐུབ་པས། གཟན་རྩྭ་བེད་སྤྱོད་བྱེད་ཚད་དང་བཟའ་ཚད་ཇེ་མང་དུ་གཏོང་ཐུབ་པ་དང་། འཚར་སྐྱེ་ལ་ཡར་སྐྱེལ་བྱེད་ནུས་པས་ཐོན་སྐྱེད་བྱེད་ནུས་མཐོ་རུ་འདེགས་ཐུབ།

ཉེ་བའི་ལོ་འགའི་ནང་། དཀར་བཟད་ཀྱིས་ཁོར་ཡུག་ལ་ཐེབས་པའི་གནོད་འཚེ་ཉིན་རེ་བཞིན་ཇེ་ཆེར་སོང་བ་དང་བསྟུན་ནས། འབྲི་གཡག་ལ་རྩྭ་དང་ཚད་ཤུང་མ་རྒྱུ་མ་འདང་བ་སོགས་ཀྱི་རྒྱུ་རྐྱེན་གྱིས་འཛུ་བྱེད་བྱེད་ནུས་འཁྲུགས་ནས་གཞན་ཞེན་གྱི་ནད་བྱུང་ནས། དུས་རྒྱུན་དུ་འགྲིག་ཤོག་དང་ཉེ་ལུང་རིགས་ཀྱི་བཙོ་རྫས་ཙོས་ཏེ་འཛུ་བྱེད་དབང་པོའི་ནད་བྱུང་བ་དང་ཐ་ན་འཆི་བའང་ཡོད་པས། འབྲི་གཡག་ལས་རིགས་འཕེལ་རྒྱས་ཐད་དཔལ་འབྱོར་གྱི་གྱོང་གུན་ཆེན་པོ

བཟོས་པ་རེད། དེར་བརྟེན། འབྲི་གཡག་གིས་འཚོ་བཅུད་ལྷག་བྱེད་རྗོག་བུར་ལྷག་པ་བརྒྱུད་ནས་ངེས་པར་མགོ་བའི་འཚོ་བཅུད་ཐོབ་ན། འབྲི་གཡག་གཞན་ཞིན་གྱི་ནད་འབྱུང་བར་སྔོན་འགོག་བྱེད་ཐུབ།

གཉིས། འཚོ་བཅུད་ལྷག་བྱེད་རྗོག་བུའི་བེད་སྤྱོད་དང་དོ་སྣང་བྱེད་ས།

ལྷག་བྱེད་རྗོག་བུས་བཟོ་ལས་དང་ཞིང་ལས་ཞོར་ཐོན་དངོས་རྫས་དང་ལོ་ཏོག་གི་སོག་མ་སོགས་བེད་སྤྱོད་བྱེད་ཐུབ་པས། བཟོ་ལས་དང་ཞིང་ལས་ཀྱི་ཞོར་ཐོན་དངོས་རྫས་བེད་སྤྱོད་བྱེད་ཚད་མཐོ་རུ་གཏོང་ཐུབ་ལ། གནམ་གཤིས་འཁྱག་དུས་གཟན་ཆག་མི་འདང་བའི་གནད་དོན་ཐག་གཅོད་བྱེད་པའི་ཐབས་ལམ་ཞིག་ཀྱང་རེད།

འཚོ་བཅུད་ལྷག་བྱེད་རྗོག་བུ་གཟན་ཆག་ཏུ་སྤྱད་ན་བདེ་འཇགས་ལ་གནོད་པ་མེད་དེ། བཟའ་ཚད་མང་དྲགས་ན་དུག་ཐོག་པའི་སྣང་ཚུལ་འབྱུང་བ་དང་། གསོག་ཉར་དང་སྐྱེལ་འདྲེན། བཀོལ་སྤྱོད་བཅས་བྱེད་པར་སྟབས་བདེ་བས། དུས་ཚོད་དང་བཟོ་ཚོགས་ཚང་མ་གྲོན་ཆུང་བྱེད་ཐུབ། ཁྱིར་བཏང་དུ་ལྷག་བྱེད་རྗོག་བུ་དེ་ཕྱུགས་རའི་ཆས་གཞོང་གི་གོང་དུའམ་ཕྱུགས་རའི་ཉེ་འཁོར་དེ་འབྲི་གཡག་དུས་རྒྱུན་འགུལ་སྐྱོད་བྱེད་ས་ནས་དཔྱངས་ཏེ་འབྲི་གཡག་གིས་རང་མོས་ལྟར་ལྡག་ཏུ་བཅུག་པས་ཆོག རྒྱུན་སྤྱོད་ཀྱི་འཚོ་བཅུད་ལྷག་སྦྱོད་གཙོ་བོ་ལ་ཚ་རྗོག་དང་གཏེར་རྒྱུའི་ལྷག་བྱེད་རྗོག་བུ། ནོར་ལུག་གི་སྔོན་བསྲེས་ལྷག་བྱེད་རྗོག་བུ་བཅས་ཡོད།

1.ལྷག་བྱེད་རྗོག་བུའི་སྤྲ་ཚད་ངེས་པར་འོས་འཚམ་ཡིན་དགོས་ཏེ། འབྲི་གཡག་གི་ལྷག་ཚད་དེ་བདེ་འཇགས་ཀྱི་ཁྱབ་ཁོངས་འོག་ཏུ་ཚོད་འཛིན་ཐུབ་པར་བྱེད་དགོས། གལ་སྲིད་འབྲི་གཡག་གི་ལྷག་ཚད་མང་དྲགས་ན། འབུར་བག་སྟོན་ཚད་ཇེ་མང་དུ་གཏོང་དགོས་ལ། གལ་སྲིད་ལྷག་ཚད་ཅུང་དྲགས་ན། སྟོན་གསབ་

དངོས་པོ་ཇི་མང་དུ་བཏང་ཞིང་འབྱར་བག་ཇེ་ཉུང་དུ་གཏོང་དགོས།

2.འབྲི་གཡག་གིས་ཉིན་རེར་ལྷེ་ལྷག་བྱེད་ཚད་དེ་ལྷག་བྱེད་རྫོག་བུའི་གྲུབ་ཆ་དང་དེའི་སྟེབ་ཚུལ་མི་འདྲ་བ་ལ་བསྟུན་ནས་ཁྱད་པར་འབྱུང་བཞིན་ཡོད་དེ། གཙོ་བོ་འབྲི་གཡག་གིས་གཅིན་རྒྱུ་བཟའ་ཚད་དེ་ཚད་གཞིར་བཟུང་ནས་རྩི་དགོས···ཏེ། སྤྱིར་བཏང་དུ་འབྲི་གཡག་དར་མ་དང་གཞོན་མས་ཉིན་རེར་གཅིན་རྒྱུ་བཟའ་ཚད་སོ་སོ་ནི་ཁེ 80~110དང་ཁེ 70~90བར་ཡིན།

3.ལྷག་བྱེད་རྫོག་བུ་བེད་སྤྱོད་བྱེད་པའི་དུས་འགོར་རབ་ཡིན་ན་དེའི་སྟེང་དུ་ཚྭའམ་མ་རྨོས་ལོ་ཏོག་གི་འཐག་ཕྱེ་དང་ཕུབ་མ་སོགས་གཏོར་ནས་འབྲི་གཡག···གིས་ལྷེ་ལྷག་བྱེད་པར་འཛམ་ཁྲིད་བྱེད་དགོས་ཏེ། སྤྱིར་བཏང་དུ་ཉིན་ལྔ་ཡས···མས་ལ་སྦྱོང་བརྡར་བྱས་ན་ལོབས་འགྲོ།

4.ལྷག་བྱེད་རྫོག་བུ་གཙང་མ་ཡིན་དགོས་ཏེ། ལྷེ་གཅིན་གྱི་འབག་བཙོག་བཟོ་མི་རུང་། དུས་མཚུངས་སུ་ལྷག་བྱེད་རྫོག་བུ་ཧྲུག་ཧྲུག་ཏུ་གཏོང་མི་རུང་སྟེ། འབྲི་གཡག་གིས་ཐེངས་གཅིག་གི་བཟའ་ཚད་མང་དྲགས་ན་དུག་ཐོག་ངེས་ཡིན།

ལེའུ་བདུན་པ། འབྲི་གཡག་ར་བ་འཛུགས་སྐྲུན།

ས་བཅད་དང་པོ། འབྲི་གཡག་རྒྱུད་སྤེལ་ར་བ་འཛུགས་སྐྲུན།

གཅིག འཛུགས་སྐྲུན་གྱི་རེ་འདུན།

(གཅིག)རྨང་གཞིའི་ཆ་རྐྱེན།

1.ར་བའི་གནས་བབ་དང་འགྲིམ་འགྲུལ། འཕྲིན་གཏོང་། ཐོན་ཁུངས། ནད་རིམས་སྔོན་འགོག་ཆ་རྐྱེན་ལེགས་ཤིང་། ཐོན་སྐྱེད་ཁུལ་དང་འཚོ་བའི་ཁུལ། གཞུང་སྒྲུབ་ཁུལ་སོ་སོར་བཀར་ཡོད་པ་དང་། ཆུའི་ཐོན་ཁུངས་འདང་ལ། གཙང་ཞིང་ལྷད་མེད་པ་ཡིན་དགོས།

2.ཐོན་སྐྱེད་ཁུལ་གྱི་གཙང་འབྲུ་ལམ་དང་འབག་བཙོག་ལམ་སོ་སོར་བཙུགས་ཡོད་པ་དང་། ལྷོ་གཅིན་ཕྱིར་གཏོང་གཙང་སེལ་སྒྲིག་ཆས་དང་ར་བ་ཡོད་པས། ཁོར་ཡུག་སྲུང་སྐྱོབ་ཀྱི་རེ་འདུན་དང་མཐུན་པ་ཡིན།

3.ཕྱུགས་རའི་སྒྲིག་བཀོད་ལུགས་མཐུན་ཡིན་ཞིང་། ས་གནས་ཀྱི་རླུང་གི་རྒྱུ་ཕྱོགས་གཙོ་བོ་ལྟར། ཉེ་དམ་ཁུལ→ཐོན་སྐྱེད་ཁུལ→གད་སྙིགས་དང་གནོད་མེད་གཙང་སེལ་ཁུལ་བཅས་ཀྱི་གོ་རིམ་བཞིན་ར་བའི་ནང་གི་སྤྱོད་ནུས་ཁུལ་གྱི……རིམ་པ་སྒྲིག་པ(ཉེ་དམ་ཁུལ་ཐོག་རླུང་ཕྱོགས་སུ་ཡོད་པ)དང་། ཉེ་དམ་ཁུལ་དང་ཐོན་སྐྱེད་ཁུལ་གྱི་བར་ཐག་སྨིད50~100ཡི་བར་ཐག་ཡོད་ཅིང་། གྱང་ར་དང་སྡོ་ལྡིང་

ཁྲུལ་གྱིས་སོ་སོར་དབྱེ་ཡོད།

4.ཕྱུགས་འཚོར་བའམ་རྩྭ་སའི་གནས་འདང་ངེས་ཤིག་ཡོད་པ།

5.རྒྱུད་སྤེལ་ཁང་དང་གཟན་རྩྭའི་མཛོད། རྒྱུ་ཆའི་ཡིག་ཚགས་ཁང་། ནད་རིམས་སྨན་བཅོས་ཁང་སོགས་རྨང་གཞིའི་སྒྲིག་ཆས་ཡོད་པ་དང་། ཆུ་འདོན་དང་གློག་འདོན། དྲོད་འདོན་སོགས་ཟུར་བཀོད་སྒྲིག་ཆས་ཆ་ཚང་ཞིང་། ཐོན་སྐྱེད་བཟོ་རྩལ་དང་སྒྲིག་ཆས་ཆ་ཚང་བ། གནས་གཏན་དང་འཕྲོད་བསྟེན་བདེ་སྲུང་། གཟན་ཆག་ཐོན་སྐྱེད་དང་གསོ་སྐྱེལ་ཡོ་ཆས། དུག་སེལ་སྒྲིག་ཆས། ཕྱུགས་སྨན་འཕྲོད་བསྟེན་ཞིབ་བཤེར་སྒྲིག་ཆས། ལྕི་གཅིན་གཙང་སེལ་སྒྲིག་ཆས། ནད་ལས་ཤི་བའི་འབྲི་གཡག་གི་གནོད་མེད་གཙང་སེལ་སྒྲིག་ཆས། དེ་མིན་གསལ་འབྱེད་ཡོ་ཆས་སོགས་དགོས་ངེས་ཀྱི་དཔྱད་ཆས་སྒྲིག་ཆས་ཡོད་དགོས།

(གཉིས)ལག་རྩལ་ནུས་ཤུགས་སྒྲིག་བཀོད།

1.ར་བའི་བདག་པོར་ངེས་པར་དུ་འབྲིང་རིམ་ཡན་གྱི་བསླབ་གནས་སམ་འབྲིང་རིམ་ཡན་གྱི་ལག་རྩལ་ཐོབ་ཐང་ཡོད་དགོས།

2.འབྲི་གཡག་གསོ་སྐྱེལ་དང་ནད་རིམས་སྔོན་འགོག གསོ་སྐྱེལ་དོ་དམ། ཐོན་སྐྱེད་ལས་གཉེར་དོ་དམ་གྱི་ལག་རྩལ་མི་སྣར་ངེས་པར་དུ་འབྲིང་རིམ་ཡན་གྱི་འབྲེལ་ཡོད་ཆེད་ལས་འཛིན་ཡིག་དགོས།

3.ཐད་ཀར་འབྲི་གཡག་གསོ་སྐྱེལ་གྱི་ལས་ཀ་གཉེར་བའི་ལས་བཟོ་པར་ཆེད་ལས་ལག་རྩལ་གྱི་གསོ་སྦྱོང་བྱེད་དགོས་པ་དང་། འབྲི་གཡག་གསོ་སྐྱེལ་ཐོན་སྐྱེད་བརྒྱུད་རིམ་གྱི་གཞི་རྩའི་ཤེས་བྱ་དང་ནུས་རྩལ་ལ་བྱང་ཆ་ལྡན་པར་མ་ཟད་འབྲེལ་ཡོད་ལག་རྩལ་བསླབ་གནས་ཀྱི་དཔང་ཡིག་ལེན་དགོས།

4.ལས་བཟོ་པར་གསོ་སྦྱོང་གི་འཆར་འགོད་འཐེན་དགོས་པ་དང་། ར་བ་ནང་གི་ཐོན་སྐྱེད་ལས་གཉེར་མི་སྣར་དུས་ངེས་མེད་སྐོར་གསོ་སྦྱོང་བྱེད་དགོས།

(གསུམ)ཚོགས་སྤྱིའི་གཞི་ཁྱོན།

འབྲི་གཡག་རྒྱུད་སྤེལ་བྱེད་པར་ངེས་པར་དུ་རྒྱུད་སྤེལ་གྱི་ནང་སྙིང་ཚོགས་པ་འཛུགས་དགོས་ཤིང་། ནང་སྙིང་ཚོགས་པའི་རིམ་པ་དང་པོའི་རྨང་གཞིའི་འབྲི་མོ 500ཡན་དགོས།

(བཞི)འབྲི་གཡག་རྒྱུད་སྤེལ་ཐོན་སྐྱེད།

1.འབྲི་གཡག་རྒྱུད་སྤེལ་གྱི་རྒྱུད་ལེགས་འདེམས་པའི་འཆར་འགོད་དང་། དེར་རྒྱུད་འདེམས་བྱེད་ཐབས་དང་། རྒྱུད་སྦྱོར་ལམ་ལུགས། སྦྱོར་ནུས་ཚད་འཇལ་འཆར་གཞི་སོགས་འཛིན་དགོས།

2.རྒྱུད་རིགས་ཀྱི་རེ་འདུན་ལྟར་ནང་སྙིང་ཚོགས་པ་འཛུགས་དགོས།

3.གཡག་ལ་མ་མཐའ་ཡང་ཁྲག་རྒྱུད་མི་གཅིག་པ 6དགོས་པར་མ་ཟད། རྒྱུད་ཤལ་གསལ་པོ་ཡིན་དགོས།

4.ལུགས་མཐུན་གྱི་རིགས་ཁྱུ་གསར་སྤེལ་ཚད(15%ཡན་གྱི་ལོའི་གསར་སྤེལ་ཚད་ཡིན་དགོས)རྒྱུན་འཛིན་བྱེད་དགོས།

5.འབྲི་གཡག་རྒྱུད་སྤེལ་གྱི་སྤུས་ཚད་ངེས་པར་དུ་རིགས་རྒྱུད་འདིའི་ས་གནས་ཀྱི་ཚད་གཞི་དང་མཐུན་དགོས།

6.ཚན་རིག་དང་འཕྲུལ་ཚང་གི་དོ་དམ་ལམ་ལུགས་ཞིག་དགོས་ཤིང་། སྟོན་ཐོན་གྱི་གསོ་སྐྱེལ་བཟོ་རྩལ་སྤྱད་དེ། འཚོ་བཅུད་ཀྱི་ཚད་གཞི་ལྟར་ཉིན་རེའི་བཟའ་ཆས་སྤྲར་ཏེ། འབྲི་གཡག་གི་སྐྱེ་ལུགས་སྐབས་སོ་སོའི་འཚོ་བཅུད་དགོས་མཁོ་སྐོང་དགོས།

(ལྔ)ཡིག་ཚགས་དང་རྒྱུ་ཆ།

1.འབྲི་གཡག་རྒྱུད་སྤེལ་ར་བར་འབྲི་མོའི་རྒྱུད་སྤེལ་དང་། བེའུ་གསོ་སྐྱེལ། འབྲི་མོའི་འོ་ཟགས། ལུས་ཀྱི་ལྡིད་ཚད་དང་གཟུགས་ཚད་འཇལ་བ། གཟུགས་

དཔྱིབས་དཔྱད་འཛལ། ཕྱུགས་སྨན་འགོག་བཅོས། འབྲི་གཡག་གསོ་སྐྱོང་བྱང་བུ་སོགས་ཟིན་འགོད་དང་དཔྱེ་ཞིབ་ཀྱི་ཡིག་ཆ་དགོས།

2.འབྲི་གཡག་རྒྱུད་སྐྱོང་བྱེད་པར་རྒྱུད་ལེགས་ཐོ་འགོད་དང་རྒྱུད་ཤལ་ཡིག་ཆ་འཕྲུས་ཚང་དགོས།

3.ཡིག་ཆ་སོ་སོ་ལོ་རེ་ལྟར་ལག་དེབ་བཟོ་བར་མ་ཟད་ཡིག་ཚགས(གལ་སྲིད་ཐོག་མེད་ཟིན་འགོད་མ་ལག་སྤྱོད་ན། ཡིག་ཆ་སོ་སོ་རྩིས་འཁོར་དུ་ཉར་དགོས)སུ་འགོད་དགོས།

(དྲུག)འབྲི་གཡག་རྒྱུད་སྐྱོང་བདེ་སྲུང་།

1.རིམས་ཐར་བརྒྱུད་རིམ་དང་། ར་ནང་རིམས་འགོག ལྟ་བཤེར་ལམ་ལུགས་ཡོད་དགོས།

2.རིགས་དང་པོ་དང་གཉིས་པའི་རིམས་འགོས་དྲག་པོ་དང་རྒྱལ་ཁབ་ཀྱིས་གཏན་ཁེལ་བྱས་པའི་རིམས་ནད་གཞན་དག་ཡོད་མི་རུང་།

3.ཟོག་རའི་ནང་དུ་ནད་འགོ་འབྲི་གཡག་སོགས་དགར་ཁང་བ་དང་ཤི་ཟོག་ཐག་གཅོད་སྒྲིག་ཆས་ཡོད་པ།

(བདུན)ལས་གཉེར་དོ་དམ།

1.ཐོན་སྐྱེད་ལས་གཉེར་དོ་དམ་ལམ་ལུགས་དང་ལས་ཀ་ང་འགན་འཁྲིའི་ལམ་ལུགས(དེར་ར་བའི་མགོ་གཙོའི་འགན་ཚུས་དང་། ལག་རྩལ་མི་སྣའི་འགན་ཚུས། ཐོན་སྐྱེད་ལས་བཟོ་པའི་འགན་ཚུས། གསོ་སྐྱོང་དོ་དམ་ལམ་ལུགས། རིམས་ཐར་བརྒྱུད་རིམ། རིམས་འགོག་དང་ནད་གལ་ཆེན་ལྟ་ཞིབ་ལམ་ལུགས། བཙོང་རྗེས་ཞབས་ཞུ་ལམ་ལུགས་ཕྱིར་འདྲིའི་ཟིན་ཐོ་བཅས་འདུས)འཛུགས་སྐྲུན་འཕྲུས་ཚང་དུ་གཏོང་དགོས།

2.འབྲི་གཡག་རྒྱུད་སྐྱོང་ར་བར་ངེས་པར་དུ་ཕྱུགས་རིགས་སྨན་བཅོས་དོ་

དམ་སྟེ་ཁག་གཙོ་བོས་བཀྲམ་པའི་སྲོག་ཆགས་རིམས་བཤེར་ཚད་མཐུན་དབང་ཡིག་ཡོད་དགོས་པ་དང་། ར་ཕྱིར་འདྲེན་པའི་འབྲི་གཡག་རྒྱུད་སྤེལ་ལ་གསལ་ཆ་ལྡན་པའི་རྒྱུད་ཤལ་དབང་ཡིག་དང་འབྲི་གཡག་རྒྱུད་སྤེལ་ཚད་མཐུན་དབང་ཡིག་སྲོག་ཆགས་རིམས་བཤེར་དབང་ཡིག་བཅས་དགོས།

གཉིས། འཛུགས་སྐྲུན་དཔྱད་གྲངས།

(གཅིག) ཕྱུགས་ར་འཛུགས་སྐྲུན།

1. ཕྱུགས་རའི་སྒྲིག་བཀོད། ཕྱུགས་ར་ནི་ཁ་སྒོ་བྱང་དུ་འཁོར་ལ། འབྲི་མོའི་ར་དང་། རྗེས་གྲབས་འབྲི་མོའི་ར། བེའུའི་ར། གཡག་ར། རྗེས་གྲབས་གཡག་ར་བཅས་ཐོན་སྐྱེད་ཀྱི་ར་བར་དབྱེ་ཡོད། ཕྱུགས་ར་སོ་སོའི་དབར་བར་ཐག་ངེས་ཅན་ཡོད་པ་དང་། སྒྲིག་བཀོད་གྲལ་དག་ཅིང་རིམས་འགོག་དང་མེ་འགོག་ལ་ཕན། ཕྱུགས་རར་གཞུང་སྣར་གཉིས་དང་མགོ་གཏུག་རྣམ་པ་སྦྱུད་ཡོད། ཕྱུགས་རའི་མཐོ་ཚད་ལ་སྨིད 5དང་བར་ཞེང་སྨིད 18 རིང་ཚད་ལ་སྨིད 50~100ཡིན། ར་བའི་སྒྲིག་བཀོད་ལྟར་འོས་མཐུན་གྱིས་ལེགས་བསྒྱུར་བྱས་ཚོག་ལ། འབྲི་གཡག་རེ་རེར་སྨིད་གྲུ་བཞི་མ 4~5ཡོད་པར་ཁག་ཐེག་བྱེད་དགོས།

2. ས་ངོས། དྲག་ཚད་དང་གཏན་འཇགས་རང་བཞིན་འདང་ངེས་ཤིག་ཡོད་དགོས་ཤིང་། སྲ་བརྟན་དང་མི་ཤུད་པ། བཀྱུང་བསྐྱུམ་རང་བཞིན་ལྡན་པར་བྱས་ཏེ། ལྕི་གཅིན་གཙང་སེལ་དང་དུག་སེལ་བྱེད་བདེ་མོར་གཏོང་དགོས། ས་ངོས་མང་ཆེ་ཤོས་སོ་ཕག་བསྒྲིགས་པ།

3. གྱང་ལྟེབས། མཐོ་ཚད་ལ་སྨིད 3.5དང་། སྲ་ཞིང་མཁྲེགས་པ་དང་ས་ཡོམ་འགོག་པ། ཆུ་འགོག མེ་འགོག་ཐུབ་དགོས་ཤིང་། དྲོད་ཚད་སྲུང་བའི་ནུས་པ་ལེགས་པོ་དགོས་ལ། མང་ཆེ་ཤོས་སོ་ཕག་དང་ཨར་འདམ་ལྷུགས་རྫེབས་མའི་རྣམ་པ་སྦྱུད་ཡོད།

4.ཁང་སྟེང་། ཁ་ཆར་དང་ཅྷེ་རླུང་འགོག་ཐུབ་ཅིང་། གྲུས་ལེགས་དང་སྲ་བརྟན་ཡུན་གནས། རྡོད་སྲུང་བཅས་དང་། ཁ་ཆར་དང་དྲག་རླུང་སོགས་ཀྱི་རྐྱེན་འགོག་ཐུབ། གར་ལེན་རྒྱུ་ཆ་དེ་སྐར་ཁུང་དུ་སྤྱད་ཅིང་འོད་འདང་ངེས་ཤིག་ཕྱུགས་རར་འཕྲོ་ཐུབ་པ། གར་ལེན་གྱི་རྒྱ་ཚད་དེ་ཁང་སྟེང་རྒྱ་ཚད་ཀྱི 1/3ལས་ཆུང་མི་རུང་།

5.སྒོ། ཕྱུགས་རའི་སྒོ་ཚིད 2ལས་དམའ་མི་རུང་བ་དང་། ཞེང་ལ་ཚིད 2.2ལས་ཆུང་མི་ནུས། ཤར་ནུབ་ཀྱི་སྒོ་དེ་གཟན་ཆག་གི་བརྒྱུད་ལམ་ལ་གཏད་ཡོད་པ་དང་། འགྲོ་འོང་འགུལ་སྐྱོད་ར་བའི་སྒོའི་ཕྱོགས་གཅིག་ཏུ 2ལས་ཉུང་མི་རུང་།

6.སྐེའུ་ཁུང་། ཕྱུགས་ར་རེ་རེར་སྐེའུ་ཁུང་ཕྱོགས་གཅིག་ཏུ 4ལས་ཉུང་མི་རུང་ཞིང་། རྡོད་སྲུང་དང་ཆབས་ཅིག་ར་ནང་མཁའ་དབུགས་བརྒྱུད་ཐུབ་པར་བྱེད་དགོས།

7.མལ་གནས། དེ་ནི་ཁེར་བསྡིགས་མལ་གནས་དང་། ཕྱུགས་རའི་ས་ངོས་མཐོ་ཚད་ལ་ཚིད 10དང་ཞེང་ལ་ཚིད 5ཡིན།

8.གཟན་ཆག་བརྒྱུད་ལམ། ཕྱུགས་རའི་ས་ངོས་མཐོ་ཚད་ལ་ཚིད 30དང་ཞེང་ལ་ཚིད 4ཡིན།

9.གཟན་ཆག་གཞོང་། དེ་ནི་ས་ངོས་གཟན་ཆག་གཞོང་ཡིན་པ་དང་། གཞོང་ངོས་ནི་ཨར་འདམ་ངོས་འཇམ་ཁབ་ལེན་ཀྱི་སྨེ་ཡིས་ལས་ཡོད་ཅིང་། ཞེང་ལ་ལིས་ཚིད 50ཡིན།

10.དབྱེ་དགར་ལྟགས་ར། དེར་ངར་ལྟགས་སོགས་སྲ་མཁྲིགས་ལྡན་ཞིང་འབྲི་གཡག་ལ་མི་གནོད་པའི་རྒྱུ་ཆ་སྤྱད་ཡོད་པ་དང་། ཞེང་ལ་ལིས་ཚིད 40ཡོད།

11.འགུལ་སྐྱོད་ར་བ། འགུལ་སྐྱོད་ར་བར་འབྲི་གཡག་འགྲོ་འོང་གི་སྒོ་

གཏད་པས་གནམ་གཤིས་ལེགས་པའི་སྐབས་སུ་དུས་ཚོད་སྐས་རིམ་རང་བཞིན་……ལྟར་ཕྱུགས་འཚོ་བ། འགུལ་སྐྱོད་་ར་བའི་རྒྱ་ཁྱོན་ནི་ཕྱུགས་རའི་རྒྱ་ཁྱོན་གྱི་ལྡབ 2~2.5ཡིན་དགོས།

12.ཆུ་གཞོང་། དེར་ནྟོད་སྒྲུང་དང་ཚ་རྒྱས་རྣམ་པའི་ཆུ་གཞོང་སྒྲིད་ཅིང་། འབྲི་གཡག་རེ་རེར་ལིས་སྨིད 30ཡི་ཆུ་གཞོང་གི་རིང་ཚད་རྩིས་ཡོད་ལ། གཏིང་…ཚད་ལ་ལིས་སྨིད 60དང་ཆུའི་ཟབ་ཚད་ལིས་སྨིད 40ལས་མི་བརྒལ་ཞིང་། ཆུ་…འདོན་འདང་ངེས་དང་འཐུང་ཆུ་དྭངས་ཤིང་གཙང་དག་རྒྱུན་འཁྱོངས་བྱེད་དགོས།

13.ས་ངོས། ངོས་སྙོམས་དང་དཀྱིལ་དབུས་མཐོ་ཚད་དེ་ཕྱོགས་བཞིར་གྱེན་མ་གསེག་གི་རྣམ་པས་གྲུབ།

14.ལྷགས་ར། མཐོ་ཚད་ལ་སྨིད 1.2དང་། ལྷགས་རའི་སྟོང་མའི་བར་སྨིད 1.5ཡི་བར་ཐག་ཡོད་ལ། ལྷགས་རའི་སྟོང་མ་ནི་ངར་ལྕགས་སམ་ཡང་ན་…ཨར་འདམ་སྟོང་མས་གྲུབ་ཅིང་། སྲ་བརྟན་དང་ཡུན་རིང་ལ་སྤྱོད་ཐུབ་པ་ཡིན།

(གཉིས)སྒྲིག་ཆས་ཆ་ཚང་།

1.གློག་ཤུས། ཕྱུགས་རའི་གློག་ཤུས་ལ་འཁྱུར་རིམ 2ཡོད་པར་མ་ཟད་གློག་འདོན་འཕྲུལ་འཁོར་བཀོད་སྒྲིག་བྱས་ཡོད།

2.གཞུང་ལམ། གཞུང་ལམ་བརྒྱུད་སླ་བ་དང་། བཙོག་ལམ་དང་གཙང་ལམ་སོ་སོར་བཀར་ཡོད། ར་ཕྱིའི་སྐྱེལ་འདྲེན་ལ་མཐུད་པའི་གཞུང་ལམ་གཙོ་བོའི་ཞེང་ལ་སྨིད 6དང་། དེ་ནི་ཕྱུགས་ར་དང་རྩྭ་སྐམ་ཉར་མཛོད། གཟན་ཆག་ཉར་…མཛོད་སོགས་སྐྱེལ་འདྲེན་གྱི་ཡན་ལག་གཞུང་ལམ་གྱི་ཞེང་ཚད་ལ་སྨིད 3ཡིན།

3.ཆུ་ཕྱིར་གཏོང་། ར་ནང་གི་ཆར་ཆུ་ཆུ་ཀ་ཏུ་ཕྱིར་གཏོང་བྱེད་པ་དང་། བཙོག་ཆུ་དེ་ས་འོག་ཆུ་ཡུར་དུ་ཕྱིར་གཏོང་བྱེད་པ།

4.གཟན་རྩྭ་ཉར་མཛོད། གཟན་རྩྭ་ཉར་མཛོད་ཀྱི་མཁོ་འདོན་ཆ་རྐྱེན་

ལྟར། གཟན་རྩྭ་ཉར་འཛོག་ཚད་མ་མཐའ་ཡང་ཟླ་བ 3ལ་ཐོན་སྐྱེད་དགོས་མཁོའི་བཀོལ་ཚད་སྐོང་འོས་ཤིང་། གཟན་ཆག་ཉར་འཛོག་ཚད་དེ་མ་མཐའ་ཡང་ཟླ་བ 1གི་ཐོན་སྐྱེད་དགོས་མཁོའི་བཀོལ་ཚད་སྐོང་དགོས།

5.གཟན་ཆག་ལས་སྟོན་ཁང་། ཐོན་སྐྱེད་ཀྱི་དངོས་ཡོད་དགོས་མཁོ་དང་མཐུན་སྦྱོར་གྱིས་རྩྭ་གཏུབ་འཕྲུལ་འཁོར་དང་། འཕྱུར་མཉེད་འཕྲུལ་འཁོར། གཟན་ཆག་སྲུབ་དཀྲུག་འཕྲུལ་འཁོར་སོགས་ལས་སྟོན་སྒྲིག་ཆས་སྒྲིག་བཀོད་བྱེད་པ།

6.དུག་སེལ་སྒྲིག་ཆས། དེར་རྒྱུན་བཀོལ་གྱི་དུག་སེལ་སྒྲིག་ཆས་དགོས་ཏེ། དཔེར་ན་ཆུ་གཏོར་ཡོ་བྱད་དང་། མཐོ་སྣོན་གཙང་འཁྲུ་འཕྲུལ་ཆས། མཐོ་སྣོན་དུག་གསོད་འཕྲུལ་ཆས། སྐོལ་གདུའི་དུག་སེལ་འཕྲུལ་ཆས། མེ་ལྕེའི་དུག་སེལ་འཕྲུལ་ཆས་སོགས་དགོས།

7.མེ་འགོག་སྒྲིག་ཆས། འགྲོ་སོང་ལུགས་མཐུན་དང་བདེ་འཛུགས་བློ་གཏད་ཀྱི་མེ་འགོག་སྒྲིག་ཆས་སྤྱོད་དགོས་ཤིང་། མེ་འགོག་བརྒྱུད་ལམ་ལ་ར་ནང་གི་བརྒྱུད་ལམ་བཀོལ་ཚོག་པ་དང་། ར་ནང་གི་ལམ་དང་ར་ཕྱིའི་གཞུང་ལམ་གཉིས་པན་ཚུན་བརྒྱུད་ཐུབ་པར་ཁག་ཐེག་བྱེད་དགོས།

8.ལྕི་གཅིན་གཙང་སེལ། ལྕི་བ་སྤུང་བ་དང་གཙང་སེལ་བྱེད་པར་ཆེད་བཙུགས་ཀྱི་ར་བ་ཞིག་དགོས་ཤིང་། དགོས་གལ་ཡོད་དུས་ས་ངོས་མཁྲེགས་སྦྱོར་བྱས་ཆོག སྤྱོད་ནུས་སོ་སོའི་ས་ངོས་ཆུའི་བར་ཐག་སྨིད 400ལས་ཐུང་མི་རུང་། སྲ་མཁྲེགས་ལྕི་བའི་རིགས་དྲོད་མཐོའི་སྤུང་ཐོར་འཛུགས་པ་དང་ལྕི་བ་ཕྱིར་འབུད་སྒྲིག་ཆས་དང་གཙང་སེལ་སྒྲིག་ཆས། ལྕི་བ་གསོག་གཞོང་སོགས་སྒྲིག་བཀོད་བྱེད་དགོས། ལྕི་གཅིན་བཙོག་ཆུ་ལྟར་གཙང་སེལ་བྱེད་པ་དང་། ནད་ཡོག་ཕྱུགས་རིགས་ཀྱི་དབྱེ་གསོ་ཁུལ་ལ་ཆེད་སྤྱོད་ཀྱི་བརྒྱུད་ལམ་དགོས་ཏེ་ནད་ཡོག་འབྲི་གཡག་དབྱེ་

གསོ་དང་དུག་སེལ། བཅོག་དངོས་གཙང་སེལ་བྱེད་པར་སྟབས་བདེ་བཟོ་བ་ཡིན།

ས་བཅད་གཉིས་པ། འབྲོག་ཁུལ་གྱི་གཞི་ཁྲོན་ཅན་གྱི་གསོ་སྐྱེལ་ར་བ་འཛུགས་སྐྲུན།

གཞི་ཁྲོན་ཅན་གྱི་འབྲི་གཡག་གི་གསོ་སྐྱེལ་ར་བའི་འཛུགས་སྐྲུན་དེ་འབྲེལ་ཡོད་གཏན་འཁེལ་གྱི་གཞི་རྩའི་རེ་འདུན་དང་མཐུན་དགོས་ཤིང་། ཆ་རྐྱེན་ལྡན་པའི་ས་ཁུལ་དུ། འཛུགས་སྐྲུན་བྱེད་དུས་འབྲི་གཡག་རྒྱུད་སྐྱེལ་ར་བའི་འཛུགས་སྐྲུན་རེ་འདུན་དང་དཔྱད་གྲངས་གཞིར་བཟུང་བ་དང་ཆབས་ཅིག《སྤྱི་ལམ་མི་གནོད་པའི་འབྲི་གཡག་ཐོན་སྐྱེད་རྟེན་གཞིའི་འཛུགས་སྐྲུན་ཚད་གཞི》(DB63/T1244) ལྟར་སྐྱེལ་དགོས།

གཅིག གཞི་ཁྲོན།

གཞི་ཁྲོན་ཅན་གྱི་འབྲི་གཡག་གི་གསོ་སྐྱེལ་ར་བར་སྤྱིར་བཏང་དུ་གཟན་ཆག་ཐོན་སྐྱེད་ཀྱི་གཞི་ཁྲོན་ངེས་ཅན་ཞིག་དགོས་ཤིང་། འབྲི་གཡག 100 ~300 ནི་ཚད་རན་གཞི་ཁྲོན་དང་། འབྲི་གཡག 100ནི་གཞི་ཁྲོན་ཆུང་བ། འབྲི་གཡག 300ཡན་ནི་གཞི་ཁྲོན་ཅུང་ཆེ་བ་ཡིན།

གཉིས། གནས་འདེམ་དང་སྒྲིག་གཞི།

དེ་ནི་ས་ཁུལ་འདིའི་ཕྱུགས་རིགས་ཐོན་ལས་འཕེལ་རྒྱས་དང་ས་བཀོལ་འཆར་གཞིའི་རེ་འདུན་དང་མཐུན་དགོས་ཤིང་། གནས་འདེམ་དང་ཧྲུས་འགོད་ནི《སྒོག་ཆགས་རིམས་འགོག་བྱེད་ཐབས》དང་ཞིང་ལས་པུའུ་ཡི《སྒོག་ཆགས་རིམས་འགོག་ཆ་རྐྱེན་ཞིབ་བཤེར་ངོ་དམ་བྱེད་ཐབས》ཀྱི་གཏན་འབེབས་ཆ་རྐྱེན་དང་མཐུན་དགོས།

གསོ་སྤྱིལ་ར་བའི་སྤྱིའི་སྒྲིག་གཞིའི་སྟེང་འཚོ་བའི་ཁུལ་དང་ཐོན་སྐྱེད་ཁུལ་སོ་སོར་དགར་དགོས་ཤིང་། གསོ་འགོག་ཁུལ་མ་འདུས་པའི་གནས་སུ། མཐོ་ཞིང་སྐམ་ཤས་ཆེ་བ་དང་། ཚྭུན་ཆེ་བ། ལྷགས་ཕྱོགས་མི་འཁེལ་བའི་ཉི་གཏད་ས་ཞིང་གི་ས་བབ་འདེམ་དགོས་ལ། གཞུང་ལམ་གཙོ་བོའི་བརྒྱུད་དང་། སྡོད་དམངས་ཁུལ། དེ་མིན་ཁྱིམ་བྱ་དང་ཕྱུགས་རིགས་གཞན་དག་གསོ་སྤྱིལ་ཁུལ་གྱི་བར་ཐག་བཅས་སྲོག་ཆགས་རིམས་འགོག་གི་རེ་འདུན་དང་མཐུན་དགོས།

གསུམ། སྒྲིག་བཀོད་འཛུགས་སྐྲུན།

གསོ་སྤྱིལ་ར་བར་ཐོན་སྐྱེད་དགོས་མཁོ་དང་མཐུན་པའི་འབྲི་གཡག་གཡབ་ཁང་བ་ཡོད་དགོས་ཤིང་། ཕྱུགས་རའི་འཛུགས་སྐྲུན་ཇུས་འགོད་དེ་ས་གནས་དེའི་གནམ་གཤིས་ཁོར་ཡུག་གི་ཆ་རྐྱེན་དང་མཐུན་དགོས་པ་དང་། གྲང་ངར་འགོག་ཐུབ་པ་དང་། ཁང་ནང་གི་མཁའ་དབུགས་བརྒྱུད་པ་ལེགས་པ། འབྲི་གཡག་ཐོན་སྐྱེད་དང་། རིམས་འགོག་དབྱེ་གསོ། དུག་སེལ། ལྕི་གཅིན་གཙང་སེལ། གཟན་ཆག་ལས་སྣོན། ནད་ལས་ཤི་བའི་འབྲི་གཡག་གནོད་མེད་གཙང་སེལ་དང་། འཐུང་ཆུ་དང་རླུང་བརྒྱུད། ཇོད་འདྲེན་སོགས་སྒྲིག་བཀོད་ཆ་ཚང་དགོས། དེའི་མཚུངས་སུ། ཆུ་འདྲེན་འབུད་བསྐྱོད་བཅས་ཀྱིས་སྟབས་བདེ་ཡིན་པ་དང་། བཙོག་ཆུ་དང་ལྕི་གཅིན་གཅིག་བསྡུས་སྐྱོས་གཙང་སེལ་བྱེད་པར་མ་ཟད། GB18596ཡི་གཏན་འབེབས་རེ་འདུན་ལ་སླེབ་དགོས།

བཞི། འབྲེལ་ཡོད་དཔང་ཡིག་ལེན་པ།

གསོ་སྤྱིལ་ར་བར《སྲོག་ཆགས་རིམས་འགོག་ཆ་རྐྱེན་གྱི་ཚད་མཐུན་དཔང་ཡིག》ལེན་དགོས།

ལྔ། ལམ་ལུགས་འཛུགས་སྐྲུན་འཐུས་ཚང་དུ་གཏོང་བ།

གསོ་སྤྱིལ་ར་བའི་གཟན་ཆག་དོ་དམ་བཀོལ་སྤྱོད་བྱ་རིམ་ཚན་རིག་དང་……

ལུགས་མཐུན་ཡིན་དགོས་པ་དང་། ཐོན་སྐྱེད་དོ་དམ་ལམ་ལུགས་འཐུས་ཚང་དུ་གཏོང་དགོས། རིམས་ཐར་དང་རིམས་འགོག དུག་སེལ། སྨན་བཅོས། རིམས་བཤེར་ཆོག་མཚན་སྙན་ཞུ། རིམས་ནད་གནས་ཚུལ་སྙན་ཞུ། སྐྱེ་ལ་མི་གནོད་པའི་གཙང་སེལ་སོགས་ལམ་ལུགས་འཛུགས་དགོས། འཐུས་ཚང་བའི་ནོར་སྲིད་དོ་དམ་ལམ་ལུགས་ཡོད་དགོས་པ་དང་། རྩིས་གཉེར་རྒྱུ་ཆ་ཆ་ཚང་དང་ཡང་དག་ཅིང་། ནོར་སྲིད་རྩིས་བཤེར་ཚད་ལྡན་དང་འཐུས་ཚང་ཡིན་དགོས།

དྲུག ཡིག་ཚགས་འཛུགས་སྐྲུན་དང་དོ་སྲུང་།

གསོ་སྐྱོང་ར་བར་གཟབ་ནན་གྱིས་འབྲེལ་ཡོད་ཁྲིམས་ལུགས་དང་ཁྲིམས་སྲོལ་གཏན་འབེབས་ལྟར། ཚད་ལྡན་གྱི་གསོ་སྐྱོང་དོ་དམ་ཡིག་ཚགས་འཛུགས་པ་དང་། ཐོན་སྐྱེད་ལས་གཉེར་ཟིན་འགོད་ཞིབ་བྲ་ཡིན་པ། གསོ་སྐྱོང་ཡིག་ཚགས་ནང་དོན་ལ་རིགས་རྒྱུད་དང་རིགས་རྒྱུད་ཡོང་ཁུངས། གྲངས་ཀ སྐྱེ་འཕེལ། ཐོན་སྐྱེད་གནས་ཚུལ། གཟན་ཆག་ཡོང་ཁུངས་དང་བཀོལ་སྤྱོད་གནས་ཚུལ། འབྲི་གཡག་ལ་ནད་བྱུང་བ། སྨན་བཅོས། རིམས་འགོག་གནས་ཚུལ། ལྕི་གཅིན་སྐྱེ་ལ་མི་གནོད་པའི་གཙང་སེལ་གནས་ཚུལ་དང་འབྲི་གཡག་ཕྱིར་འཚོང་གནས་ཚུལ་སོགས་འདུས། གསོ་སྐྱོང་ཡིག་ཚགས་ལོ 2ཡན་དུ་ཉར་ཚགས་བྱེད་དགོས།

ས་བཅད་གསུམ་པ། སྐྱེ་ཁམས་ཕྱུགས་ར་འཛུགས་སྐྲུན།

གཅིག སྐྱེ་ཁམས་ཕྱུགས་རའི་གོ་དོན།

སྐྱེ་ཁམས་ཕྱུགས་ར་ནི་མཚོ་སྔོན་ཞིང་ཆེན་གྱི་འབྲོག་ཁུལ་གྱི་སྐྱེ་ཁམས་ཕྱུགས་ལས་ཐོན་ལས་ཆེད་ལས་མཉམ་ལས་ཁང་དང་གསོ་སྐྱོང་དུད་ཁྱིམ་ཆེན་མོ་རྣམས་གཞི་བྱས་ཏེ། གཞི་ཁྱོན་ཅན་གྱི་གསོ་སྐྱོང་དང་ཚད་གཞི་ཅན་གྱི་ཐོན་སྐྱེད། གཅིག

འདུས་ཅན་གྱི་ལས་གཉེར་སྤེལ་ཞིང་། ར་ནང་གཟན་སྟེར་དང་ཕྱུགས་འཚོ་བྱུང་འབྲེལ་སློས་རྩྭ་སའི་ཕྱུགས་རིགས་ཕྱུགས་ལས་ཐོན་སྐྱེད་དང་རྩྭ་ཐང་སྐྱེ་ཁམས་འཛུགས་སྐྲུན"ཉིས་རྒྱལ"དམིགས་འབེན་དུ་བཟུང་བའི་རྩྭ་སའི་ཕྱུགས་ལས་ཐོན་སྐྱེད་ཀྱི་གཞི་རྩའི་སྡེ་ཁག་མངོན་འགྱུར་བྱེད་དགོས།

གཉིས། རྩ་འཛུགས་ཀྱི་རིགས།

1.རྩྭ་སའི་སྐྱེ་ཁམས་ཕྱུགས་ལས་ཐོན་ལས་ཀྱི་ལུགས་གསར་ཕྱུགས་ར་ནི་སྐྱེ་ཁམས་ཕྱུགས་ལས་ཐོན་ལས་མཉམ་ལས་ཁང་དུ་ཞུགས་པ་དང་། རང་འཐད་སློས་མ་རྐང་ལ་ཞུགས་པ་སོགས་ཀྱི་རྣམ་པས་གྲུབ་པའི་གསོ་སྐྱེལ་དུད་ཁྱིམ་ཉིས་སམ་དུ་མ་འགའི་རྣམ་པའི་དུད་ཁྱིམ་མཉམ་འབྲེལ་ཕྱུགས་རའམ་སྐྱེ་ཁམས་ཕྱུགས་ལས་ཐོན་ལས་ཆེད་ལས་མཉམ་ལས་ཁང་། ཡང་ན་ཁེར་རྐྱང་གི་ཁྱིམ་ཚང་གི་གཞི་ཁྱོན་ཅན་གྱི་གསོ་སྐྱེལ་དུད་ཁྱིམ་ཡང་ཆོག

2.སྐྱེ་ཁམས་ཕྱུགས་ལས་ཐོན་ལས་མཉམ་ལས་ཀྱི་རྣམ་པ་ནི་འགྲོག་ཁྱིམ་འགས་རང་འཐད་དང་འདྲ་མཉམ། ཕན་ཚུན་ཁེ་ཕན་ཐོབ་པའི་རྩ་དོན་ལྟར། མ་རྐང་ཚོད་འཛིན་དང་མ་རྐང་དུ་ཞུགས་པ་སོགས་ཀྱི་རྣམ་པས་གྲུབ་པའི་སྐྱེ་ཁམས་ཕྱུགས་ལས་ཐོན་ལས་མཉམ་ལས་ཀྱི་དཔལ་འབྱོར་རྩ་འཛུགས་ཤིག་ཡིན་ལ། ནང་དུ་མ་རྐང་གི་ཁེ་ཕན་བགོ་བཤའི་ལམ་ལུགས་ཀྱི་ལས་གཉེར་རྣམ་པ་སྤེལ་བ་ཡིན།

3.ཁྱིམ་སྤྲེལ་རྣམ་པ་ནི་འགྲོག་ཁྱིམ་ཉིས་སམ་ཉིས་ཡན་གྱི་ཁྱིམ་ཚང་ལས་གཉེར་གྱི་རྨང་གཞིའི་སྟེང་། རྩྭ་ར་བོགས་མར་གཏོང་ལེན་དང་བརྒྱུད་འཁོར་སོགས་ཀྱི་རྣམ་པས་གྲུབ་པའི་ཁྱིམ་སྤྲེལ་ཕྱུགས་རའི་ལས་གཉེར་རྣམ་པ་ཡིན།

4.གཞི་ཁྱོན་ཅན་གྱི་གསོ་སྐྱེལ་དུད་ཁྱིམ་ནི་གསོ་སྐྱེལ་དུད་ཁྱིམ་ཆེན་པོས་རང་སྟེང་ནུས་པས་མ་དངུལ་བཏང་སྟེ་བཙུགས་པའི་ཁྱིམ་ཚང་རང་བཞིན་གྱི་ཕྱུགས་རའི་རྣམ་པ་ཡིན།

གསུམ། གསོ་སྐྱེལ་གཞི་ཁྱོན།

གསོ་སྐྱེལ་གྱི་རྒྱང་གཞིའི་འབྲི་མོ 200ཡན་ཡིན་དགོས་པར་མ་ཟད། གཞི་ཁྱོན་ངེས་ཅན་གྱི་ཕྱུགས་འཚོའི་རྩྭ་ར་ཡོད་དགོས།

བཞི། གནས་འདེམ་དང་སྒྲིག་གཞི།

སྐྱེ་ཁམས་ཕྱུགས་ར་འཛུགས་སྐྲུན་ས་གནས་འདེམ་པར་ས་གནས་ཕྱུགས་ལས་ཐོན་ལས་འཕེལ་རྒྱས་འཆར་འགོད་ཀྱི་སྒྲིག་གཞིའི་རེ་འདུན་དང་མཐུན་དགོས་ཤིང་། བསྡུས་བཅོས་ཀྱིས་གཅིག་བསྡུས་ལུགས་གཅིག་འབྲེལ་བ་དང་། གཞི་ཁྱོན་ཅན་གྱི་ཐོན་སྐྱེད་ཀྱི་སྒྲིག་དབྱིབས་ལ་ཕན་དགོས། སྐྱེ་ཁམས་ཁོར་ཡུག་ལེགས་ཤིང་བཟོ་ལས“སྙིགས་རོ་གསུམ”དང་། འཚོ་བ་དང་སྨན་བཅོས་སྙིགས་རྫས་བཙོག་བཟོས་ཀྱི་ས་ཁོངས་སུ་འཛུགས་སྐྲུན་མི་བྱེད་པའམ་ཡང་ན་ཐད་ཀར་དང་ལེན་མི་བྱེད་པ། འབྲི་གཡག་གསོ་སྐྱེལ་ལ་འཚམ་པའི་རང་བྱུང་རྩྭ་ར་དང་གཟན་རྩྭ་གཟན་ཆག་གི་རྟེན་གཞི་ཡོད་པ། ཆུའི་ཐོན་ཁུངས་འདང་ངེས་དང་ཆུ་སྤྲུས་ལེགས་ཤིང་གཙང་བ། ནོ་དམ་ཁུལ་གྱི་འགྲིམ་འགྲུལ་སྟབས་བདེ་ས་དང་། ནོ་དམ་ཁུལ་དང་གཞན་གསོ་ཁུལ་བསྡུས་བཅོས་ཀྱིས་གཅིག་སྟུད་དང་འཛུགས་སྐྲུན་བྱེད་དགོས། སྤྱོད་ནུས་ཁུལ་སོ་སོ་བསྡུས་བཅོས་ཀྱིས་ཕན་ཚུན་དགར་དགོས། འབྲི་མོ་གསོ་སྐྱེལ་ཁུལ་ནི་དུད་ཁྱིམ་རེ་རེ་ཁག་བྱས་ཏེ་ཐར་ཐོར་འཛུགས་སྐྲུན་བྱེད་དགོས།

ལྔ། སྒྲིག་བཀོད་འཛུགས་སྐྲུན།

ཕྱུགས་རིགས་གསོ་སྐྱེལ་དགོས་མཁོ་དང་མཐུན་པའི་རྟོད་ཁང་གིས་རྟོད་སྲུང་གྲང་འགོག་ཐུབ་པ་དང་། དགུན་ཐོན་དུས་ཕྱུགས་རིགས་རྟོད་ཁང་གི་རྒྱ་ཁྱོན་དེ་འབྲི་གཡག་རེར་རྨིད་གྲུ་བཞི་མ 5ཡི་མན་དུ་མི་ལྷུང་བ་དང་། ཁེར་རྐྱང་བཙའ་ཁང་། འགྲུལ་སྐྱོད་ར་བ་སོགས་སྒྲིག་བཀོད་བྱེད་དགོས། གསོ་སྐྱེལ་གཞི་ཁྱོན་དང་མཐུན་པའི་རྩྭ་གསོག་ཁང་དང་གཟན་ཆག་ཉར་མཛོད། གཟན་ཆག་གསབ…

གཞོང་དགོས་པ་ཡིན། དེ་མིན་འབྲི་མོ་ཐོན་སྐྱེད་དང་། རིམས་འགོག་དབྱེ་གསོ། དུག་སེལ། ལྕི་གཅིན་གཙང་སེལ། གཟན་ཆག་ལས་སྔོན། ནད་ལས་ཤི་བའི་འབྲི་གཡག་སྤྱི་ལ་མི་གནོད་པའི་གཙང་སེལ། འཐུང་ཆུ་དང་མཁའ་དབུགས། རྫོད་འདོན་སོགས་སྒྲིག་བཀོད་ཆ་ཚང་ཡོད་དགོས། ཆུ་འདྲེན་འབུད་བསྔས་བཙོས་ཀྱིས་སྟབས་བདེ་ཡིན་པ་དང་། བཙོག་ཆུ་དང་ལྕི་གཅིན་གཅིག་སྡུད་ངང་གཙང་སེལ་བྱེད་པར་མ་ཟད། GB18596ཡི་གཏན་འབེབས་དགོས་མཁོར་སླེབ་དགོས།

དྲུག མི་སྣ་སྒྲིག་བཀོད།

ལུགས་གསར་སྐྱེ་ཁམས་ཕྱུགས་ར་ར་མ་མཐའ་ཡང་འབྲེལ་ཡོད་ཆེད་ལས་ཀྱི་དོ་དམ་མི་སྣ 1དགོས་པ་དང་། ཐོན་སྐྱེད་གཞི་ཁྲོན་དང་མཐུན་ཞིང་ཕྱུགས་རིགས་སྨན་བཅོས་འབྲིང་རིམ་ཆེད་སྦྱོང་ཡན་གྱི་བསླབ་གནས་སམ་ཕྱུགས་རིགས……སྨན་བཅོས་འབྲིང་རིམ་ཡན་གྱི་ལག་རྩལ་ཐོབ་ཐང་ཡོད་པའི་ཆེད་ལས་ལག་རྩལ་མི་སྣ 2~3ཡོད་དགོས། ཡུན་རིང་ཐོན་སྐྱེད་ལག་ལེན་གྱི་ཉམས་མྱོང་གི་ལས་ཀ་ལས་མྱོང་བའི་གསོ་སྐྱེལ་མི་སྣ་འགའ་ཡོད་དགོས།

བདུན། ལམ་ལུགས་དང་ཡིག་ཚགས་འཛུགས་སྐྲུན།

སྤེལ་སྐྱོར་འབྲི་གཡག་དང་གཞི་ཁྲོན་ཅན་གྱི་གསོ་སྐྱེལ་ར་བའི་ལམ་ལུགས་དང་ཡིག་ཚགས་གཞིར་བཟུང་སྟེ། རང་སྟེང་གི་ཐོན་སྐྱེད་དངོས་དང་དགོས་མཁོ་ལྟར་ར་ནང་གི་ཐོན་སྐྱེད་ལས་གཉེར་དོ་དམ་ལམ་ལུགས་དང་ཡིག་ཚགས་རྒྱུ་ཆ་སྒྲིག་བཟོ་དང་འཛུགས་སྐྲུན་བྱེད་པ། སྤེལ་སྐྱོར་ཕྱུགས་རིགས་ལ་ངེས་པར་དུ་རྒྱུད་ཤལ་ཡིག་ཚགས་ཡོད་དགོས།

ས་བཅད་བཞི་པ། ལས་གཉེར་དོ་དམ་བྱེད་ཐབས།

གཅིག ཐོན་སྐྱེད་ལས་གཉེར་དོ་དམ་ལམ་ལུགས་འཛུགས་སྐྲུན་འཕྲུས་ཚང་དུ་གཏོང་བ།

ཕྱུགས་རིགས་སྤེལ་སྐྱོར་ར་བ་དང་གཞི་ཁྱོན་ཅན་གྱི་གསོ་སྐྱེལ་ར་བ་ཚད་ལྡན་སྒོས་ལས་གཉེར་བྱེད་པ་དང་། ཐོན་སྐྱེད་ལས་ཚོད་དང་དཔལ་འབྱོར་ཕན་འབྲས་མཐོར་འདེགས་གཉིས་གང་ཡིན་ཡང་ཐོན་སྐྱེད་ལས་གཉེར་དོ་དམ་ལམ་ལུགས་འཛུགས་སྐྲུན་འཕྲུས་ཚང་ཞིག་འཛུགས་དགོས། དེར་གཙོ་ཆེར་མི་སྣའི་ལས་ཀྲང་འགན་འཁྲི(ར་བའི་མགོ་གཙོའི་ལས་འགན་དང་། ཕྱུགས་རིགས། སྨན་བཅོས་སོགས་ལག་རྩལ་མི་སྣའི་འོས་འགན། ཐོན་སྐྱེད་ལས་བཟོ་པའི་འོས་འགན། ནོར་སྲིད། ཚོང་གཉེར་སོགས་མི་སྣའི་འོས་འགན)དང་། གསོ་སྐྱེལ་དོ་དམ་ལམ་ལུགས། དུག་སེལ་རིམས་འགོག་ལམ་ལུགས། ཚོང་གཉེར་ཕྱིར་འཕོར་འདྲི་ཞུའི་ལམ་ལུགས། མི་སྣའི་རྒྱུགས་བཤེར་ལམ་ལུགས། ནོར་སྲིད་དོ་དམ་ལམ་ལུགས་སོགས་འདུས། གཏན་འཁེལ་བྱས་པའི་ལམ་ལུགས་ཚང་མ་ར་ནང་གི་ཐོན་སྐྱེད་དངོས་དང་འཚམ་དགོས།

གཉིས། མི་སྣའི་སྤུས་ཚད་དང་ལག་རྩལ་ཆུ་ཚད་མཐོར་འདེགས།

ར་བའི་ནང་དུ་ལུགས་མཐུན་གྱི་མི་སྣ་དང་ལས་གནས་སྒྲིག་བཀོད་ཡོད་དགོས་པར་མ་ཟད། ར་ནང་གི་ལག་རྩལ་མི་སྣ་དང་ཐོན་སྐྱེད་ལས་བཟོ་པའི་ཆེད་ལས་གསོ་སྦྱོང་ལ་ཤུགས་སྣོན་དགོས་པ་དང་། ལག་རྩལ་ཆུ་ཚད་མཐོར་འདེགས་སུ་གཏོང་དགོས། ར་བའི་མགོ་གཙོ་རབ་ཡིན་ན་ལག་རྩལ་དང་ལས་གཉེར་བྱེད་ཤེས་པའི་མི་སྣས་འཁྱུར་དགོས།

གསུམ། ལུགས་མཐུན་སློས་འཆར་འགོད་དང་། དུས་མྱུར་སྤྱི་བསྡོམས་དང་དབྱེ་ཞིབ་བྱེད་དགོས།

ལོ་འཁོར་མི་གཅིག་པ་དང་ཐོན་སྐྱེད་དུས་སྐབས། ཐོན་སྐྱེད་རིགས་སྣ་ལྟར་འཆར་འགོད་བྱེད་དགོས་ཏེ། དཔེར་ན་ལོ་རེའི་ཐོན་སྐྱེད་འཆར་གཞི་ཡོད་དགོས་པ་དང་། ཐོན་སྐྱེད་དུས་སྐབས་གཙོ་བོ་དང་གཟའ་འཁོར་ནང་དུས་སྐབས་དབྱེ་བའི་ཐོན་སྐྱེད་ཀྱི་འཆར་འགོད་ཡོད་པ། དཔེར་ན་འབྲི་གཡག་ར་བའི་ནང་ལོ་རེའི་འབྲི་གཡག་སྡེབ་སྦྱོར་འཆར་འགོད་དང་རྒྱུད་དམིགས་ཀྱི་འབྲི་གཡག་སྡེབ་སྦྱོར་འཆར་འགོད། རྒྱུད་སྡེབ་སྔོན་དུ་ཐོན་སྐྱེད་དངོས་དང་དགོས་མཁོ་ལྟར་རྒྱུད་སྡེབ་འཆར་འགོད་སོགས་ཡོད་དགོས། གཞི་ཁྱོན་ཅན་གྱི་གསོ་སྐྱེལ་ར་བའི་ནང་ཡང་དེ་བཞིན་དུ་ལོ་རེའི་ཐོན་སྐྱེད་འཆར་འགོད་དང་གཟན་ཆག སྨན་བཅོས་སོགས་ཉེ་སྒྲུབ་འཆར་འགོད་དགོས།

ལོ་འཁོར་འཆར་འགོད་ལས་གཞན་ད་དུང་ར་ནང་གི་ཐོན་སྐྱེད་གནས་ཚུལ་ལ་སྤྱི་བསྡོམས་དང་དབྱེ་ཞིབ་བྱེད་པ་དང་། ལོ་རེར་དང་ཡང་ན་ཐོན་སྐྱེད་དུས་སྐབས་ཤིག་ལེགས་འགྲུབ་བྱུང་རྗེས་དུས་མྱུར་ངང་སྤྱི་བསྡོམས་བྱེད་པ་དང་། འབྲེལ་ཡོད་གཞི་གྲངས་ལ་དབྱེ་ཞིབ། ཐོན་སྐྱེད་དམ་ལས་གཉེར་དོ་དམ་ཁྲིད་གནས་པའི་གནད་དོན་ཕྱུང་སྟེ། བསྡོས་བཅས་ཀྱི་ཐོན་སྐྱེད་འཆར་འགོད་ལེགས་སྒྲིག་དང་། ལག་རྩལ་འཆར་གཞིས་དུས་སྐབས་འོག་མའི་ཐོན་སྐྱེད་ལ་ཁུངས་ལུང་འདོན་པར་སྟབས་བདེ་བཟོས་ཏེ། ཐོན་སྐྱེད་ལས་ཚོད་མཐོར་འདེགས་དང་། འདི་ལས་འབྱུང་སྲིད་པའི་འཕྲུག་སྐྱོན་ནམ་གྱོང་གུད་བཀག་འགོག་བྱེད་ཐུབ།

བཞི། སྔོན་ཐོན་གྱི་ལག་རྩལ་དང་དོ་དམ་རྣམ་པ་ནང་འདྲེན་བྱེད་པ།

ཚོང་གཉེར་ནི་གཞི་ཁྱོན་ཅན་གྱི་གསོ་སྐྱེལ་ར་བ་འཚོ་གནས་བྱེད་པའི་གནད་འགག་ཡིན་ཞིང་། འདུ་ཤེས་གསར་སྤེལ་དང་། སྔོན་ཐོན་གྱི་ལག་རྩལ་དང་དོ་

དམ་རྣམ་པར་སློབ་སྦྱོང་དང་ནང་འདྲེན་བྱེད་དགོས། ཡུལ་བབ་དང་བསྟུན་ཏེ་རང་གི་ར་ནང་དང་མཐུན་པའི་ལག་རྩལ་དང་ནོར་དམ་ལམ་ལུགས་གྲུབ་དགོས་ཏེ། དཔེར་ན། ར་ནང་གི་ཆ་རྐྱེན་ལྟར། འབྲི་གཡག་ཕྱེད་ཀའི་སྟོམ་གསོ་དང་། དགུན་དུས་གསབ་གསོ། ཕྱེད་སྣུན་གསོ་ཚགས་ལག་རྩལ་སྤེལ་དགོས། འཚོ་བཅུད་ཉིང་རྫས་ལྷག་པ་དང་བསྲེས་སྦྱོར་གཟན་ཆག་སོགས་མཐུན་འགྱུར་རྫས་སྤྱོད་པ། ཞིང་ཆེན་ནང་ཁུལ་དང་ཞིང་ཆེན་གཞན་དག་གི་འབྲི་གཡག་རྒྱུད་སྤེལ་ར་བ་དང་། ཕྱུགས་སྐྱེབ་སྟོན་ཐོན་གྱི་ནོར་དམ་རྣམ་པ་སོགས་གཞིར་བཟུང་སྟེ། ནོར་དམ་ཚུ་ཚོད་དང་ར་བའི་ཚོང་རའི་འགྲན་རྩོད་ནུས་ཤུགས་མཐོར་འདེགས་སུ་གཏོང་དགོས།

ལུགས་གསར་གཞི་ཁྱོན་ཅན་གྱི་གསོ་སྐྱེལ་ར་བར་ཆེད་ལས་མཉམ་ལས་ཁང་རྩ་འཛུགས་འཛུགས་པ་དང་། ནོར་དམ་ལམ་ལུགས་སོ་སོར་འཛུགས་སྐྲུན་དང་འཐུས་ཚང་དུ་བཏང་སྟེ། གཅིག་གྱུར་གྱིས་ཐོན་སྐྱེད་དང་ནོར་དམ་བྱེད་པ། སྐྱེ་ཁམས་ཕྱུགས་ལས་ཐོན་ལས་ཆེད་ལས་མཉམ་ལས་ཁང་གི་གཅིག་གྱུར་རྩ་འཛུགས་འོག འཆར་ཁུལ་རེས་སྐྱོང་དང་། འབྲི་མོ་དང་བེའུ་དབྱེ་གསོ། འབྲི་གཡག་སྐྱེབ་སྦྱོར་གཅིག་སྡུད་ནོར་དམ་དང་གཅིག་སྡུད་ཚོན་གསོ་བྱེད་པ། ཐོན་རྫས་དག་གཅིག་གྱུར་ལས་སྒྲོན་དང་ཚོང་གཉེར་བྱས་ཏེ། སྣེ་འདྲེན་ཁེ་ལས་དང་མཉམ་དུ་ཐོན་སྐྱེད་དང་ཚོང་གཉེར་གྱི་མཉམ་ལས་འབྲེལ་བ་འཛུགས་པ། བཤའ་ཐོ་བཀོད་དེ་ཐོན་ལས་ཅན་དང་ཚད་གཞི་ཅན་གྱི་ཐོན་སྐྱེད་ལས་གཉེར་སྤེལ་དགོས། སྐྱེ་ཁམས་ཕྱུགས་ལས་ཐོན་ལས་ཆེད་ལས་མཉམ་ལས་ཁང་དང་དེའི་ཚོགས་མི་དག་ནི་ཞབས་ཞུ་བྱ་ཡུལ་ཡིན་ཞིང་། ཕྱུགས་ལས་ཐོན་ལས་ཐོན་སྐྱེད་རྒྱུ་ཆ་མངགས་ཉོ་དང་། ཕྱུགས་ལས་ཐོན་རྫས་ཀྱི་ཚོང་གཉེར་དང་ལས་སྒྲོན། སྐྱེལ་འདྲེན། གསོག་ཉར། དེ་མིན་ཕྱུགས་ལས་ཐོན་ལས་ཐོན་སྐྱེད་ལས་གཉེར་དང་འབྲེལ་བའི་ལག་རྩལ་དང་ཆ་འཕྲིན་སོགས་ཞབས་ཞུ་མཁོ་འདོན་བྱེད་དགོས།

༧། དུས་སྒྱུར་དང་སྲིད་ཇུས་རྒྱུས་ལོན་དང་ཚོང་རའི་ཆ་འཕྲིན་འཚོལ་སྡུད་བྱེད་པ།

ར་བའི་ཐོན་སྐྱེད་དཔལ་འབྱོར་གྱི་ཕན་འབྲས་མཐོར་འདེགས་སུ་གཏོང་འདོད་ན། ཐོན་སྐྱེད་ཕོ་ནར་འཛིན་རྒྱུ་མི་བྱེད་པར། དུས་རྒྱུན་ཐོན་སྐྱེད་ཀྱི་སྐབས་སུ་ལས་རིགས་སྡེ་ཁག་དང་། སྲིད་འཛིན་གཙོ་གཉེར་སྡེ་ཁག དྲ་རྒྱའི་ཆ་འཕྲིན་སྟེགས་བུ་སོགས་ཀྱི་ལམ་བུ་དང་བྱེད་ཐབས་བརྒྱུད་དེ། རྒྱལ་ཁབ་ཀྱི་འབྲེལ་ཡོད་སྲིད་ཇུས་དང་ཚོང་རའི་ཆ་འཕྲིན་སྡུད་ལེན་དང་རྒྱུས་ལོན་བྱེད་དགོས། ཚོང་རའི་འགྲུལ་རྣམ་དང་དགོས་མཁོ། ཉེན་ཁ་ལས་གཡོལ་ཐབས་སོགས་ངེས་པར་བྱས་ཏེ། དཔལ་འབྱོར་ཕན་འབྲས་མཐོར་འདེགས་སུ་གཏོང་དགོས།

ལེའུ་བརྒྱད་པ། འབྲི་གཡག་གི་རིམས་འགོག

ས་བཅད་དང་པོ། འགོག་བཅོས་ཀྱི་རྩ་དོན་དང་བྱེད་ཐབས།

གཅིག འགོག་བཅོས་ཀྱི་རྩ་དོན།

མཐོ་སྒང་འབྲི་གཡག་ལ་ནད་འགོས་པ་གཙོ་བོ་ནི་སྐྱེ་ལྡན་ཕུང་པོ་ལ་གནོད་སྐྱོན་ཐེབས་པའམ་ཕྱི་ཡུལ་ཁོར་ཡུག་དྭ་སྐྱོམ་མ་བྱུང་བས་ཡིན་ལ། དེའི་མཇུག་འབྲས་ཀྱིས་འབྲི་གཡག་གི་སྐྱེ་འཕེལ་ལ་བཀག་འགོག་དང་ཐོན་སྐྱེད་ནུས་པ་ཇེ་དམའ། ཡང་ན་གནོད་སྐྱོན་ཆེ་བའི་རིགས་ཤི་བའི་ཉེན་ཁ་ཡང་ཡོད། དངོས་ཡོད་ཐོན་སྐྱེད་ཁྲོད་དུ། འབྲི་གཡག་གསོ་སྐྱོང་དུད་ཁྱིམ་གྱིས་ངེས་པར་དུ“ཚབས་ཆེན་འགོག་བཅོས་དང་། འགོག་བཅོས་ཟུང་འབྲེལ”གྱི་རྩ་དོན་རྒྱུན་འཛིན་བྱས་ཏེ། ནད་བྱུང་ཚད་ཇེ་ཉུང་དུ་གཏོང་དགོས། གལ་སྲིད་ནད་བྱུང་ན་དུས་མྱུར་དུ་སྨན་བཅོས་བྱེད་དགོས་པ་དང་། ནད་བྱུང་བའི་གྱོང་གུན་དང་ཉེན་ཁ་ཆེས་དམའ་བའི་ཚད་དུ་གཏོང་དགོས།

གཉིས། འགོག་བཅོས་བྱེད་ཐབས།

(གཅིག)ལུགས་མཐུན་སྒོས་གནས་འདེམ་དང་སྒྲིག་གཞི་འགོད་པ།

འབྲི་གཡག་ར་བའི་གནས་འདེམ་དང་སྒྲིག་གཞི་དེ་ཚན་རིག་དང་མཐུན་པ་དང་། ར་བའི་ནང་གི་སྤྱོད་ནུས་ཁུལ་སོ་སོའི་དབྱེ་ཁུལ་དང་སྒྲིག་རིམ་སོགས་རིམས་འགོག་གི་རེ་འདུན་དང་འཚམ་དགོས།

(གཉིས)དུས་རྒྱུན་གསོ་སྐྱོང་དོ་དམ་ལེགས་པོར་སྒྲུབ་སྟེ། གཟན་ཆག་གི་ཤུགས་ཚད་ཁག་ཐེག་བྱེད་དགོས།

1.ཁྲུ་བགོ་དང་དུས་སྐབས་བགོས་ཏེ་གསོ་སྐྱོང་བྱེད་དགོས། ཕོ་མོ་དང་ལོ་ཚོད་ལྟར་ཁྲུ་བགོ་གསོ་སྐྱོང་བྱེད་པ་དང་། ཚོགས་སྤྱི་མི་འདྲ་བ་དང་དུས་སྐབས་མི་འདྲ་བ་གཞིར་བཟུང་སྟེ་གསོ་སྐྱོང་གི་ཚད་གཞི་གཏན་ཁེལ་དང་། གང་འདོད་དུ་བཅོས་སྒྱུར་བྱེད་པར་བཀག་འགོག་བྱེད་ཅིང་། འཚོ་བཅུད་མི་འདང་བའི་རྟགས་དང་ཕོ་རྒྱུའི་ནད་འབྱུང་བར་འགོག་བཅོས་བྱེད་དགོས།

2.དུས་རྒྱུན་དོ་དམ། དུས་རྒྱུན་གྱི་བདེ་སྲུང་ལེགས་པོར་སྒྲུབ་པ་དང་། འབྲི་གཡག་འོས་མཐུན་གྱིས་འགུལ་སྐྱོད་བྱེད་པར་ཁག་ཐེག་བྱེད་དགོས། དུས་རྒྱུན་འཐུང་ཆུར་གཙང་འཕྲུའི་འཕྲོད་བསྟེན་དགོས་མཁོ་སྐོང་བ་དང་། གཟན་རྩྭ་དང་གཟན་ཆག་གཙང་ཞིང་ཞིབ་གཏུབ། ཞིང་སྨན་དང་རྡོག་རྫས་མེད་པར་བྱས་ཏེ། གཟན་ཆག་དུག་ལྡན་དང་རུལ་འགྱུར་འབྱུང་བར་བཀག་འགོག་བྱེད་དགོས།

3.གཟན་ཆག་གི་ཤུགས་ཚད་ཁག་ཐེག་བྱེད་པ། མཛོད་ཁང་ནང་གི་ཤུགས་ལེགས་གཟན་ཆག་གི་བརླན་དང་འབུ། བྱི་བ་སོགས་འགོག་པའི་བྱ་བ་ལེགས་པར་སྒྲུབ་པ། རྩྭ་སྐམ་པོ་བརླན་གཉེར་གྱིས་བཟུང་ནས་ཤུགས་ཚད་འགྱུར་བར་འགོག་སྲུང་དང་མི་འགོག་བྱ་བར་དོ་སྣང་བྱེད་དགོས།

(གསུམ)དུས་ལྟར་དུག་སེལ་བྱེད་པ།

དུས་ལྟར་ཐྲོད་ཁང་དང་སྒྲིག་ཆས། ཡོ་ཆས་སོགས་དུག་སེལ་བྱེད་པ་དང་། སྒོས་སུ་ཐྲོད་ཁང་སྟོང་པ་བྱུང་རྗེས་ཀྱི་དུག་སེལ་དང་། ཐྲོད་ཁང་ནང་དུ་ཁེངས་པའི་སྐྱེ་དངོས་ཕྲ་རབ་སེལ་བ། ནད་འགོས་བརྒྱུད་ལམ་བཅས་ཏེ་ཁོར་ཡུག་གཙང་དག་རྒྱུན་འཁྱོངས་དང་ནད་འབྱུང་བར་འགོག་བཅོས་བྱེད་ཅིང་། འབྲི་གཡག་ཚོགས་ཁྲུའི་བདེ་འཇགས་ཁག་ཐེག་བྱེད་དགོས།

(བཞི)ཚན་རིག་གིས་རིམས་ཐར་བྱེད་པ།

འཆར་གཞི་ཡོད་པའི་སྒོ་ནས་བདེ་ཐང་ཕྱུགས་ཕྲུར་འགོག་སྨན་བརྒྱབ་ན། པན་ལྡན་སྒོས་འབྲེལ་ཡོད་འགོས་ནད་ཀྱི་གནོད་འཚེ་འགོག་ཐུབ་ཅིང་། འགོག་སྨན་བརྒྱབ་ན་འགོས་ནད་ཀྱི་རིགས་དང་འགོས་ནད་བྱུང་བའི་དུས་ཚིགས། དར་ཁྱབ་ཆེ་བའི་ཆོས་ཉིད་དག་ལ་རྒྱུས་ལོན་ཟབ་མོ་བྱེད་དགོས་པ་དང་། ཕྱུགས་ཕྲུའི་ཐོན་སྐྱེད་དང་གསོ་སྐྱོང། ད་དམ། དར་ཆེ་བ་སོགས་ཀྱི་གནས་ཚུལ་ལྟར། འབྲེལ་ཡོད་ཀྱི་རིམས་འགོག་ལམ་ལུགས་སྒྲིག་བཟོ་བྱེད་དགོས། གཞི་ཁྱོན་ཅན་གྱི་གསོ་སྐྱོང་ར་བ་དང་གསོ་སྐྱོང་ས་ཁུལ་དུ་གཞི་ཁྱོན་ཅན་གྱི་གསོ་སྐྱོང་ཁྱད་ཆོས་དང་འགོག་སྨན་གྱི་རིམས་ཐར་ཁྱད་ཆོས་ལྟར། ར་བ་འདིའི་དངོས་ཡོད་དང་བསྟུན་ཏེ་འགོག་སྨན་གྱི་ཐེངས་གྲངས་དང་བར་གྱི་དུས་ཚོད། འགོག་སྨན་གྱི་ཚད་སོགས་གཏན་ཁེལ་བྱེད་དགོས་ལ། ཚད་ལྡན་བཟོ་གྲྭས་ཐོན་སྐྱེད་བྱས་པའི་འགོག་སྨན་འདེམ་པ་དང་། ཐབ་བབ་མེད་པའི་བཟོ་གྲྭས་ཐོན་སྐྱེད་དམ་ཚོང་གཉེར་བྱེད་པའི་འགོག་སྨན་ཉོ་མི་རུང་། སྐྱེལ་འདྲེན་ཞར་འཛོག་གི་གོ་རིམ་ཁྲོད་གཟབ་ནན་གྱིས་བཀོལ་སྤྱོད་དགོས་མཚོ་ལྟར་བེད་སྤྱོད་གོ་རིམ་ཁྲིད་ངེས་པར་དུ་ཚད་ལྡན་སྒོས་སྤྱོད་དགོས།

(ལྔ)དུས་ལྟར་འབུ་འདེད་བྱེད་པ།

གཞན་བརྟེན་སྲིན་འབུའི་ནད་ཀྱང་འབྲི་གཡག་ཐོན་སྐྱེད་ཀྱི་ནད་རིགས་གཙོ་བོ་ཞིག་ཡིན་ཞིང་། དེས་ཕྱུགས་ཕྲུའི་རྒྱུན་ལྡན་གྱི་སྐྱེ་འཕེལ་ལ་གནོད་པར་མ་ཟད། སྐྱེ་པགས་དང་ལྤི་གཅིན་བརྒྱུད་དེ་ཕྱུགས་ར་རུ་མཆེད་པ་དང་དར་ཁྱབ་ཏུ་འགྲོ་ངེས། གལ་སྲིད་སྔར་དུ་འགོག་བཅོས་དང་གཞི་ནས་དུག་སེལ་མ་བྱས་ན། གཞན་བརྟེན་སྲིན་འབུ་དེ་ཕྱུགས་ར་རུ་རྟག་ཏུ་འཚོ་ངེས། གཞན་བརྟེན་སྲིན་འབུའི་ནད་རྟོན་འགོག་བྱེད་པར། ལོ་རེའི་དཔྱིད་སྟོན་དུས་ཚིགས་གཉིས་སུ

ཕྱུགས་ཕྲུ་ཧྲིལ་པོར་འབུ་འདེད་བྱེད་དགོས།

(དྲུག)གཏོང་འདྲེན་དང་རིམས་འགོག་ལྟ་ཞིབ་བྱེད་པ།

《སྲོག་ཆགས་རིམས་འགོག་བྱ་ཐབས》ཀྱི་འབྲེལ་ཡོད་གཏན་ཁེལ་ལྟར། ཕྱི་ནས་འབྲི་གཡག་ནང་འདྲེན་བྱེད་དུས། ངེས་པར་དུ་ནང་འདྲེན་བྱེད་གནས་ཀྱི་སྲོག་ཆགས་འཕྲོད་བསྟེན་ལྟ་ཞིབ་ལས་ཁུངས་ཀྱིས་གནང་བའི་རིམས་བཤེར་དཔང་ཡིག་དང་། པུ་ལུ་རྩི་འབུ་སྤྲ་དང་། འདུས་འདྲིལ་ནད་ཚོད་ལྟ་ཁང་གི་ལྟ་བཤེར་སྲིབ་གཉིས་མཇུག་འབྲས་དཔང་ཡིག་ལེན་དགོས། སྐྱེལ་འདྲེན་མ་བྱས་སྔོན་གྱི་རིམས་བཤེར་དང་སྐྱེལ་འདྲེན་བྱེད་དུས་ཀྱི་རིམས་བཤེར། དམིགས་སའི་ཡུལ་དུ་ཐོན་རྗེས་ཀྱི་རིམས་བཤེར་བཅས་བྱེད་དགོས་པར་མ་ཟད། དམིགས་སའི་ཡུལ་དུ་ཐོན་རྗེས་དབྱེ་གསོ་ལྟ་གཟིགས་བྱས་ཏེ། བདེ་ཐང་ཡིན་པ་ངེས་གཏན་བྱས་རྗེས་ད་གཟོད་བསྲེས་གསོ་བྱས་ཆོག གཏོང་འདྲེན་གོ་རིམ་ཁྲོད་དུ། རིམས་བཤེར་བརྒྱུད་རིམ་གཅིག་ཀྱང་སྣང་ཆུང་བྱེད་མི་རུང་། དུས་མཚུངས་སུ་སྲོག་ཆགས་རིམས་འགོག་ལྟ་ཞིབ་ལ་ཤུགས་བསྣན་ཏེ་སྲོག་ཆགས་རིམས་འགོག་བྱེད་ཐབས་དང་འགལ་བའི་ལས་ཁུངས་དང་མི་སྒེར་ལ་ཆད་པ་ནན་མོ་བཅད་ནས། ནད་ཡོད་པའམ་རིམས་འགོས་ཀྱི་ཕྱུགས་དང་ཐོན་རྫས་དྲངས་ཏེ་རིམས་ནད་ཀྱི་དར་ཁྱབ་ཡོང་བར་བཀག་འགོག་བྱེད་དགོས།

(བདུན)རིམས་ནད་གནས་ཚུལ་ལྟ་ཞིབ།

ཕྱུགས་ཕྲུའི་རིམས་བཤེར་ལམ་ལུགས་འཛུགས་པ་དང་། རིམས་ནད་ལྟ་ཞིབ་ལེགས་པོར་སྒྲུབ་ཅིང་། གསོ་སྐྱོང་ས་གནས་ཀྱི་རིམས་ནད་དམ་ལས་རིགས་སྡེ་ཁག་གི་རིམས་བཤེར་འཆར་འགོད་ལྟར། ལོ་རེར་ཕྱུགས་ཕྲུ་ལ་འཆར་འགོད་ལྡན་པའི་སྒོ་ནས་རིམས་བཤེར་བྱེད་དགོས་པ་དང་། དུས་སྒྱུར་སྒོས་ནད་ཡོད་འབྲི་གཡག་བཤེར་འཚོལ་ཐུབ་པ་དང་། དབྱེ་གསོ་སྨན་བཅོས་སམ་ལས་རིགས་སྡེ་

ཁག་གི་བསམ་འཆར་ལྟར་སྒྲུབ་པ། སྲོག་ཆགས་ཀྱི་རིམས་ནད་ཚབས་ཆེན་རིགས་བྱུང་ཚེ། མྱུར་དུ་སྲོག་ཆགས་རིམས་འགོག་ལྟ་ཞིབ་ལས་ཁུངས་ལ་སྙན་ཞུ་འབུལ་བ་མ་ཟད། དེར་མཐུན་སྦྱོར་གྱིས་འབྲེལ་ཡོད་ཐག་གཅོད་བྱེད་ཐབས་སྤྱོད་དགོས།

(བརྒྱད)སྙིགས་རྫས་གཙང་སེལ་བྱེད་པ།

ལྕི་གཅིན་དང་སྙིགས་རྫས་གཞན་དག་གི་དོ་དམ་ལ་ཤུགས་བསྣན་ཏེ། མྱུར་དུ་ར་ནང་དང་འགྲུལ་སྐྱོད་ར་ནང་གི་སྙིགས་རྫས་དང་ལྕི་གཅིན་གཙང་སེལ་བྱེད་པ་དང་། ལྕི་གཅིན་དང་སྙིགས་རྫས་གཙང་སེལ་སྒྲིག་བཀོད་འཛུགས་སྐྲུན་བྱེད་དགོས་ལ། སྙིགས་རྫས་དག་ཀུང་ཚད་ཅན་དང་སྐྱོ་ལ་མི་གནོད་པ། ཐོན་ཁུངས་ཅན་གྱི་རྩ་དོན་ལྟར་གཙང་སེལ་བྱེད་དགོས། དུས་མཚུངས་སུ། རིམས་འགོག་དང་རིམས་བཤེར། ཕྱུགས་རིགས་སྨན་བཅོས་ལམ་ལུགས་གཞན་དག་སོགས་གཟབ་ནན་གྱིས་ལག་བསྟར་བྱེད་དགོས།

ས་བཅད་གཉིས་པ། འགོས་ནད་འགོག་བཅོས།

འབྲི་གཡག་གི་འགོས་ནད་དར་ཁྱབ་ནི་འགོས་ནད་ཁུངས་དང་འགོས་ལམ། འགོས་སླའི་འབྲི་གཡག་བཅས་རྒྱུ་གསུམ་ཕན་ཚུན་འབྲེལ་ནས་གྲུབ་པའི་འགོས་ནད་དར་ཁྱབ་ཏུ་འགྲོ་བ་ཞིག་ཡིན་པས། ཏག་ཏག་འོས་མཐུན་གྱི་ཕྱོགས་བསྡུས་རང་བཞིན་གྱི་འཕྲོད་བསྟེན་རིམས་འགོག་བྱེད་ཐབས་སྤྱོད་པ་དང་། གོང་དུ་བརྗོད་པའི་དེ་གསུམ་པོའི་ལྷུ་ལག་གཅིག་སེལ་བའམ་གཏིང་གཅོད་བྱས་ན་ད་གཟོད་འགོས་ནད་འབྱུང་བ་དང་དར་ཁྱབ་ཏུ་འགྲོ་བ་སྔོན་འགོག་བྱེད་ཐུབ།

གཅིག རྒྱུན་མཐོང་འགོས་ནད།

འབྲི་གཡག་ལ་རྒྱུན་མཐོང་གི་འགོས་ནད་ནི་ཕུ་ལུ་རྫི་ནད་འབུ་དང་།

འདུས་འདྲིལ་ནད། ཁ་ཚ་རྨིག་ཚ། ཕྱུགས་ནད་གཉན་རིམས། ཕ་སེ་ཏ་དབྱུག་སྲིན། འགོས་ནད་རང་བཞིན་གྱི་བྲང་སྐྲི་སློ་ཚད། སལ་མོན་སྲིན་ནད། རྒྱུ་དཀར་དབྱུག་སྲིན་ནད། པགས་འབུ་ཕྲའི་ནད། འབྲུར་སྐྲི་ནད། དེ་མིན་མཐོང་སྐྲི་འབྲེལ་སྐྲི་ཚ་ནད་སོགས་འདུས། མིག་སྔར། འགོས་ནད་མང་ཆེ་ཤོས་ཤིག་ཕན་འབྲས་ལྡན་པའི་སྨན་ནས་ཅོད་འཛིན་ནམ་མེད་པར་བཟོས་ཡོད།

གཉིས། འགོག་བཅོས་ཀྱི་གནད་འགག

(གཅིག)གསོ་སྐྱེལ་དོ་དམ་ལ་ཤུགས་བསྣན་ཏེ་དག་གཙང་འཁོར་བསྐྱེད་ལེགས་པོར་སྒྲུབ་པ།

ངེས་པར་དུ"འགོག་བཅོས་གཙོ་བོའི"བྱེད་ཕྱོགས་ལག་བསྟར་དང་། གསོ་སྐྱེལ་དོ་དམ་ལ་ཤུགས་བསྣན་ཏེ་ར་ནང་གཙང་དག་འཁོར་བསྐྱེད་ལེགས་པོར་སྒྲུབ་ཅིང་། འབྲི་གཡག་གི་ནད་འགོག་ནུས་པ་ཇེ་མཐོར་གཏོང་བ་དང་། རིམས་ནད་འབྱུང་བ་ཉུང་དུ་གཏོང་དགོས། ཐོན་སྐྱེད་ཕྱུགས་ར་དང་དབྱེ་གསོ་ཕྱུགས་ར། ནད་འགོས་ཕྱུགས་ར་བཅས་ལ་ཞིབ་ཕྲའི་གནས་ཚུལ་ལྟར་ངེས་པར་དུ་དགོས་ངེས་ཀྱི་དུག་སེལ་བྱེད་དགོས། འབྲི་གཡག་ལ་འགོས་ནད་འབྱུང་སྲིད་པ་འདྲ་ན། ནད་ཡོད་འབྲི་གཡག་དབྱེ་གསོ་བྱེད་དགོས། ཤི་བའི་འབྲི་གཡག་དག་གཏན་ཁེལ་གྱི་གནས་སུ་སྐྱེལ་ཏེ་གཙང་སེལ་ལེགས་པོ་བྱེད་དགོས། ནད་ཡོད་འབྲི་གཡག་གསོས་སྐྱོང་བའི་གནས་དེ་མྱུར་དུ་གཙང་འབྲུ་དང་དུག་སེལ་བྱེད་དགོས། བཙོག་ལྷད་ཐེབས་པའི་གསོ་སྐྱེལ་ཡོ་ཆས་དག་ཀྱང་གཟབ་ནན་གྱིས་དུག་སེལ་བྱེད་དགོས་ལ། རྩྭ་གདན་དག་མེར་སྲེག་དགོས། དབུགས་ལམ་འགོས་ནད་ཀྱི་ཕྱུགས་རའི་ནང་དུ་ཆུ་གཏོར་ནས་དུག་སེལ་བྱེད་པ་དང་། རིམས་ནད་དར་ཁྱབ་ཆེ་བའི་དུས་སྐབས་སུ་དུག་སེལ་བྱེད་པར་ཤུགས་སྣོན་དགོས།

འབྲི་གཡག་གསར་བ་ནང་འདྲེན་བྱེད་དུས། ཐོག་མར་ངེས་པར་དུ

དགོས་ངེས་ཀྱི་འགོས་ནད་རིམས་བཤེར་བྱེད་དགོས་པ་དང་། སྲིབ་གཤིས་ལྡན་པའི་འབྲི་གཡག་དག་འབྲེལ་ཡོད་གཏན་ཁེལ་ལྟར་དུས་ཡུན་ངེས་ཅན་ལ་དབྱེ་གསོ་བྱེད་དགོས་ཤིང་། འགོས་ནད་མེད་པ་གསལ་ཐག་ཆོད་རྗེས་ད་གཟོད་འབྲི་གཡག་གཞན་དག་དང་བསྲེས་ནས་གསོ་ཆོག འགོས་ནད་ཚབས་ཆེན་འབྱུང་དུས། ནད་ཡོད་འབྲི་གཡག་དབྱེ་གསོ་བྱེད་པ་ལས་གཞན། གྲོང་རིམ་གཙོ་གཉེར་སྡེ་ཁག་ལ་སྙན་ཞུ་འབུལ་བ་དང་། ས་ཁོངས་དགར་ཏེ་བཀག་སྡོམ་བྱེད་དགོས་ལ། བཀག་སྡོམ་ཁུལ་གྱི་འཁོར་འགྲམ་དུ་གསལ་བསྟན་སྦྲག་བྱང་འཛུགས་དགོས་པ་དང་། མི་སྣ་འགྲོ་འོང་ཇེ་ཉུང་དུ་གཏོང་དགོས། དགོས་ངེས་ཀྱི་འགྲིམ་འགྲུལ་ལམ་ཁར་རིམས་བཤེར་དུག་སེལ་ས་ཚིགས་འཛུགས་པ་དང་དུག་སེལ་ལམ་ལུགས་བསྟར་དགོས། བཀག་སྡོམ་ཁུལ་ནང་དུ་རྟག་ཏུ་དུག་སེལ་བྱེད་པ་དང་། ཕྱུགས་སྨན་གཙོ་གཉེར་སྡེ་ཁག་གི་ནད་ཤི་འབྲི་གཡག་གི་གཙང་སེལ་གཏན་འབེབས་ནན་གྱིས་བསྟར་དགོས་ཤིང་། དུག་སེལ་བྱ་བ་ལེགས་པོར་སྒྲུབ་དགོས། ཆེས་མཐའ་མའི་འབྲི་གཡག་ནད་ལས་ཐར་བའམ་གཙང་སེལ་བྱས་རྗེས་ད་གཟོད་བཀག་སྡོམ་མ་བྱས་ན་ཆོག

(གཉིས)དུས་ལྟར་རིམས་བཤེར་ལམ་ལུགས་འཛུགས་པ།

འདུས་འདྲིལ་ནད་དང་པུ་ལུ་ཧྲི་ནད་འབུ་ཚང་མ་མི་ཕྱུགས་མཉམ་འབྱུང་གི་ནད་ཅིག་ཡིན་ཞིང་། འགོས་ནད་འདི་གཉིས་འཁྲོག་ཁུལ་དུ་དར་ཁྱབ་ཆེ་ལ། དུས་མགོར་འབྲི་གཡག་ལ་ནད་བྱུང་བ་ཡིན་ན་མྱུར་དུ་བྱེད་ཐབས་གང་ཐུང་སྤྱད་ནས། ཕྱུགས་ཁྱུའི་བདེ་ཐང་དང་ཐོན་རྫས་བདེ་འཛགས་ཁག་ཐེག་བྱེད་དགོས། ད་ལྟའི་གཏན་ཁེལ་ལྟར་ན། ནོར་འདུས་འདྲིལ་གཙོང་ནད་ལ་ནོར་འདུས་འདྲིལ་གཙོང་ནད་ཀྱི་འདུས་འདྲིལ་སྲིན་རྒྱུ་ལེན་པའི་འགྱུར་སྐྱངས་འགྱུར་རྣམ་བྱེད་ཐབས་ཀྱིས་རིམས་བཤེར་བྱེད་པ་དང་། པུ་ལུ་ཧྲི་ནད་འབུ་ལ་པུ་ལུ་ཧྲི་སྲིན་འབུའི་ཚོད་

སྒུག་བཀག་འདུས་འགྱུར་རྣམ་བྱེད་ཐབས་ཀྱིས་རིམས་བཤེར་བྱེད་པ། འགོས་ནད་གཞན་དག་ཀྱང་ཞིབ་ཕྲའི་རིམས་ནད་ལྟར་རིམས་བཤེར་བྱེད་ཐབས་མི་མཐུན་པ་སྤྱོད་དགོས།

(གསུམ)འགོག་སྨན་ཐོན་འགོག་དུས་ལྟར་ལག་བསྟར་བྱེད་པ།

དུས་ལྟར་འགོག་སྨན་ལ་བསྙེན་ཏེ། འགོས་ནད་ཀྱི་དམིགས་བསལ་འགོག་ཐུབ་རྗེ་མཐོར་གཏོང་བ་སྟེ། དཔེར་ན་ཕྱུགས་ནད་གཉན་རིམས་ཀྱི་ནད་སྲིན་དབྱུ་གུའི་འབྲུམ་སྨན་སོགས་ལྟ་བུ།

གསུམ། འགོས་ནད་གཙོ་བོའི་འགོག་བཅོས།

(གཅིག)གཉན་རིམས།

གཉན་རིམས་ནི་གཉན་རིམས་ཀྱི་ནད་སྲིན་དབྱུ་གུའི་རྐྱེན་གྱིས་བྱུང་བའི་ཚབས་ཆེན་རང་བཞིན་གྱི་མི་ཕྱུགས་གཉིས་ལ་འབྱུང་བའི་ནད་རིགས་ཤིག་ཡིན་ཞིང་། ནད་འདི་ནི་ཐ་ཐོར་རང་བཞིན་ནམ་ས་གནས་རང་བཞིན་དུ་ཁྱབ་ཆེ་བ་དང་། སོ་གང་བོའི་དུས་ཚིགས་བཞི་པོར་འབྱུང་སྲིད། ཡིན་ཡང་དབྱར་ཁ་དང་སྟོན་ཀར་དྲོད་ཁོལ་ལྡན་ཞིང་ཆར་ཆུའི་དུས་ཚིགས་དང་ས་བབ་དམའ་ཞིང་ཆུ་གསོག་སླ་བའི་འདམ་གཞོང་ས་ཁུལ་དུ་ནད་འབྱུང་བ་མང་། ལོ་འགའི་རིང་། འབྲི་གཡག་ཐོན་སྐྱེད་ཁུལ་དུ་འཆར་འགོད་ལྡན་ཞིང་དམིགས་ཡུལ་ཡོད་པའི་སྒོ་ནས་གཉན་རིམས་ནད་སྲིན་དབྱུ་གུའི་འབྲུམ་སྨན་བརྒྱབ་སྟེ་ཕན་འབྲས་ལེགས་པོ་ཐླངས། འདས་པའི་ས་གནས་རང་བཞིན་གྱི་དར་ཁྱབ་ནས་ས་ཁོངས་འགའ་ཤས་ལ་ཐ་ཐོར་དུ་མཆེད། རིམས་ནད་འབྱུང་དུས་གཟབ་ནན་གྱིས་བཀག་སྡོམ་དང་དབྱེ་གསོའི་ནད་འགོས་འབྲི་གཡག་ཆོད་འཛིན། ཆེད་མི་མངགས་ཏེ་ཉོ་དམ་བྱེད་པ་དང་། སྐྱིགས་རྫས་གཙང་སེལ་དང་དུག་སེལ་བྱ་བ་ནན་གྱིས་སྒྲུབ་དགོས། ནད་འགོས་འབྲི་གཡག་ལ་གཉན་རིམས་དྭངས་ཁྲག་འགོག་པའམ་འཆིང་མེ་སུའུ

དང་སི་ཧྲོན་སུའུ་སོགས་སྨན་རྫས་ཀྱིས་སྨན་བཅོས་བྱས་ཆོག

(གཉིས)ཁ་ཚ་ཟྲིག་ཚའི་ནད།

ཁ་ཚ་ཟྲིག་ཚའི་ནད་ནི་ཁ་ཚ་ཟྲིག་ཚའི་ནད་དུག་གིས་རྐྱེན་གྱིས་བྱུང་བའི་ཚབས་ཆེན་རང་བཞིན་གྱི་འགོས་ནད་ཅིག་ཡིན་ཞིང་། གཙོ་ཆེར་ཟྲིག་གཉིས་མར་གནོད་འཚེ་གཏོང་བ་དང་། ལུས་འབྲེལ་འགོས་ནད་རང་བཞིན་དྲག་པོ་ལྡན། འབྲི་གཡག་ཀྱང་ཁ་ཚ་ཟྲིག་ཚའི་རིམས་ནད་འགོ་སླ་ཞིང་། མི་ལ་ཡང་འགོས་ཏེ་ནད་འབྱུང་སྲིད། ནད་ཐོག་ལག་ལེན་སྟེང་དུ་ཁའི་འབྱར་སྐྱི་དང་ཟྲིག་པ། ནུ་མའི་སྐྱི་པགས་བཅས་ལ་ཆུ་སེར་དང་བ་ཤུ་འབྱུང་བ་ནི་ནད་འདིའི་མཚོན་རྟགས་གཙོ་བོ་ཡིན།

ཁ་ཚ་ཟྲིག་ཚའི་ནད་དུག་དེའི་ཕྱི་རོལ་ཁོར་ཡུག་ལ་འགོག་རྒོལ་གྱི་ནུས་པ་དྲག་ཅིང་། དབྱར་དུས་ཟླ་རའི་ནང་ཉིན་7ལ་མ་གཏོགས་འཚོ་མི་ནུས་ནའང་། དགུན་དུས་ཟླ་རའི་ནང་ཉིན་195ལ་འཚོ་ཐུབ་ཀྱི་ཡོད། གལ་སྲིད་ནད་བྱུང་ན། རིམས་ནད་ཁྱུལ་དུ་བཀག་སྡོམ་བྱེད་པར་མ་ཟད། སྙིགས་རྫས་ངེས་པར་དུ་མེར་སྲེག་པའམ་ཡང་ན་ས་འོག་ཏུ་འཇུག་དགོས།

དབྱར་སྟོན་དུས་ཚིགས་གཉིས་སུ་ས་གནས་ཕྱུགས་སྨན་ལག་རྩལ་སྡེ་ཁག་གི་ཁྲིད་སྟོན་འོག ས་གནས་ཀྱི་ནད་འགོ་སླ་བའི་འབྲི་གཡག་ཡོངས་ལ་གཅིག་སྒྱུད་རིམས་ཐར་དང་། ཟླ་རེར་དུས་ལྟར་རིམས་ཐར་བྱེད་དགོས། ཆ་རྐྱེན་ལྡན་པའི་ས་ཁུལ་དུ་གཞི་ཁྲོན་ཅན་གྱི་གསོ་སྐྱིལ་རིམས་ཐར་བརྒྱུད་རིམ་ལྟར་རིམས་ཐར་བྱེད་ཆོག

(གསུམ)ཕུ་ལུ་ཧྲི་ནད་འབུ།

ཕུ་ལུ་ཧྲི་ནད་འབུ་ལ་ཕུ་ནད་ཅེས་བསྟུས་ཤིང་། དེ་ནི་ཕུ་ལུ་ཧྲི་ནད་འབུའི་རྐྱེན་གྱིས་བྱུང་བའི་ཡུན་རིང་རང་བཞིན་གྱི་མི་ཕྱུགས་གཉིས་ལ་བྱུང་བའི་ནད

རིགས་ཤིག་ཡིན། འབྲི་གཡག་དང་ལུག ཁྱི། ཤ་བ། འཕྱི་བ། དེ་མིན་རི་བོང་སོགས་ལ་ནད་འགོས་སྲིད་ཅིང་། སྐྱེ་འཕེལ་དབང་པོ་དང་སྣུམ་སྐྱི། དེ་མིན་ལུས་ཀྱི་ཆ་ཤས་གཞན་དག་གཉན་ཁ་རྒྱས་པ་དང་མྱུགས་ངེས། མངལ་ཤོར་དང་མངལ་མི་ཆགས་པ། ཀླིག་འབྲས་ཚ་ནད་བཅས་ནི་མཚོན་རྟགས་གཙོ་བོ་ཡིན། འབྲི་མོར་པུ་ནད་ཕྱུང་རྗེས་མངལ་ཤོར་བ་མ་གཏོགས། ཕྱིར་བཏང་དུ་ལུས་ཡོངས་རང་བཞིན་གྱི་ཁྱད་ལྡན་ནད་རྟགས་མི་འདུག་ལ། མངལ་ཤོར་བ་མང་པོ་མངལ་སྣུམ་ནས་ཟླ 5~7བར་དུ་འབྱུང་སྲིད། གཡག་ལ་པུ་ནད་ཕྱུང་རྗེས་ཀླིག་འབྲས་ཚ་ནད་དམ་སྐོང་ཟུར་ཚ་ནད་འབྱུང་སྲིད་ཅིང་། ཕེའུ་ལ་ནད་ཕྱུང་རྗེས་ཕྱིར་བཏང་དུ་ནད་རྟགས་མེད་པ་རེད།

པུ་ནད་དར་ཁྱབ་ཆེ་བའི་ས་ཁུལ་དུ། ལོ་རེར་པུ་ནད་རིམས་བཤེར་བྱས་ཏེ། གདགས་གཤིས་རང་བཞིན་གྱི་འབྲི་གཡག་ལ་དབྱེ་གསོ་བྱེད་པ་དང་། གསོ་སྐྱེལ་རིན་ཐང་མི་ཆེ་བའི་འབྲི་གཡག་ཡོངས་སུ་དོར་ལ། ཐོན་སྐྱེད་ནུས་པ་ལེགས་པའི་འབྲི་གཡག་ལ་བསྡོས་བཅས་ཀྱིས་སྨན་བཙོས་བྱེད་པ་དང་། ནད་དྲག་རྗེས་བདེ་ཐང་འབྲི་གཡག་དང་བསྲེས་ཏེ་འཚོ་དགོས། དུས་རྒྱུན་དབྱར་སྟོན་དུས་ཚིགས་སུ་རིམས་འགོག་ལེགས་པོར་བྱེད་དགོས་པ་དང་། གཙོ་ཆེར་པུ་ལུ་ཧྲི་སྲིན་འབུ་ཨང 19པའི་སྲིན་སྨུག་སྦྱོད་དེ་ནོར་ཁྱུ་ལ་དབུགས་གཏོར་རམ་ཆུ་འཐུང་རིམས་འགོག་བྱེད་དགོས་པར་མ་ཟད། ཁོར་ཡུག་དང་ཡོ་ཆས་ཀྱི་དུག་སེལ་དང་འགྲོ་འོང་འབྲི་གཡག་གི་དུག་སེལ་གཞོང་སོགས་སྒྲིག་ཆས་ཀྱི་ངོ་དམ་ལ་ཤུགས་སྣོན་བྱེད་དགོས་ཤིང་། ཕྱི་ཁུངས་འགོས་ལམ་གཅོད་དགོས།

(བཞི)འདུས་འདྲིལ་ནད།

འདུས་འདྲིལ་ནད་ནི་འདུས་འདྲིལ་དབྱུག་སྲིན་གྱིས་ཕྱུང་བའི་མི་ཕྱུགས་གཉིས་ལ་ཐེབས་པའི་ཡུན་རིང་རང་བཞིན་གྱི་འགོས་ནད་ཅིག་ཡིན། དེའི་ནད་

ཁྱུངས་ནི་ནོར་རང་བཞིན་གྱི་འདུས་འདྲིལ་ནད་ཅིག་ཡིན། ནོར་ཕྱུ་ལ་དུས་ལྟར་རིམས་བཤེར་བྱེད་པར་ཤུགས་སྐྱོན་དགོས་ཤིང་། ནད་བྱུང་བའི་འབྲི་གཡག་ལ་གཟབ་ནན་གྱིས་དབྱེ་གསོའམ་འདོར་དགོས། ཕྱི་འབྱེད་རང་བཞིན་གྱི་འདུས་འདྲིལ་ནད་བྱུང་ན་སྨྱུར་དུ་གསོད་དགོས། རིམས་བཤེར་ལས་གཞན། རིམས་ནད་འགོ་བ་སྔོན་འགོག་བྱེད་པར་དུག་སེལ་བྱ་བ་ལེགས་པོར་སྒྲུབ་དགོས། ནད་ཡོད་པའི་འབྲི་མོས་བཙས་པའི་བེའུ་ལ་ལུས་ཕྱི་དུག་སེལ་བྱེད་དགོས་པ་ཏ་མ་ཟད། ནད་ཡོད་འབྲི་གཡག་དང་དགར་ཏེ་དབྱེ་གསོའམ་མིས་བདེ་ཐང་འབྲི་མོའི་འོ་མ་འཕྱུད་དགོས། འོ་མ་བཅད་རྗེས་ཟླ་བ 3~6བར་རིམས་བཤེར་བྱས་ནས་སྒྲིབ་གཤིས་ཅན་དག་བདེ་ཐང་ནོར་ཕྱུ་དང་བསྲེས་ཆོག འཛིགས་སྐྱུལ་ཐེབས་པའི་བེའུ་ལ་ཁླ་ཅེ་རིམས་རྩེ་རྒྱུག་པ་དང་། ཟླ 1ཡིན་དུས་བྲང་ཁའི་སྐྱི་པགས་འོག་ཏའོ་ཧྲིན 50~100དང་། རིམས་ཐར་དུས་ཡུན་ནི་ལོ 1~1.5ཡིན།

(༤)ཕ་སེ་ཏ་དབྱུག་སྲིན་ནད།

ཕ་སེ་ཏ་དབྱུག་སྲིན་ནད་ལ་ཁྲག་འཛག་རང་བཞིན་གྱི་ཁྲག་རྒྱུད་ནད་ཀྱང་ཟེར། མང་གསོད་རང་བཞིན་གྱི་ཕ་སེ་ཏ་དབྱུག་སྲིན་གྱིས་བྱུང་བའི་སྲོག་ཆགས་མང་པོར་མཉམ་དུ་བྱུང་བའི་ཚབས་ཆེན་རང་བཞིན་དང་ཚ་བའི་རང་བཞིན། ཁྲག་རྒྱུད་རང་བཞིན་གྱི་འགོས་ནད་ཅིག་ཡིན་ཞིང་། དྲོད་མཐོ་དང་གློ་ཚད། ཕོ་རྒྱུའི་གཉན་ཚད་དྲག་པོ། ནང་ཁྲོལ་དབང་པོ་རྒྱ་ཆེར་ཁྲག་རྒྱུད་བྱུང་བ་བཅས་མཚོན་རྟགས་གཙོ་བོ་ཡིན་པས། འབྲི་གཡག་ཁྲག་འཛག་རང་བཞིན་གྱི་ཁྲག་རྒྱུད་ནད་ཀྱང་ཟེར་ལ། ཁྲག་འཛག་རྒྱུད་ཅེས་བསྡུས། བེའུའམ་ཡ་རྡུ་ལ་ནད་བྱུང་ཚད་མཐོ་ཞིང་། དེར་ཚབས་ཆེན་རང་བཞིན་གྱི་ཁྲག་རྒྱུད་རྣམ་པ་དང་ཆུ་བསགས་རྣམ་པ། གློ་ཚད་རྣམ་པ་བཅས་སུ་དབྱེ་ལ། དེ་ལས་ཆུ་བསགས་རྣམ་པ་ནི་ཤིན་ཏུ་མང་། ནད་བྱུང་བའི་འབྲི་གཡག་དག་དབུགས་དབྱུང་དཀའ་བའམ་ཐུངས་ཟད

དེ་ཤི་བ་ཡིན། ནད་འབྱུང་དུས་ཡུན་ཆུ་ཚོད་12~36ཡིན། དུས་མགོར་ནད་འདི་
བྱུང་བ་ཤེས་ཚེ། དབྱེ་གསོ་དང་དུག་སེལ། ཤི་རོ་ས་འོག་ཏུ་འཛུག་པ་ལས་གཞན།
ཕ་སེ་ཏ་དབྱུག་སྦྱིན་དྭངས་ཁྲག་འགོག་ནུས་པའམ་དུག་སྦྱིན་འགོག་སྨན། ཏོང
ཨན་རིགས་ཀྱི་སྨན་རྫས་ཀྱིས་སྨན་བཅོས་བྱས་ཆོག ནད་འགོག་སྨན་ཁབ་ལ
འབྲི་གཡག་ཁྲག་འཛག་རང་བཞིན་གྱི་ཁྲག་རྒྱུད་ནད་རྟགས་ཀྱི་རིམས་འགོག་སྨན་
ཁབ་རྒྱག་དགོས། དཔྱི་ཁབ་ལ་ཧྥའོ་ཧྲིན 4~6རྒྱག་པ་དང་། རིམས་ཐར་དུས
ཡུན་ནི་ཟླ 9ཡིན།

(དྲུག)འབྲི་གཡག་གི་འགོས་ནད་རང་བཞིན་གྱི་བྲང་སྙི་སློ་ཚད།

འབྲི་གཡག་གི་འགོས་ནད་རང་བཞིན་གྱི་བྲང་སྙི་སློ་ཚད་ནི་ཕྲ་གྱེས་གདོད་
གཟུགས་སི་དབྱིབས་ཀྱིས་བྱུང་བའི་ལུས་འབྲེལ་རང་བཞིན་གྱི་འགོས་ནད་ཅིག
ཡིན་ཞིང་། དེའི་མཚོན་རྟགས་གཙོ་བོ་ནི་ཚ་སྣའི་རྒྱུ་རང་བཞིན་གྱི་སློ་ཚད་དང
བྲང་སྙི་སློ་ཚད་ནད་རྟགས་ཡིན། ནད་འབྱུང་བའི་དུས་མགོར་སྐམ་ལུ་དང་ནག་
གཉིས་སྣ་ཆུ་འཛག་པ་ཡིན། གཟན་ཆག་བཟའ་བ་དང་སྐྱུག་ལྷད་རྗེ་ཉུང་དུ་འགྲོ
ལ། རྗེས་ནས་ནད་དང་བསྟུན་ཏེ་རྒྱུས་ཤིང་ནད་ཡོད་འབྲི་གཡག་ཉིན་བཞིན་རིད་
སྐམ་དང་། དབུགས་ལེན་དཀའ་བ། སྐེ་དང་བྲང་ཁ། གསུས་འོག་བཅས་ལ་
ཆུ་བསགས་པ་ཡིན་ཞིང་། གཟའ་འཁོར་གཅིག་གི་རྗེས་ནས་ཤི་ངེས། སྨན
བཅོས་ལའང་སྨན་རྫས་ཁྱད་པར་ཅན་མེད་པ་དང་། ནད་འབྱུང་བའི་དུས་མགོར
སི་ཏྲོན་སུའུ་དང་ལན་མེའུ་སུའུ་སྤྲོད་ན་སྨན་བཅོས་ཀྱི་ཕན་འབྲས་ངེས་ཅན་ལྡན།
ནོར་སློ་རིམས་ཅན་འཁྲུག་སྐམ་འབུ་སྦྱིན་གྱིས་རིམས་འགོག་སྨན་ཁབ་རྒྱག་པ་དང་།
ལོ 2མན་གྱི་བེའུ་ལ་ཧྥའོ་ཧྲིན་གཅིག་གི་ཁབ་དང་ནར་སོན་འབྲི་གཡག་ལ་ཧྥའོ
ཧྲིན་གཉིས་ཁབ་རྒྱག་ཅིང་། དཔྱི་ཁབ་རྒྱག་དགོས། རིམས་ཐར་དུས་ཡུན་ནི
ལོ་གཅིག་ཡིན།

ས་བཅད་གསུམ་པ། གཞན་བརྟེན་སྲིན་འབུ་འགོག་བཅོས།

འབྲི་གཡག་གི་གཞན་བརྟེན་སྲིན་འབུ་ནི་གཞན་བརྟེན་སྲིན་འབུ་མང་པོ་འབྲི་གཡག་གི་ལུས་ནང་དང་ལུས་ཕྱི་རུ་འཚོ་རྟེན་བྱེད་པ་ལས་བྱུང་བའི་ནད་རིགས་སྣ་ཚོགས་ཀྱི་སྤྱི་མིང་ཞིག་ཡིན། དེར་འབྲི་གཡག་གི་འཛུ་ལམ་སྐྲུད་སྲིན་ནད་དང་འབྲི་གཡག་གློ་སྐྲུད་འབུ་ནད། འབྲི་གཡག་དབུགས་འབུ་ནད། འབྲི་གཡག་རྒྱུ་འབུ་ལེབ་རིང་ནད། འབྲི་གཡག་རྒྱུ་འབུ་ཕྲུག་ནད། འབྲི་གཡག་སྲུག་གི་སྲོག་ཆགས་གཞན་བརྟེན་སྲིན་འབུའི་ནད(ནོར་མན་འབུ་ནད་དང་། ནོར་ཤྲགས་ཛབ་འབུའི་ནད། གཏི་ཁེ། ཤིག སྦྲང་ནག ལྤི་བ་སོགས་འབུ་སྲིན་སྡོམ་ནད་འདུས)སོགས་གཞན་བརྟེན་སྲིན་འབུའི་ནད་འདུས།

གཅིག འགོག་བཅོས་ཀྱི་རྩ་དོན།

གཞན་བརྟེན་སྲིན་འབུའི་ནད་ཀྱི་དར་ཁྱབ་ཆོས་ཉིད་གཞིར་བཟུང་སྟེ། སྨན་རྫས་ཀྱིས་འགོག་བཅོས་དང་ཕྱོགས་བསྡུས་འགོག་བཅོས་བྱེད་དགོས་ཤིང་། ཕན་འབྲས་མཐོ་ཞིང་ཁྱབ་ཆེ་ལ། བདེ་འཇགས་དང་ལུས་རྫས་ཡུན་ཐུང་། འབབ་བཅོག་ཉུང་བ། བསྲི་ཚགས་བཅས་ཀྱི་འགོག་བཅོས་སྨན་རྫས་འདེམ་པ་དང་། དུས་ལྟར་སྟུག་ཚད་མཐོ་ཞིང་གཞི་ཁྱོན་ཆེ་བ། གཞན་བརྟེན་སྲིན་འབུའི་ནད་བརྒྱུད་སྐྱུར་ལྕུ་རིམ་གཏིང་གཅོད་བྱེད་པའི་ཐབས་ཤེས་སྣ་ཚོགས་སྤྱད་དེ། ནོར་ཁྱུ་ཡོངས་ལ་འགོག་བཅོས་བྱེད་པ་དང་། གཙོ་ཆེར་འབྲི་གཡག་གཞོན་ཤོས་དག་དང་འབྲི་མོ། འབྲི་གཡག་རྒན་པ་བཅས་ལ་འགོག་བཅོས་བྱེད་དགོས།

གཉིས། འགོག་བཅོས་བྱེད་ཐབས།

(གཅིག)སྨན་རྫས་འགོག་བཅོས།

སྨན་རྫས་འགོག་བཅོས་ཀྱི་ཐེངས་གྲངས་ནི་སྤྱིར་བཏང་དུ་ལོ་ཧྲིལ་པོར་ཐེངས་གཉིས་ལ་འབུ་འདེད་བྱེད་པ་དང་། ཐེངས་ཤིག་ལ་སྨན་རྣོན་དང་ཐེངས་ཤིག་ལ་འབྲི་གཡག་སྐྱེ་པགས་རྫབ་འབུའི་ནད་ཆེད་དོན་འགོག་བཅོས་བྱེད་པ། འགོག་བཅོས་ཀྱི་དུས་ཚོད་ནི་དཔྱིད་དུས་ཀྱི་ཟླ་བ 1~2པ་དང་སྟོན་དུས་ཀྱི་ཟླ་བ 8~10བར་འབུ་འདེད་བྱེད་དགོས། ཞིང་ཆེན་ནང་ཁུལ་གྱི་ས་ཁུལ་སོ་སོའི་གནས་ཚུལ་ལ་བལྟས་ཏེ་སྤེལ་ཆོག འོས་མཐུན་གྱིས་འགོག་བཅོས་དུས་ཚོད་ལེགས་སྒྲིག་བྱས་ཆོག་ཅིང་། འགོག་བཅོས་ཐེངས་གཉིས་པོ་ཆ་སྙོམས་ཀྱིས་འབུ་རྡུ་མ་གྲུབ་པའི་སྔོན་དུ་སྤེལ་དགོས། ལོ་རེའི་དབྱར་དུས་སམ་སྟོན་དུས་སུ་སྨན་རྫས་རྣོན་གཏོར་ཐེངས་ཤིག་བྱེད་འོས་པའམ་ཡང་ན་དུས་ལ་ཐོན་ན་རྣོན་གཏོར་འབུ་གསོད་བྱེད་འོས། འབྲི་གཡག་གི་གཞན་བརྟེན་སྲིན་འབུའི་འགོག་བཅོས་དེ་ཁྱུ་ཡོངས་འབུ་འདེད་དང་། སྨན་འཁྲུའམ་སྨན་རྣོན་བྱེད་འོས། དེ་མིན་ཐ་ཐོར་ངང་འབྲི་གཡག་གི་འགོག་བཅོས་ལུས་སུ་འཇུག་མི་རུང་།

(གཉིས)ཕྱུགས་བསྟུས་འགོག་བཅོས།

འབྲི་གཡག་གི་གཞན་བརྟེན་སྲིན་འབུའི་ཕྱུགས་བསྟུས་འགོག་བཅོས་ལ་ཕྱི་རོལ་ཁོར་ཡུག་འབུ་འཇོམས་དང་། ཁྱིམ་ཕྱུགས་འགོས་ནད་སྔོན་འགོག ལུས་ཁམས་ཀྱི་འགོག་ནུས་མཐོར་འདེགས་སོགས་ཀྱི་བྱེད་ཐབས་འདུས་ཤིང་། དེ་ལས་རྒྱུ་འབུ་ལེབ་རིང་འབུ་ཕྲུག་ནད་ལ་དུས་རྒྱུན་ཕྱུགས་བསྟུས་འགོག་བཅོས་ཀྱི་བྱེད་ཐབས་སྤྱོད་འོས། ཕྱུགས་བསྟུས་འགོག་བཅོས་ལ་ནོར་ལྷིའི་གཙང་སེལ་དང་། ཕྱུགས་རའི་འབུ་སེལ་གཙང་སེལ། ཁྱི་རྒྱུ་འབུ་ལེབ་རིང་ནད་ཀྱི་འགོག་བཅོས། ཁྱིའི་དོ་དམ། ཕྱུགས་ར་གཙང་དག ཕྱུགས་འཚོ་དོ་དམ། གཞན་བརྟེན་སྲིན་འབུའི་བཅོག་རྫས་གཙང་སེལ། དེ་མིན་གསར་དུ་ནང་འདྲེན་བྱས་པའི་འབྲི་གཡག་གི་རིམས་བཤེར་སོགས་ཕྱུགས་མང་པོ་འདུས།

ཕྱུགས་བསྐྱུས་འགོག་བཅོས་ཀྱི་གཙོ་གནད་ནི། འབུ་འདེད་འབྲི་གཡག་དག་གཅིག་སྤུད་དོ་དམ་དང་། ཕྱུགས་རའི་ནོར་ལྕི་དུས་ལྟར་གཙང་སེལ། འབུ་འདེད་བྱས་རྗེས་ནོར་ལྕི་དག་སྤྱི་ལ་མི་གནོད་པའི་གཙང་སེལ་བྱེད་པ། ཕྱུགས་རའི་ལྷེབས་རྫས་དང་། ས་རྫས། ལྷུགས་ར། ཡོ་ཆས། གཟན་ཆག་ཡོ་བྱད་སོགས་ཕྱུགས་སྤྱོད་འབུ་སེལ་སྨན་གྱིས་ཆུ་རྒྱག་པ་དང་། དུས་ལྟར་ཆུ་བརྒྱབ་སྟེ་གཡན་འབུ་གསོད་ཅིང་། དེ་ལས་ཡོ་ཆས་དང་གཟན་ཆག་ཡོ་བྱད་དག་ལ་སྨན་ཆུ་བརྒྱབ་རྗེས་གཙང་འཁྲུ་དང་ཉི་མར་སྐེམ་དགོས། ཁྱི་གསོ་བའི་གྲངས་ཀར་ཚོད་འཛིན་བྱེད་པ་དང་། ཁྱིའི་ཐོ་འགོད་ལམ་ལུགས་འཛུགས་དགོས། ཁྲིམས་མཐུན་དཔང་ཡིག་སྤྲེར་བ་དང་ཁྱི་རྣམས་བཤའ་ར་རུ་བཅར་བར་འགོག་པ་དང་། ཁྱི་དང་ཁྱིམ་ཕྱུགས་འདྲེས་པར་ཚོད་འཛིན་བྱེད་པ། ཕྱུགས་ཡོངས་ནས་འབྲོག་རའི་འཆར་འགོད་འཐེན་པ་དང་། འཆར་འགོད་ཡོད་པའི་སྔོན་ནས་དབྱེ་ཁྱུལ་ཕྱུགས་ཟློག་འཚོ་རེས་ཀྱི་ལམ་ལུགས་སྤེལ་ཞིང་། གཞན་བརྟེན་སྲིན་འབུས་རྩྭ་རར་འབབ་བཟོ་དང་འབྲི་གཡག་གི་བསྐྱར་འགོས་རྗེ་ཉུང་དུ་གཏོང་བ། རྩྭ་རར་འབབ་བཟོ་དང་སྔོན་སུ་བརྟན་ས་དང་ནགས་ཚལ་འབྲོག་རར་ཕྱུགས་འཚོ་བར་བཀག་འགོག་གམ་ཡང་ན་འཚོ་མཚམས་བཞག་སྟེ་གཙང་དག་བྱེད་པར་ཕན་འདོགས་པ། ཕྱུགས་འཚོའི་དོ་དམ་ཕྱུགས་ནས། གང་ནུས་ཀྱིས་དམའ་ཞིང་བརྟན་པའི་ས་གནས་སུ་ཕྱུགས་འཚོ་བར་གཡོལ་བ་དང་། ཞོགས་པ་དང་ས་སྲོད། ཆར་འབབ་ཀྱི་ཉིན་མོ་སོགས་ལ་ཕྱུགས་འཚོ་བར་གཡོལ་བ། འདམ་གཞོང་ས་ཁུལ་གྱི་བསགས་ཆུའམ་འཁྱིལ་ཆུ་འཐུང་བར་འགོག་པ་དང་གཙང་དག་གི་འཐུང་ཆུའི་ས་གནས་འཛུགས་པ། བེའུ་དང་འབྲི་གཡག་གཉིས་དཀར་འཚོའི་ངང་ཕན་ཚུན་ནད་འགོས་པའི་གོ་སྐབས་རྗེ་ཉུང་དུ་གཏོང་བ། མི་བཟོས་རྩྭ་ར་རྒྱ་བསྐྱེད་དང་བེད་སྤྱོད་བྱེད་པ་དང་། ཕྱུགས་འཚོ་དང་རྩྭ་སྔོན་ཆུ་སྔོན་ཟུང་འབྲེལ་གྱི་གསོ་སྐྱེལ་རྣམ་པ་སྤེལ་ཞིང་། འོས་མཐུན

གྱིས་གཟན་ཆག་དང་དགོས་ངེས་ཀྱི་ཁ་སྣོན་དངོས་རྫས་ཁ་གསབ་བྱས་ཏེ། འབྲི་གཡག་གི་གཟུགས་གཞི་དང་ནད་འགོག་ནུས་པ་མཐོར་འདེགས་སུ་གཏོང་དགོས།

(གསུམ)ཞིབ་དཔྱད།

ས་གནས་ཕྱོགས་རིགས་འགོག་བཅོས་སྡེ་ཁག་གིས་གཏན་ཁེལ་བྱས་པའི་རེ་འདུན་ལྟར་ཞིབ་དཔྱད་བྱས་ཏེ། འགོག་བཅོས་ཀྱི་ཕན་འབྲས་ལ་ཚོད་དཔག་དང་འགོག་བཅོས་བྱས་རྗེས་ཀྱི་གཞན་བརྟེན་སྲིན་འབུའི་ནད་འབྱུང་བ་དང་དར་ཁྱབ་ཀྱི་འགྱུལ་རྣམ་ལ་རྒྱུས་ལོན་བྱེད་དགོས།

(བཞི)ཟིན་འགོད།

འགོག་བཅོས་ཟིན་བྲིས་ལེགས་པོར་འདེབས་པ་དང་། ནང་དོན་ལ་འགོག་བཅོས་གྲངས་ཀ་དང་། སྨན་སྤྱོད་རྫས་སྣ། སྨན་ཚད་པེད་སྤྱོད། ཁོར་ཡུག་དང་ནོར་ལྷིའི་སྤྱི་ལ་མི་གནོད་པའི་གཙང་སེལ། ཕྱུགས་འཚོའི་དོ་དམ་བྱེད་ཐབས། རྫ་སྣོན་ཆུ་སྣོན། ནད་འབྱུང་ཚད། ནད་ལས་ཤི་ཚད། ཤི་རྐྱེན། སྨན་བཅོས་གནས་ཚུལ་སོགས་འདུས་ཤིང་། ནད་བྱུང་བ་དང་འགོག་བཅོས་ཀྱི་ཡིག་ཚགས་བཙུགས་ཏེ། འབྲི་གཡག་གི་གཞན་བརྟེན་སྲིན་འབུའི་ནད་ཀྱི་འགོག་བཅོས་ལ་ཁུངས་ལུང་འདོན་སྤྲོད་བྱེད་དགོས།

ས་བཅད་བཞི་པ། རྒྱུན་མཐོང་ནད་ཀྱི་འགོག་བཅོས།

གཅིག འགོག་བཅོས་ཀྱི་གནད་འགག

འབྲི་གཡག་གི་སྤྱིར་བཏང་ནད་གཞི་ལ་གཙོ་ཆེ་བ་ནི། པེའུ་ཡི་སླུམ་བྲུན་ཁེགས་ལུས་དང་། པེའུ་ཡི་ལྷེ་ཚད། པེའུ་ཡི་གློ་ཚད། ཕོ་འབུར་ཟས་མི་འཇུ་བ། དུག་ལྡན་ཕྱུགས་རྩྭས་དུག་ཕོག ཞ་མ་མི་ཡོང་བ། རྨས་སྐྱོན་སོགས་ཡོད་པ་དང་།

སྤྱིར་བཏང་ནད་གཞིའི་འགོག་བཅོས་ནི་དུས་རྒྱུན་གསོ་སྲེལ་དོ་དམ་ལ་ཤུགས་སྣོན་དང་དུས་རྒྱུན་བདེ་སྲུང་སོགས་ལེགས་པོར་སྒྲུབ་རྒྱུ་དེ་ཡིན། གལ་སྲིད་ནད་བྱུང་ན་མྱུར་དུ་ཐག་གཅོད་བྱེད་དགོས་པར་མ་ཟད་ནད་ཡོད་འབྲི་གཡག་གི་ནད་གཡོག་ལེགས་པོར་སྒྲུབ་དགོས།

(གཅིག)དུས་རྒྱུན་གྱི་གསོ་སྲེལ་དོ་དམ།

1.ལོ་དང་ཐོན་སྐྱེད་དུས་སྐབས་ལྟར། འོས་མཐུན་གྱིས་ཁྱུ་དཀར་བ་དང་རྩྭ་ར་དབྱེ་དགོས།

2.གཟན་ཆག་དང་འཐུང་ཆུའི་ཆུ་ཁུངས་གཙང་འཁྲུ་དང་བདེ་འཇགས་ཡིན་པ་དང་། རུལ་འགྱུར་གྱི་གཟན་ཆག་མི་སྟེར་བ་དང་འབག་བཟོས་ཀྱི་ཆུ་མི་འཐུང་བ། ཕྱུགས་འཚོ་དུས་དུག་ལྡན་གཟན་རྩྭའི་རྩྭ་ར་དང་རྒྱང་དུ་གྱེས་དགོས།

3.ཕྱུགས་ར་དང་གསོ་སྲེལ་ཁོར་ཡུག་གཙང་དག་དང་བདེ་འཇགས་ཡིན་དགོས་ཤིང་། ལྕི་གཅིན་དང་འཚོ་བའི་གད་སྙིགས་ཏེ་འཁྱིག་རྫས་དང་གྱོན་ཆས་མཁོ་ཆས་ཅག་ཀྲུམ་སོགས་མྱུར་དུ་གཙང་སེལ་བྱེད་དགོས་ལ། འབྲི་གཡག་གི་བག་ཟོན་མེད་པར་ཟོས་ཏེ་ཕོ་རྒྱུའི་ནད་འབྱུང་བར་འགོག་དགོས།

4.དུས་རྒྱུན་གྱི་བདེ་སྲུང་ལ་ཤུགས་བསྣན་ཏེ་ནད་འགོག་ནུས་པ་ཇེ་ཆེར་གཏོང་དགོས།

5.གསོ་སྲེལ་ཁོར་ཡུག་ལེགས་བཅོས་བྱས་ཏེ། ཁོར་ཡུག་རྒྱུ་རྐྱེན་གྱིས་བྱུང་བའི་འཕྲལ་རྐྱེན་ཇེ་ཉུང་དུ་གཏོང་དགོས།

6.དུས་ཚིགས་མི་མཐུན་པ་གཞིར་བཟུང་སྟེ། ཕྱུགས་འཚོའི་དོ་དམ་ལེགས་པོར་སྒྲུབ་པ་དང་། དགུན་དང་དཔྱིད་དུས་སུ་ནངས་འཕྱི་གཏོང་དང་དགོང་སྔ་ལོག་གི་ངང་ནས་འཚོ་དགོས་ཤིང་། དབྱར་དང་སྟོན་དུས་སུ་ནངས་སྔ་གཏོང་དང་དགོང་འཕྱི་ལོག་གིས་འཚོ་དགོས།

(གཉིས)ནད་ཅན་འབྲི་གཡག་སྦྱར་དུ་སྨན་བཅོས་དང་། ནད་གཡོག་ལེགས་པོར་སྐྱབ་དགོས།

ནད་ཅན་འབྲི་གཡག་བྱུང་ན། སྦྱར་དུ་ཐག་གཅོད་བྱེད་དགོས་པར་མ་ཟད་ནད་ཅན་འབྲི་གཡག་ལ་ནད་གཡོག་ལེགས་པོ་བྱས་ཏེ་སྦྱར་དུ་ནད་ལས་དྲག་པར་བྱེད་དགོས།

གཉིས། རྒྱུན་མཐོང་གི་ནད་འགའི་སྨན་བཅོས།

(གཅིག)སྦྲུམ་བྲུན་ཁེགས་ལུས།

བེའུ་བཙས་རྗེས། སྦྲི་རྒྱུགས་པོ་འཐུང་སྐྱེ་སྒྲིར་བཏང་དུ་ཆུ་ཚོད 24ནང་སྦྲུམ་བྲུན་ཕྱིར་གཏོང་བ་ཡིན། གལ་སྲིད་ཆུ་ཚོད 48ནང་ཕྱིར་མི་གཏོང་ན། སྦྲུམ་བྲུན་ཁེགས་ལུས་བྱུང་བའི་རྟགས་ཡིན། མཚོན་རྟགས་ནི་བེའུ་མི་བདེ་བ་དང་། དབུགས་འཁུམས་པ། གསུམ་འོག་ཕྱིར་ལྷུ། ཁ་ལྕེ་སྐམ་པ། འབྲེལ་སྐྱི་སེར་མདོག་ཏུ་འགྱུར་བ་ཡིན། གཉེ་མའི་ནང་གར་བག་ནག་པོའམ་ལྤི་བ་སྐམ་པོ་དབྱུང་རྒྱུ་ཡོད། འདག་རྫས་ཆུ་དྲོན་སོས་རྒྱ་མ་སྨན་བཞལ་འབྲུ་སྦྱོང་དང་བཟའ་སྟུམ། ཕྲ་ཚིལ་གཤེར་ཁུ་ཏའོ་ཧྲིན 50~100བར་སྤྲད་ཆོག

(གཉིས)བེའུ་ཡི་ལྷེ་ཚད།

ལྷེ་ཚད་ནི་བེའུ་བཙས་རྗེས། ལྷེ་ཐག་ཆད་རྗེས་འདུ་ཤུའི་དབང་གིས་གཉན་ཁ་རྒྱས་པ་ཡིན། ཉལ་ནས་ངལ་གསོ་དུས་ལྷེ་བ་དེ་ལྟེ་གཅིན་དང་བཅོག་ཆུས་བརླན་ནས་གཉན་ཁ་རྒྱས་ལ། ལྷེ་བ་སྐྲངས་པ་དང་ཐ་ན་ཆུ་སེར་བསགས་པ། ཚབས་ཆེ་དུས་ལྷེ་བ་རུལ་ངེས་ཤིང་ལུས་དྲོད་རྗེ་མཐོར་འགྲོ་ངེས།

སྨན་བཅོས་བྱེད་དུས་ལྷེ་འགྲམ་གྱི་སྤུ་བཞར་བ་དང་དུག་སེལ་བྱེད་དགོས་ཤིང་། 5%ཡི་ཕ་ཚའི་ཆང་དང་སུང་ལེའུ་སྨུམ་མཉམ་སྦྱུག་བྱེད་པ་དང་། སྐྲངས་པའམ་རུལ་ཤི་ཡོད་དུས། རུལ་ཤིའི་ཆ་དེ་ལེན་དགོས་ལ། དུག་སེལ་གཤེར་ཁུ

དང་དབྱང་ཆུས་འབུ་ཕྲ་དུག་སེལ་བྱས་རྗེས་དུག་འགོག་ཚ་སེལ་ཕྱེ་གཏོར་བ་དང་། དེ་ནས་འཆིང་རས་དཀྲི་དགོས།

(གསུམ)བེའུ་ཡི་ཟས་མི་འཇུ་བ།

དེར་བེའུ་ཡི་ཕོ་རྒྱུ་ཁ་ཐ་ཡང་ཟེར་ཞིང་། མང་ཆེ་ཤོས་བེའུ་བཙས་རྗེས་ཀྱི་ཉིན 12~15བར་ལ་བྱུང་བ་ཡིན། གཙོ་བོ་འབྲི་མོའི་འོ་མ་བཞོ་བ་མང་ཞིང་བེའུ་ཡིས་འོ་སྤྲི་འཐུང་བ་མི་འདང་བ། རྒྱུགས་སྔོགས་ཆ་མི་སྙོམ་པ། ནམ་ཟླའི་འགྱུར་ལྡོག ཉལ་རྒྱུ་མང་བ་དང་འཁྱག་པ་སོགས་ཀྱིས་བྱུང་བ་ཡིན། བེའུ་ཡི་ཕོ་བ་བཤལ་བ་དེ་ནི་མཚོན་རྟགས་གཙོ་བོ་ཞིག་ཡིན་ལ། ལྕི་བ་སྐྱི་མོའམ་ཆུའི་རྣམ་པ་ཅན་དུ་འགྱུར་བ་དང་མདོག་སྐྱ་སེར་ཡིན། དུས་རྗེས་སུ་དཀར་མདོག་གམ་དཀར་སྐྱའི་ཧྲང་ལྕི་གཏོང་བ་དང་དྲི་ངན་བྲོ། ནད་ཡོད་བེའུ་ཡི་ལུས་ཟད་སླ་ཞིང་ཚབས་ཆེ་ན་བཞའ་སྐམ་བྱེད་པ་ཡིན། སྨན་བཅོས་བྱེད་སྐབས་སུ་ཧྲུ་ནན་རིགས་དང་ཧྲོང་ཨན་རིགས་ཀྱི་སྨན་རྫས་སྤྱོད་པ་དང་། དཔེར་ན་བཞའ་སྐམ་བྱུང་ན་གྲུན་འབྲུམ་མངར་ཆའི་ཚྭ་ཆུ 5%སྨན་ཁབ་བརྒྱབ་ཆོག

(བཞི)བེའུ་ཡི་གློ་ཚད།

ནམ་ཟླའི་འགྱུར་ལྡོག་དང་གྲང་ངར། བརླན་གཤེར། འོ་མ་མི་འདང་བ། བེའུ་ཡི་ལུས་སྟོབས་ཞན་པ་སོགས་ཀྱིས་གློ་ཚད་བྱུང་བ་ཡིན། མང་ཆེ་ཤོས་ཤིག་ཟླ་བ 2ཅན་ཡན་གྱི་བེའུ་ལ་བྱུང་ཞིང་། གཙོ་ཆེར་གློ་ལུ་བྱེད་པ་དང་། ལུས་དྲོད་ཇེ་མཐོར་འགྲོ(40~41.5℃)ལ། དབུགས་འཚང་བ་དང་ཐ་ན་དབུགས་ལེན་དཀའ་བར་འགྱུར། མཐའ་མར་སེམས་ཤུགས་ཟད་དེ་ཤི་ངེས་ཡིན། སྨན་བཅོས་བྱེད་དུས་འཆིང་མེ་སུའུ་དང་ཧྲོང་ཨན་ཀ་གཉིས་ཅི་སྨི་ཏེན་སྤྱོད་དགོས།

(ལྔ)ཕོ་འབུར་ཟས་མི་འཇུ་བ།

ཕོ་འབུར་ཟས་མི་འཇུ་བ་ནི་འབྲི་གཡག་གིས་རྩྭ་རྩི་མང་པོའམ་རྩ་བ་རྡོག

པོའི་རིགས་བཟའ་རྒྱུ་མང་དྲགས་པས་ཡིན་ལ། རྩྭ་སྐམ་ཟོས་རྗེས་ཆུ་འཐུང་བ་མི་འདང་བ་དང་། རས་ལེབ་དང་འགྲིག་ཁུག ཡང་ན་དངོས་པོ་བཟའ་མི་ནུས་པ་གཞན་དག་ཟོས་པ་སོགས་ཀྱིས་ཚགས་སྒོ་འགག་པའམ་ཕོ་བའི་ནང་ཟས་གསོག་པ་མང་བ་དང་རྒྱ་ཁྲབ་ཏུ་སོང་བས། དྲག་ཚད་ཕོ་འབུར་རྒྱ་ཁྲབ་ཀྱང་ཟེར། ནད་ཡོད་འབྲི་གཡག་གིས་རྩྭ་བཟའ་བ་དང་སྐྱུག་ལྡད་རིམ་བཞིན་ཇེ་ཉུང་དམ་མཚམས་བཞག་པ་དང་། ལྟོ་བ་ཇེ་ཉུང་དུ་སོང་ནས་ཟ་མོང་གི་བྲུན་དང་འདྲ་བ། ཕོ་བའི་མཐའ་འཁོར་ཇེ་ཆེ། མཆན་ཁུང་གཡོན་པ་ངོས་སྐྱོམ་མམ་འབུར་བ། ཕོ་འབུར་ལ་རེག་ན་སྲ་མཁྲེགས་ཅན་གྱི་ཚོར་བ་སྐྱེར།

དུས་རྒྱུན་འཚོ་བའི་གད་སྙིགས་གཅིག་སྡུད་གཙང་སེལ་བྱེད་འོས་ཤིང་། སྣོམས་སུ་འགྲིག་ཁུག་དང་ལྷམ། གྱོན་གོས་སོགས་གང་སར་མི་གཡུགས་པར་གཅིག་སྡུད་ཀྱིས་ས་འོག་གཏིང་འཇུག་གམ་མེར་སྲེག་སྟེ། འབྲི་གཡག་ལ་ཚད་ཉུང་མ་རྒྱུ་མ་འདང་བར་འཁྲུལ་བཟའ་བྱས་ཏེ་ཕོ་འབུར་གྱི་ནད་བྱུང་ནས་དཔལ་འབྱོར་གྱི་གྱོང་གུད་རེག་པ་ཇེ་ཉུང་དུ་གཏོང་ཐུབ།

ཕོ་འབུར་གྱི་ནང་དངོས་ཕྱིར་གཏོང་ཆེད། ཡུངས་སྣུམ་སྟོང་ཁ 0.5~1.0 ལྟུད་ཐེངས་གཅིག་དང་ཉིན་གཉིས་ལ་བསྟུད་མར་ལྟུད་དགོས། ཕོ་འབུར་གྱི་ངར་ལངས་རང་བཞིན་མཐོར་འདེགས་སུ་གཏོང་ཆེད། ཆང་དཀར་ཁ 100 ~200 དང་ཆུ་ཧྲེན 0.5འམ་ཡང་ན་ཆང་རྗེ་སྨྱུར་འཐེ་ཙྭ་ཁ 5~10བཅས་ཆུ་མང་པོའི་ནང་ཞུ་སྟེ་ལྟུད་དགོས། གལ་སྲིད་དབུགས་ལེན་དཀའ་དུས། སྟོང་ཁ 0.5~1.0ཡི་སྨྱུར་ཚྭའུ་དང་ཡང་ན་ཆང་དཀར་ཁ 250~300 དེའི་སྟེང་ཆུ་ཧྲེན 0.5བཅས་བླུད་དེ་སྨྱུར་འགོག་དབུགས་གཏོང་བྱེད་པ། དེ་མིན་ཤུབས་སྦུག་ཁབ་ཀྱིས་གཙགས་ཏེ་དབུགས་གཏོང་བར་བྱས་ཆོག

(དྲུག)དུག་ལྡན་ཕྱུགས་རྩྭའི་དུག་ཕོག་ནད།

སྔོ་རྩྭ་སྐྱེ་དུས་སམ་རྩྭ་དཀོན་དུས། འབྲི་གཡག་གིས་དུག་ལྡན་ཕྱུགས་རྩྭ(དུག་ཆེན། རྟ་ཡན་རྩྭ། སྨན་རྒྱལ་རྩྭ་སོགས)འབྲུལ་བཟའ་བྱས་ཏེ་དུག་ཐོག་ངེས་ཤིང་། ནང་སྐོམས་སུ་བེའུ་ལ་དུག་ཐོག་པ་མང་། སྤྱིར་བཏང་དུ་དུག་རྩྭ་ཟོས་ནས་དུས་ཚོད 1ཙམ་གྱི་རྗེས་སུ་དུག་ཐོག་པའི་རྟགས་འབྱུང་བ་ཡིན། ཡང་མོ་ཡིན་ན་ཁ་ནས་ཆུ་ལྦུ་འབྱུང་བ་དང་ཚབས་ཆེན་ཡིན་ན་འགྲོ་དུས་ཁྱུར་ཁྱོར་བྱེད་ངེས་ཤིང་དབུགས་ལེན་མགྱོགས་པ་དང་ཉལ་ལངས་མི་བདེ་བ་ཡིན།

ཕྱུགས་འཚོ་བའི་སྐབས་སུ་དུག་རྩྭའི་རྩྭ་ར་ལས་རྒྱང་འགྱེད་པ་དང་། འབྲི་གཡག་གིས་དུག་རྩྭ་ཟོས་ཏེ་དུག་ཐོག་པར་གཡོལ་དགོས། ས་རེར་དུག་རྩྭ་ལྡན་པའི་རྩྭ་རར་དུག་རྩྭ་འཛོམས་པ་དང་རྩྭ་ར་དག་གཙང་བྱེད་དགོས།

སྨན་བཅོས་བྱེད་དུས་ཞོ་སྟོང་ཁ 0.5འམ་ཡང་ན་ཞག་རྡོར་འོ་མ་སྟོང་ཁ 1སྤྱོད་པ་དང་། སྐྱུར་ཚུའུ་སྟོང་ཁ 0.25~0.5ལྡུད་དགོས།

(བདུན)ཤ་མ་མི་ཡོང་བ།

འབྲི་མོས་རྒྱུན་ལྡན་བེའུ་བཙའ་དུས། བེའུ་བཙས་ནས་དུས་ཚོད 12འགོར་རྗེས་ད་དུང་ཤ་མ་མ་འཕངས་ན་ཤ་མ་མི་ཡོང་བ་ཞེས་ཟེར། ནད་འདི་རིགས་ཆུང་ཉུང་ཞིང་། ཤ་མ་ཡོངས་སུ་མི་ཡོང་བ་དང་ཁག་ཅིག་མི་ཡོང་བ་གཉིས་སུ་དབྱེ། ཤ་མ་དེ་མངལ་སྟོད་ཀྱི་ཁོག་པ་རུ་ཉིན 2 ~3འགོར་ན་རུལ་ངེས་པ་དང་། གསང་སྒོ་རུ་དམར་སྐྱའི་དྲི་ངན་འདག་གཤེར་ཕྱིར་བཏང་སྟེ་རང་སྟེང་དུག་ཐོག་པར་བྱེད་ཅིང་། ལུས་དྲོད་རྗེ་མཐོར་འགྲོ་བ་དང་བཟའ་བཏུང་སྤྱོད་མཚམས་འཛོག་ངེས། དུས་རྒྱུན་ཐོག་དང་པོར་བཙའ་བའི་འབྲི་མོ་དང་ལོ 10ཡན་གྱི་འབྲི་མོ་ཆེན་པར་འབྱུང་ངེས།

ནད་ཀྱི་ཐོག་མར་མངལ་སྟོད་དུ་འབུ་སྦྲ་འགོག་པའི་སྨན་ཁབ་བརྒྱབ་སྟེ་ཤ་མ་རུལ་བར་འགོག་པ་དང་། ཤ་མ་རང་ཉིད་ཕྱིར་ཡོང་བར་བྱེད་པ་ཡིན། ཡང་

ན་མང་ལ་འཁུམ་སྨན་ཁབ་བརྒྱབ་སྟེ་ཤ་མ་ཕྱིར་འདེབས་པ་ཡིན།

(བརྒྱད)རྨས་ཐོག་པ།

འབྲི་གཡག་གི་རྭ་རིང་ཞིང་རྣོ་བ་དང་། རྭ་རྩེད་བྱས་ནས་རྨས་ཐོག་པ་དུས་རྒྱུན་འབྱུང་ཞིང་། ཡང་ན་དངོས་པོ་གཞན་གྱིས་སྐྱི་པགས་དང་རྨིག་པར་འཚོ་བ། ཐང་འགྱེལ་རྨས་ཐོག་སོགས་ཀྱང་རྒྱུན་དུ་འབྱུང་གིན་ཡོད། གཉན་ཁམ་རྒྱས་པའི་རྨ་ཁ་གསར་བ་དང་། ཡང་ན་འབྲི་གཡག་གི་ཕྲུ་རིང་སྟེ་སྦུར་དུ་གཉན་ཁ་རྒྱས་པའི་རྨ་ཁ་མ་མཐོང་བ། ཐ་ན་ཆུ་སེར་བསགས་ཏེ་རྣལ་བ་སོགས་འབྱུང་ངེས།

དུས་རྒྱུན་གྱི་དོ་དམ་ལེགས་པོར་སྐྱབ་པ་དང་། འབྲི་གཡག་བར་རྭ་རྩེད་བྱེད་པ་དང་ཐང་ལ་འགྱེལ་བ་སོགས་དགོས་མེད་ཀྱི་རྨས་ཐོག་པར་འགོག་དགོས། རྨས་སྐྱོན་གསར་བ་དག་ཐོག་མར་དེའི་མཐའ་འཁོར་གྱི་ཕྲུ་བཞར་བ་དང་། 0.1%ཡི་ཀོ་མིན་སོན་ཙྭའི་གཤེར་ཁུ་ཡིས་འཁྲུ་བ་དང་དུག་སེལ་བྱས་རྗེས་གཉན་སེལ········ཕྱིའམ་འཆིང་མེ་སུའུ་ཐུག་པ། དེ་ནས་དུག་སེལ་སང་རས་སམ་སྨན་བལ་གྱིས་རྨ་ཐོག་འགེབ་དགོས། ཁྲག་འཛག་ན་ཁྲག་གཅོད་ཕྱེ་བསྐུ་དགོས། རྨ་ཁ་ཆེན་དུག་སེལ་བྱས་རྗེས་ཐོག་མར་རྨ་ཁ་འཚེམ་པ་དང་དེ་ནས་རྨ་ཁ་རས་ཀྱིས་དཀྲུ་དགོས། ཁྲག་འཛག་པ་མང་དྲགས་ན་ཁྲག་གཅོད་མེའུ་ཧྲའོ་ཧྲིན 10~20འམ་ཡང་འཚོ་རྒྱུ་ཧྲའོ་ཧྲིན K3 10~30རྒྱག་དགོས། གཉན་ཁ་རྒྱས་པའི་རྨ་ཁ་ཡིན་ན་ཐོག་མར་དུག་སེལ་སང་རས་ཀྱིས་རྨ་ཁ་འགེབ་པ་དང་དེ་ནས་མཐའི་ཕྲུ་དག་བཞར······དགོས་པ་དང་། འདག་རྫས་ཆུ་ཧྲིན་སོའམ་ཡང་ན་ལེ་སོ་ཨེར་ཞུ་ཁུ་ཡིས་རྨ་ཁའི···ཉེ་འགྲམ་འཁྲུ་དགོས་ལ། དེ་ནས 75%ཚང་བཙུད་དམ 5%ཏེན་ཚང་གིས་དུག་སེལ་བྱེད་དགོས། རྣག་བསགས་པའི་རྨ་ཁར་ཐོག་མར་རྣག་འཁྲུ་བ་དང་རྨ་ཁ···རྣལ་བའི་ཤ་བྲད་དེ། 1%ཡི་ཀོ་མིན་སོན་ཙྭའི་གཤེར་ཁུའམ 3%ཡི་དབྱང་ཆུས་རྣག་གཙང་འཁྲུ་བྱས་རྗེས། སྐྱི་ལྤགས་ཚྭ་ཆུས་འཁྲུ་བ་དང་། བལ་རིལ་གྱིས་སྐམ་

ཕྱི་བྱུས་ནས་གཉན་སེལ་ཕྱིའམ་རྡུལ་སེལ་ཤ་སྐྱེས་ཐོར་བུ། ཡང་ན་དུག་སྲིན་འགོག་སྨན་སྨན་ཕྱི་བསྐུ་བ་དང་། ཉིན་རེར་ཐེངས་1~2བསྐུ་དགོས།

ཟུར་ལྟའི་དཔྱད་གཞི།

[1]ཀྲང་རོང་ཁྲང་། ཧུའུ་ཙང་། འཕྲི་གཡག་ཐོན་སྐྱེད་ལག་རྩལ། [M] པེ་ཅིང་། ཅིན་ཏུང་དཔེ་སྐྲུན་ཁང་། 2002ལོར།

[2]གྲུང་གོའི་འཕྲི་གཡག་རིག་པ། [M] ཁྲིན་ཏུའུ། སི་ཁྲོན་ཚན་རིག་ལག་རྩལ་དཔེ་སྐྲུན་ཁང་། 1989ལོར།

[3]མཚོ་སྔོན་ཞིང་ཆེན་སྒོ་ཕྱུགས་དང་ཁྱིམ་བྱ་རྒྱུད་འཛིན་གྱི་བཤད་པ། [M] ཟི་ལིང་། མཚོ་སྔོན་མི་དམངས་དཔེ་སྐྲུན་ཁང་། 2013ལོར།

[4]ལོ་ཀོང་རུང་། དབྱང་ཕིན་ཀོས། སྐྱེ་ཁམས་འཕྲི་གཡག་གསོ་སྐྱེལ་དངོས་སྤྱོད་ལག་རྩལ། [M] ཁྲིན་ཏུའུ། སི་ཁྲིན་དཔེ་སྐྲུན་མཐུན་ཚོགས། ཐེམ་ཏེའུ་དཔེ་སྐྲུན་ཁང་། 2008ལོར།

[5]ཕུང་ཕེ། འཕྲི་གཡག་སྐྱེ་འཕེལ་ཚོད་འཛིན་ལག་རྩལ་ཞིབ་འཇུག་འཕེལ་ཚད། [J] མཚོ་སྔོན་ཕྱུགས་ལས་སྨན་བཅོས་དུས་དེབ། 2013ལོར།